送给我最爱的小猪屎蓬

小猪屏蓬

故宫财商笔记

郭晓东　著　屏蓬工作室　绘

误入神兽城

天地出版社 | TIANDI PRESS

螭吻
麒麟
捂裆狮
甪端
铜鹤
负跪吉象
蚣蝮
跑龙

故宫神兽
椒图
龙龟
龙
凤
狮
天马
海马
狎鱼
狻猊
獬豸
斗牛
行什

作者的话

随着社会的发展，家长们越来越重视对孩子的财商教育。财商像智商和情商一样，是影响孩子发展的重要因素。

然而，财商知识的复杂性和专业性，导致儿童财商知识普及难度高。目前市场上影响力最大的儿童财商教育书都来自国外，使用的案例和讲解的内容与中国的国情存在比较大的差异。这就让我产生了创作一套符合中国国情、适合中国孩子阅读习惯和理解能力的财商故事书。我希望用自己多年积累的童书创作经验和对孩子心理活动的了解，帮助孩子正确地认识和理解一些常见的经济和商业现象，了解常见事件背后的经济原理。这一过程就像在孩子的心里播下一颗财富认知的种子，在阳光和雨露积累到一定程度的时候，这颗种子能够发芽、茁壮成长、开花、结果。如果他们能通过阅读财商故事而具备一双慧眼，在未来的人生道路上有能力识破消费陷阱和金融诈骗，保护好自己的财富和幸福，那我的所有努力就是有价值、有意义的。

作为一个热衷于围绕中国优秀传统文化题材创作魔幻故事的原创童书作者，我通常在创作构思阶段就不遗余力地避免作品同质化。在搜集资料时，我发现我们民族的传统文化中隐含了大量的财富密码，在故宫中演绎一个奇幻财富故事的想法悄然萌生。我希望尽可能多的孩子能够通过读这套书一举两得，既了解了故宫，也提高了财商。小朋友们，让我们一起进入紫禁城，体验在故宫里当富翁的奇妙刺激吧！

龙龟爷爷

一种可聚财、辟邪的神兽，故宫神兽空间里的三大富豪之一。

骑凤仙

故宫神兽空间里的三大富豪之一，为人精明，急功近利。

椒图

故宫神兽中的『门兽』，又是故宫神兽空间里的银行家、三大富豪之一，其螺壳是可以储藏财宝的『魔法空间』。

捂裆狮

断虹桥上石狮子之一，传说是道光皇帝皇长子死后转世，总是一只手捂着自己的下身。

蚣蝮

龙九子之一，生性喜水，负责故宫三大殿的排水工作。

角色介绍

晓东叔叔

保持着一颗童心的儿童文学作家，追求与众不同的创作思路。

屏蓬

八岁的猪头小男孩，一个来自《山海经》世界的神兽，天蓬元帅的前身。

金坨坨

小名金针菇，八岁小男孩，晓东叔叔同事的儿子，小猪屏蓬的欢喜冤家。

八哥鸟

晓东叔叔家里养的一只会说话的宠物鸟，是个搞笑的话痨。

香香

九岁小女孩，晓东叔叔的女儿，聪明伶俐，长相漂亮，爱画画。

晶晶

九岁小女孩，晓东叔叔同事的女儿，性格沉稳，不急不躁，说话很慢。

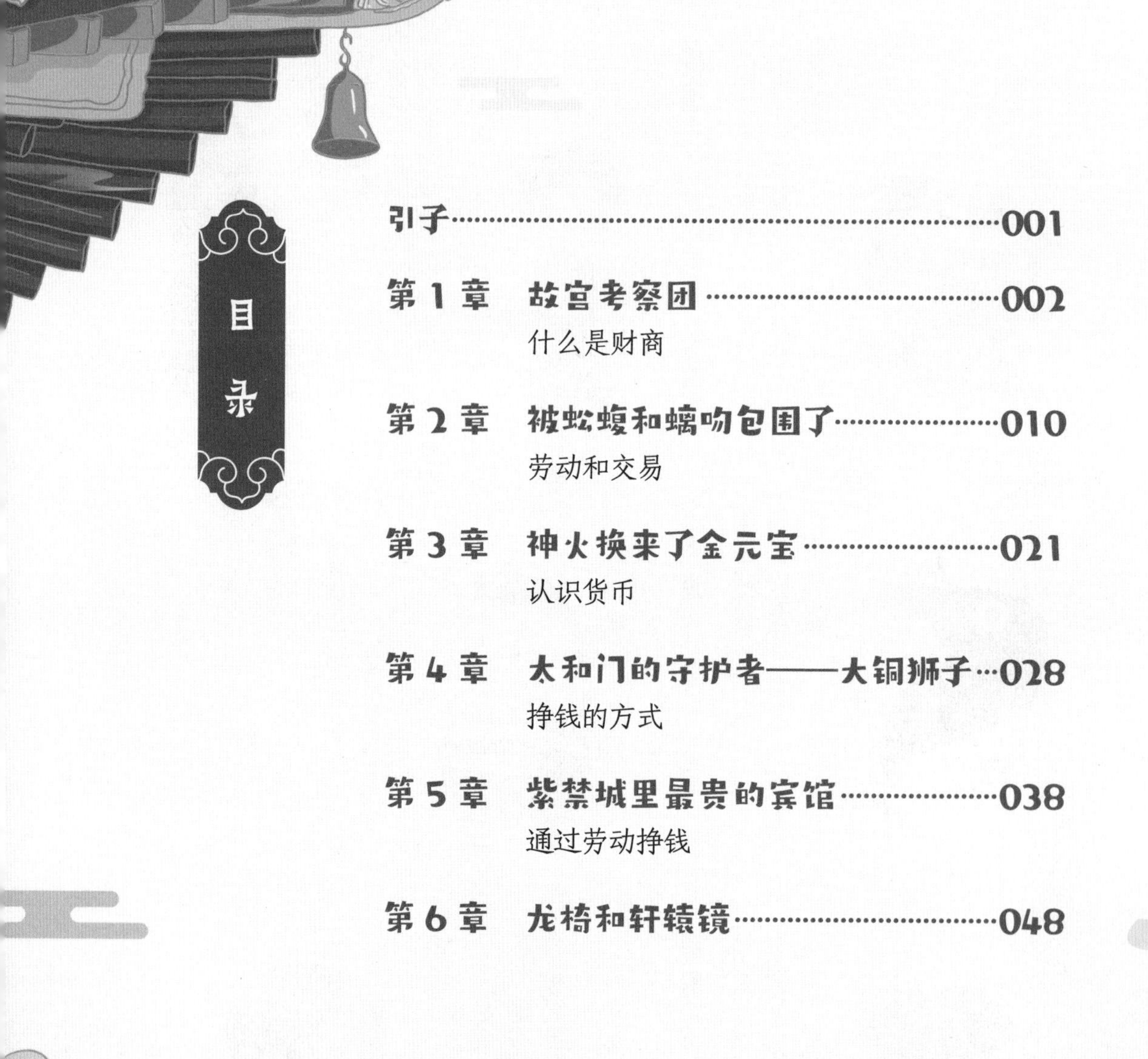

目录

我和小猪屏蓬的缘分

宝贝们好！我是写故事的儿童作家郭晓东，小粉丝们都叫我晓东叔叔。因为我小时候看的第一部长篇小说是《西游记》，所以我对中国优秀传统文化的感情最深，也最喜欢给孩子们写中国古代神话题材的故事。

长大以后我迷上了《山海经》，我发现《山海经》简直是一个奇幻故事的宝库。我以《山海经》里的各种神仙、神兽和异兽为角色，创作了大量的儿童奇幻故事，还出版了一套《山海经捉妖记》和一套《故宫神兽总动员》。也许是我太喜欢《山海经》的缘故，《山海经》里的一个小神兽竟然穿越到我的家里来了，而且一住下就不走了。他就是我所有奇幻故事里的主角——小猪屏蓬。和《山海经》里记录的一样，他长着两个猪脑袋。他今年八岁，总说自己是天蓬元帅，早晚有一天会修炼成仙，可是现在，他什么法术都不记得了。能不能修炼成仙我不知道，不过这个猪孩子比熊孩子破坏力还要大，而且他还特别喜欢拿猫粮当零食，真是气死我了！

最近因为要写一套关于故宫的新书，于是我带着小猪屏蓬和几个小孩进入故宫考察，没想到却开启了一段意想不到的离奇经历……

这是一个暑假的上午，我像往常一样在书房里写故事。现在我的家里有四个孩子，像是办了一个幼儿园。小猪屏蓬和另外三个人类小孩在一起写作业，其中有我的女儿香香，还有我同事的两个孩子——小女孩晶晶和小男孩金坨坨。三个孩子都在写作业，小猪屏蓬没上学，拿着一本我给他的咒语书，装模作样地用功学习。这个“猪孩子”已经有了人的身体，可是两个脑袋还是小猪的样子，实在是呆萌可爱。我很想知道他到底能不能像神话故事里那样修炼成仙，可是我又不想他真的变成神仙，因为那样他估计就要离开我们生活的这个时空了。

上午十点，我的手机响了。为了不被打断思路，我接电话一般都开免提。电话里传来出版社贾老师的声音："晓东老师啊，为了帮你写好故宫的故事，我们已经和故宫博物院联系好啦。从明天开始，你可以去故宫现场考察一个星期，希望你安排好时间！"

我赶紧答应道："太好啦！贾老师，我保证明天一早就去故宫博物院报到！"

刚挂断电话，小猪屁蓬就出现在了我的书桌旁边："晓东叔叔，你去故宫，必须带着我！"紧跟着，我女儿香香也出现在我身后："爸爸，你去故宫，必须带着我！"

我还没来得及说话，又一个搞怪的嗓音响了起来："晓东叔叔，你去故宫，必须带着我！"

说话的是只八哥鸟，我家养的一个宠物。这家伙不但会说话，而且是个话痨，每天它说的话比全家人加起来的还多。紧接着，小女孩晶晶和小男孩金坨坨也跑了过来。金坨坨长得又白又胖，憨厚可爱的圆脸上，一双黑亮的眼睛闪着精明的亮光，他就是屁蓬的老对手；小女孩晶晶总是笑眯眯的，说话慢条斯理，不急不忙的，因为她比另外几个孩子大一点点，所以孩子们都叫她晶晶姐姐。

金坨坨和晶晶一起做出可怜的样子说："晓东叔叔，我们也想跟你去故宫考察，可以吗？"

这个时候，香香妈妈走了进来。孩子们都叫她杨杨阿姨，她是我们家里最有权威的幕后大老板。她发话说：“老郭，我每天要上班，现在正好放暑假，家里不能没人看孩子，你带着他们一起去吧！”

“耶！”四个小“神兽”和八哥鸟一起欢呼起来，我可就郁闷了。老婆大人的命令不能违抗，可是我带着这么多熊孩子去故宫考察，别人看着实在有点奇怪啊！我不甘心地嘟囔：“你倒是清净了，我带着四个熊孩子怎么工作啊……”

小猪屁蓬赶紧纠正我说：“晓东叔叔，他们三个才是熊孩子，我是猪孩子！”

老婆大人开心地说：“熊孩子、猪孩子，全都是小神兽。正好故宫神兽多，你带孩子们一起去学习下吧，机会难得！”

唉，看来我是无法反抗了。就这样，一支由“拆家团”临时组建的故宫神兽考察团，正式成立了。

第二天一大早，天刚蒙蒙亮，我就拿着自己的电脑包和资料，蹑手蹑脚地下了楼。我一口气跑到我的停车位，飞快地打开车门坐进了驾驶室，然后长出了一口气，得意地说：“哎哟！总算成功甩掉了那群拆家的熊孩子！等他们睡醒了，我已经到故宫啦！哈哈哈……”

就在我狂笑的时候，我的背后突然传来几个声音：“爸爸，早上好！”“晓东叔叔，早上好！”

“哎哟，吓死我了！”我从座椅上弹了起来，脑袋撞到了车顶。

回头一看，我这辆商务车中间和后排的座椅已经被四个小屁孩坐满了。香香、晶晶、金坨坨、小猪屏蓬，还有八哥鸟，一个都不少！

我气急败坏地问：“你们今天为什么都没睡懒觉?！”

小猪屏蓬得意地回答：“晓东叔叔，你的想法早就被我们猜透了，我们知道今天早上你一定会想办法甩掉我们，所以都早早起来了。不要再做毫无意义的反抗，老老实实开车出发吧！”

我知道自己彻底无法逃脱命运的魔爪了，只好郁闷地启动汽车。透过汽车的后视镜，我看见四个小屁孩开心地分发我老婆昨天给他们准备好的早点。我们到达故宫博物院的停车场时，我的脑袋被孩子们吵得都快爆炸了。孩子们全都跳下车的时候，来接我的故宫工作人员吓了一大跳！

我只好尴尬地介绍说：“呃……这些孩子，是我创作中帮我提供灵感的……他们是我的……呃，故宫神兽考察团！”

来接我们的这位工作人员，估计早就从贾老师那里听说我是个奇怪的儿童文学作家，所以他憋着笑把我们“考察团”全体人员安排到一间办公室里。

安顿好以后，我立刻外出，开始了一天的紧张工作。而四个熊孩子就在

办公室里写作业。直到天快黑了，我才回到办公室。

我一进门，这些憋坏了的熊孩子就强烈要求去游览夜晚月光下的故宫。看在他们被闷了一天的分儿上，我便同意了。可是八哥鸟却生气地发出抗议：“你们难道不知道我在晚上什么都看不见吗?！晚上去参观，是故意跟我过不去吗?”

我赶紧安慰它：“别担心，我们给你当解说员。”

八哥鸟点点头说：“这还差不多！”

我们浩浩荡荡地从西华门出发了。

我一边走一边给孩子们讲解：“咱们出发的地点是西华门，前面马上就到午门了。午门是紫禁城的正门，皇帝进出皇城，都要经过这座大门……”

香香问我：“爸爸，你之前写的《故宫神兽总动员》不是已经出版了吗？这次还写故宫，有什么不一样的地方吗？”

我点点头说：“当然有啦！其实，最近我想写两个主题的故事，一个是故宫，另一个是财商。我有一个创意，想把故宫和财商这两个题材合二为一。”

香香瞪大了眼睛问：“这两个题材有什么关系？为什么要合在一起写啊？”

我故作神秘地问她："你说在古代，什么人的家里最有钱？"

金坨坨抢着回答："那还用说，当然是皇帝的家里最有钱啊！全中国最值钱的东西，得给皇帝送到皇宫里，这叫进贡。我妈妈给我讲的！"

我竖起了大拇指："没错！咱们现在就在皇帝的家里。这座紫禁城已经有六百多年的历史了，是明清两个朝代皇帝的家，这里的一砖一瓦都是无价之宝，每座宫殿也都有关于权力和财富的故事。所以，我特别想从一个全新的视角来给孩子们讲讲财商。"

晶晶慢悠悠地说道："听起来好难啊！不过也很有意思……"

我越说越兴奋："我相信这绝对是一个别出心裁的创意，连书的名字我都想好啦，就叫《小猪屏蓬故宫财商笔记》！"

【西华门】

西华门是北京故宫的西门，始建于明永乐十八年（1420），在它的对面还有一座东华门与它遥相对应。西华门城台上建有城楼，黄琉璃瓦重檐庑殿顶，用于存放阅兵所用棉甲及锭钉盔甲。

【午门】

午门是北京故宫的正门，位于故宫南北中轴线的南端。午门居中向阳，位当子午，故名午门。始建于明永乐十八年。午门的东西北三面城台相连，环抱而成一个方形广场。午门的东西城台上各有庑房十三间，从门楼两侧向南排开，形如雁翅，也称雁翅楼。

什么是财商

晓东叔叔，财商是什么意思？为什么要写一本财商书？

财商是一个人对财富的驾驭能力。财商越高，对金钱的认识能力和驾驭能力越强。我给你举些例子：金坨坨的零花钱总是很快被花光，一些成年人是“月光族”。造成这些现象可能的原因之一是他们对财富和金钱没有正确的认识。你说，从小了解财商知识，是不是非常重要？

这太重要了！我想当一个猪富翁。你想好怎么写了吗？

财商的核心有三点，即金钱观、消费观、投资观。我将围绕这三点去讲财商的六大价值。我希望小朋友们看了我写的这套书以后，能够正确认识财富，通过管理财富来实现自己的梦想，创造幸福的人生。

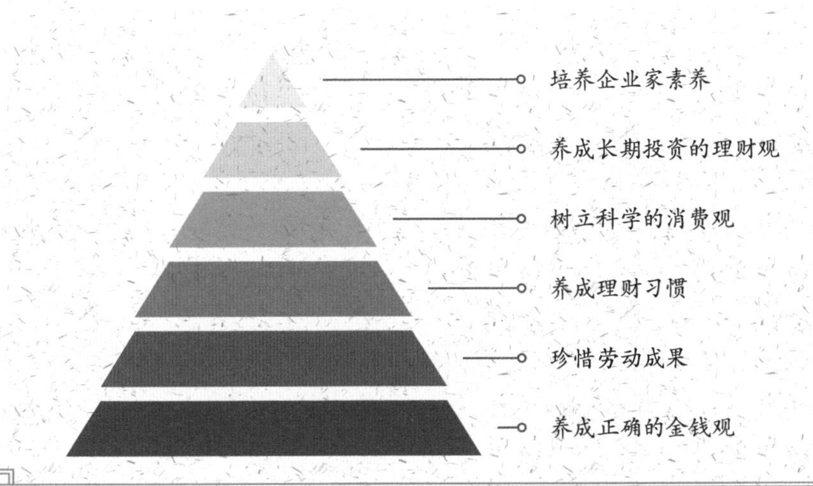

我手舞足蹈地给孩子们讲着我的新创意，小猪屏蓬却一直在东张西望。他突然拉拉我的衣角，指了指不远处阴暗的角落，让我仔细听。我竖起耳朵，听到了两个声音。

一个浑厚的嗓音说：“我说龙龟爷爷，这就是您算出来的可以改变我们神兽空间的那几个人吗？”

一个苍老的声音说：“我推算了好几次，绝对不会错，我决定让他们进入神兽空间……”

就在那一刻，我感觉自己好像穿过了一堵看不见的墙。小猪屏蓬比其他几个孩子更敏感，他停下脚步问我们：“喂，我们好像穿过了什么东西，你们感觉到了吗？还有，你们听到旁边有人说话了吗？”金坨坨战战兢兢地说：“啊?！屏蓬，你不要吓唬我好不好，人家胆子很小的。大晚上的，人吓人，吓死人！”

屏蓬小声地说：“我是猪战神，不是人。”

晶晶听到屏蓬和金坨坨的对话，慢条斯理地说：“我听说，故宫里有很多冤死的太监和宫女。屏蓬，你会不会是听到他们说话了？”

别看金坨坨是男孩，胆子可不算大。听了晶晶的话，金坨坨吓得一把抱住了我的腿：“晓东叔叔！屏蓬和晶晶姐姐吓唬我！”

八哥鸟听了也不干了：“你们不能这样吓唬一只夜里什么都看不见的鸟！”

晶晶和香香捂着嘴笑得好开心。其实，我也有几分相信屏蓬的感觉，因为他是来自《山海经》的神兽。也许他不是故意吓唬金坨坨和八哥鸟。我也开始注意周围的环境，这仔细一听不得了了，好像还真的听到有人在说话！几个好像动画片里卡通小怪物的声音响了起来：“嘿，你们看，来了一只两头猪！好像是《山海经》里的‘屏蓬’！”

“那几个小人儿我看像焦侥国的小矮人呢！”

“他们可真够笨的！看那傻乎乎的样子，恐怕还不知道自己已经进入咱们的神兽空间了！”

“这有什么奇怪的，刚从时空大门进来的家伙哪个不是傻头傻脑的！”

……

我一边继续听那些声音，一边把右手的食指竖在嘴边，让孩子们别说话。我小声说：“我好像也听到屏蓬说的声音了，好多小怪物说你们几个是焦侥国的小矮人，他们居然还认识屏蓬！”

屏蓬的两个脑袋使劲地点，可是香香还是不信：“呵呵，爸爸，您说得有鼻子有眼的，想和屏蓬一起蒙我们啊？”

我不吭声了，竖起耳朵仔细听，那些小怪物还在对话：“这些家伙和《山海经》穿越来的小怪物好像不太一样，倒是有点像白天参观故宫的那些游客……”

“不可能！故宫天黑就关门啦，不可能还有游客。这个时候出现的人，肯定是通过时空之门穿越来的！”

“嗯！有道理，但愿他们身上带着好玩的宝贝！”

忽然，小猪屏蓬找到了声音的来源。他指着高高的城楼说：“晓东叔

【焦侥（yáo）国】

焦侥国，《山海经》中记载的一个矮人国。焦侥国人身材矮小，主要以稻谷为食，穿衣戴帽，很文明。《山海经·大荒南经》：“有小人，名曰焦侥之国，幾姓，嘉谷是食。”《山海经·海外南经》：“周饶国在其东，其为人短小，冠带。一曰焦侥国在三首东。”

叔！就是房顶上那些长着鱼尾巴的小怪物在说话！最开始出现的瓮声瓮气的说话声，是从午门的大门洞里传出来的！”

我觉得这周围肯定有问题，就赶紧叫住孩子们：“先别走了，我要看看到底是谁在说话。屏蓬，你有办法看清楚那些小怪物吗？”

小猪屏蓬念起了咒语：“元皇正气，来合我身，雷门十二，开指生光，天眼开！”这段咒语我太熟悉了，是开天眼用的咒语，我的故事里经常出现。

屏蓬的咒语一念完，我顿时觉得眼前一亮，周围好像一下就变得明亮了，所有的宫殿全都灯火辉煌，就像白天一样让人看得清清楚楚！我还看见，不远处午门的门洞里走出来一头高大的神兽。他的模样可真奇怪，脑袋和身体都像龙，背上却背着一个巨大的螺壳。这不是龙所生九子中的看门神兽椒图吗？！

小猪屏蓬兴奋地喊：“晓东叔叔、金坨坨，你们都看见了吗？！椒图！一

【椒图】

明代杨慎《升庵集》中记载，椒图是中国神话传说中龙所生九子中的第九子。椒图的形象是一条背着巨大螺壳的龙，遇到敌人侵犯就会将壳口闭紧。古人把椒图的形象打造成铜制的门兽，钉在大门上，让椒图负责看守门户，镇压妖邪。

PP

头活的神兽椒图，他朝我们走过来了！”

我们当然看见了。可是，这也太离谱了吧，传说中的神兽竟然活生生地出现在眼前，我们都不敢相信自己的眼睛了！

小猪屏蓬的咒语竟然让我们看见了神兽椒图……不过，接下来发生的事情，让我更吃惊。只见午门的城门楼上一片闪烁，像是鳞片反光，嗖嗖嗖，从城楼上跳下来好几只满身鳞片、长着鱼尾巴的小神兽。我认得他们，他们叫作螭吻。几只螭吻和椒图一起朝我们跑过来了！

金坨坨转身就跑：“救命啊！神兽要吃人啦！”

他这么一喊，香香和晶晶也害怕了，她俩转身也跟着跑起来。八哥鸟听见他们都跑了，吓得大叫起来：“不要丢下我啊！我什么都看不见！”我一把抓住八哥鸟，把它塞进衣兜，然后赶紧追几个孩子。可是我发现，金坨坨逃跑的方向不对，他没有顺着原路返回西华门，而是直接冲过金水桥，往北跑

【螭吻 (chī wěn)】

明代杨慎《升庵集》中记载，螭吻是中国神话传说中龙所生九子中的第二子。螭吻脑袋像龙，尾巴像鱼，是鱼和龙的结合体。螭吻能吞火吐水，又喜欢登高俯瞰。古人就把螭吻的雕像放置在宫殿的屋脊上，用来祈雨、避火。

去。香香和晶晶跟在逃跑最快的金坨坨后面一路狂奔。

我赶紧一边追一边喊他们："别乱跑，跑错方向啦！"小猪屁蓬倒是很勇敢，他没有跟着我们跑，反而拦着螭吻和椒图，嘴里还喊着："天蓬元帅猪战神在此，大胆妖怪不许靠近！"现在全都乱套了。

我听到那些小神兽在喊："你们跑什么呀，我们又不吃人！快让我们看看，你们有什么好宝贝……"

好奇怪啊，原来椒图和螭吻不是要吃我们，而是想抢劫啊……我赶紧对他们喊："别追了，别追了，我们是穷鬼，没钱……"

说话间，金坨坨突然转身又跑回来了，一边跑一边哭："完了，咱们被包围了，前面也有怪物！"

我抬头一看，哎哟，果然前面又蹦蹦跳跳地冲过来一群小神兽。他们都是矮胖矮胖的，有四条粗壮的小短腿，像我们家养的恶霸犬。他们的脑袋和尾巴长得像龙，只是个头很矮小，浑身的鳞片闪亮。他们贴着地面跑得飞快，一边跑还一边喷水。金坨坨已经被他们喷成落汤鸡了！

这群小神兽我当然认识，他们的名字叫蚣蝮，传说中龙生的九子之一。他们平时就在故宫三大殿基石四周负责排水。下雨天，雨水汇集到他们的身体里，他们再用嘴向外喷出来。故宫三大殿的基座，据说有一千多只蚣蝮，下大雨的时候所有蚣蝮一起喷水，就会形成"千龙吐水"的壮观景象。转眼间，我们就被一大群蚣蝮和螭吻给包围了。我们紧张地背对背围成一圈。

一只螭吻甩着鱼尾巴说话了：“快介绍一下，你们都是谁。”

那些矮个子的小蚣蝮也喊了起来：“那个俩脑袋的小猪会念咒语，你快交代！”

今天这事，可真是奇怪了。我灵机一动，既然这些小神兽把我们当作《山海经》里的人物，我干脆将错就错，于是我抢先介绍道：“我是颛顼（zhuān xū）帝的儿子——穷鬼，也叫穷神！双头小猪是《山海经·大荒西经》里记载的屏蓬，这几个小矮人来自焦侥国。”

小猪屏蓬听我介绍自己是神话中颛顼帝的儿子“穷鬼”，赶紧捂住自己的两张嘴，差点笑出声来。几只蚣蝮打量着我说：“唉，好不容易等来几个穿越的家伙，没想到竟然遇见了传说中的‘穷鬼’，真倒霉！这么说，你们肯定没什么值钱的东西了……”

【蚣蝮 (gōng fù)】

明代杨慎《升庵集》中记载，蚣蝮是中国神话传说中龙所生九子中的第六子。蚣蝮头部像龙，略扁平，头顶有一对犄角。身体、四条腿和尾巴上都有龙鳞。传说蚣蝮能镇住河水，防止洪水泛滥。故宫三大殿的三层台基上共有上千个蚣蝮雕像，不仅美观，更具备排水功能，每到雨季暴雨降临，故宫三大殿就会出现“千龙吐水”的奇观。

螭吻摇摇尾巴说："不一定，虽然穷鬼很穷，但是焦侥国的小人儿可不穷，《山海经》里说，焦侥国人平时穿戴整齐，还会种植谷物，这些小矮人肯定有宝贝！"

嘿嘿，没想到这些小神兽还真把我们当成《山海经》里的人了！当然，屏蓬倒是货真价实。看来这些小神兽对《山海经》也有所了解，难道这里经常有《山海经》中记载的异兽出现？

这时候，高大的椒图慢悠悠地走了过来。他虽然长得有点凶，但说起话来口气倒是很温和："螭吻、蚣蝮，你们不要七嘴八舌的，把客人都吓坏了！远道而来的朋友，欢迎你们进入紫禁城的神兽空间！今天是时空大门开启的日子，你们也许是稀里糊涂闯进来的，不过不用担心，在这里住上一段时间，等到下次时空大门开启的时候，你们就可以回去了！”

我大吃一惊：“我们真的穿越了吗？难道这里不是故宫？”

椒图笑了：“这里当然是故宫啦，不过，按照人类的话说，这里是紫禁城的‘平行空间’或者叫‘平行宇宙’，是我们神兽真正的家园。神兽可以在平行的世界里随意穿行，但是人类看不见我们。除非他们像你们一样，通过时空之门进入我们的‘神兽空间’。不过，我很奇怪，按理说，普通人类误打误撞闯进来，应该看不见我们才对啊……”

小猪屏蓬赶紧说：“我刚才念了一段‘开天眼’的咒语，然后我们就看见你们啦……”

小猪屏蓬的话音刚落，一只蚣蝮从地上跳起来，噗的一声喷了他一脸水：“你吹牛！屏蓬不过是《山海经》里记载的一种小怪物，能会什么咒语啊？你别装得像个神仙一样！”

蚣蝮这么一说，屏蓬可就生气了。说也奇怪，平时这家伙整天背咒语，什么效果也没有，而且总是说了上句忘了下句，今天被蚣蝮一激，竟然又流利地念出了一串咒语：“盘古开天辟地，女娲炼石补天！五行相生相克，神火不死红莲！”

劳动和交易

晓东叔叔，那些螭吻为什么会追着我们要宝贝？

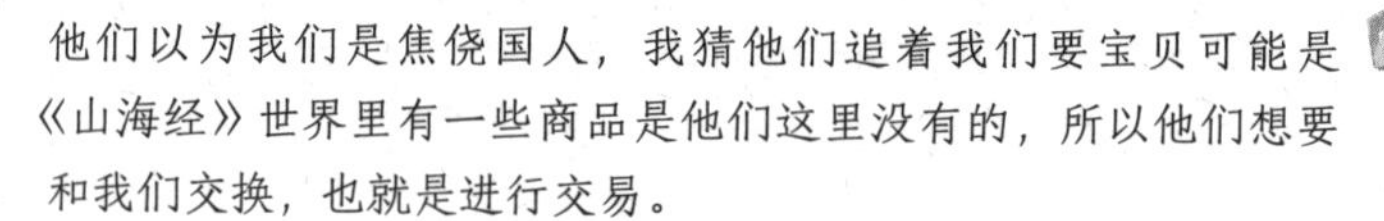

他们以为我们是焦侥国人，我猜他们追着我们要宝贝可能是《山海经》世界里有一些商品是他们这里没有的，所以他们想要和我们交换，也就是进行交易。

这个空间很穷吗，居然还想要《山海经》世界那种穷地方的东西？

这你就不懂了，不同地方的人们所从事的劳动种类不同，比如在古代有些人会种粮食，有些人会织布，粮食是大家用来吃的，布是用来穿的，这是使用价值。一个人很难又会种地，又懂织布，所以就有交换的需要。用来交换的东西就叫作商品，商品是劳动产物。

原来如此，劳动虽然有很多种，但所有人类交易的商品都来自劳动。劳动是商品价值的根源。

第3章 神火换来了金元宝

小猪屏蓬念完咒语，手一挥，一朵莲花一样的火焰就朝着一只蚣蝮飞了过去，吓得那只蚣蝮转身就跑，边跑边喊：“着火啦！快灭火！”其他的蚣蝮都跳起来朝着屏蓬召唤的火焰喷水，不过没有用。因为小猪屏蓬用咒语召唤的是神火，不是普通的火。那些水碰到那团火莲花，瞬间就变成了水蒸气……啊，看来小猪屏蓬真会法术！而且屏蓬每天练习的那些咒语，也都是真的咒语！

接下来发生的事情，更让我大吃一惊。只见一只螭吻跳了起来，一口就把屏蓬的神火红莲给吞到了肚子里！而且，他吞下神火时的样子就像金坨坨吃甜甜圈，吃完了还吧唧吧唧嘴，一副回味无穷的样子。那只螭吻满意地说道："嗯，好吃！好多年没有吃过这么美味的火焰了！这可是货真价实的神火！小猪屏蓬，再给我来点！"

小猪屏蓬摇摇头："想得美！我的神火又不是爆米花，你想吃就吃啊?！"

我在心里暗暗吃惊，螭吻这种神兽，传说中就喜欢吞吃火焰。这些小神兽各个都有真本事，如果打起架来，我们肯定不是神兽的对手。好在看样子，这些神兽并没有什么恶意。

万万没想到的是，那只吃了神火红莲的螭吻，忽然走到小猪屏蓬跟前，张嘴吐出一个亮闪闪的**金元宝**来："我不白吃你的神火，我给钱！这可是货真价实的金元宝，紫禁城里神兽们用的硬通货！"

我们全都惊呆了。小猪屏蓬弯腰捡起那个亮闪闪的金元宝，翻过来翻过去地看。我们都凑了过去，小猪屏蓬把金元宝递给我。我拿在手里掂掂分量，忍不住惊叹："嗯，好重啊！这是真正的金元宝，肯定很值钱……"

话音未落，周围的几个小螭吻也都跳了过来："我也要吃神火！我也要

【金元宝】

故宫神兽空间里，一个金元宝 = 十个银元宝 = 一千个铜钱。金元宝、银元宝、铜钱，都可以用来购买神兽空间的商品或者服务。

历史上，黄金、白银和铜币都曾经是重要货币，直到今天，黄金和白银等贵金属还在金融中起着重要的杠杆作用。

吃神火！猪战神，我们要买你的神火！”这些小家伙一边说，一边在小猪屏蓬的面前噼里啪啦地吐出来一大堆闪闪发光的东西，一共有两个金元宝、五六个银元宝、七八个铜钱，还有十几个玻璃球……那两只吐了一堆玻璃球的小螭吻不好意思地说：“对不起，我们这个月挣的钱都花光啦，我们没有金元宝，只有几个玻璃球，你能不能给我们一小团神火，我俩分着吃？”

看着一群小螭吻可怜巴巴的样子，小猪屏蓬只好又念了一遍咒语，这次飞出来大大小小七八团神火。这些螭吻很守规矩，都不乱抢，吐出金元宝的就吃大团的神火，吐出玻璃球的就分着吃小团的神火，他们几口就把屏蓬召唤的神火都吃光了。几只螭吻意犹未尽地对我们说了声再见，就蹦蹦跳跳地离开了。那些蚣蝮还躲在远处看热闹，他们不喜欢神火，所以不敢靠得太近。

这时候，一直在不远处看热闹的神兽椒图走到我们跟前，满脸期待地问

道："你们没有从《山海经》世界带点值钱的东西来吗？比如珠树、文玉树和玗琪树的果实？或者櫰木果、沙棠果也行啊?！我愿意用你们喜欢的好东西跟你们交换！我是椒图，紫禁城神兽空间的银行家，所有神兽都可以跟我做交易，我还可以替你们保管值钱的东西，帮你们做投资代理，因为我椒图的信誉是最好的！"

这个神兽空间发生的事情，实在让我难以置信。我解释道："你说的这些宝贝都是《山海经》里难得的神树果实，我都听说过，但从来没见过，也没有这些宝贝。我们是不小心闯进你们神兽空间的，真的不是来做生意的。"

椒图苦笑着摇摇头："唉，看来你还真是个穷鬼……不过，传说穷鬼又叫穷神，是个难得的好心人。穷鬼虽然自己很穷，但是有好东西都舍得送给穷人，所以你没有宝贝也正常。算啦，只能算我运气不好。你们既然误打误撞地通过时空之门闯进神兽空间，肯定要在这里待一段时间才能出去了……"

几个孩子大眼瞪小眼地互相看看。我尴尬地说："我们根本不知道怎么就

【珠树、文玉树、玗琪(yú qí)树、櫰(guī)木果、沙棠果】

珠树，又称三珠树，树叶全都是珍珠；文玉树，一种五彩玉树；玗琪树，是一种果实样子像美玉的树；櫰木果，人吃了能增添无穷的气力；沙棠果，人吃了可以获得御水的能力。

这些都是《山海经》里记录的神奇植物。

进入了你们的神兽空间。我想知道时空之门在哪里，我们现在能不能回家。”

椒图摇摇脑袋说：“现在肯定是回不去了，时空之门通常一两个月才开启一次。神兽空间里只有强大的龙族能靠自己的力量打开时空之门到别的世界去，普通的神兽只能在时空之门开启的时候穿越。不过，时空之门可不是随便用的，得花一大笔钱啊！你们这么穷，是不是所有的宝贝都买门票用了啊？”

我使劲摇头：“我们根本没花钱，稀里糊涂就进来啦！”

椒图装出一副大惊小怪的样子说：“哦？你们一定肩负着某种特殊的使命才被时空之门给放进来的……那你们要想回家，可得想办法多挣点钱了。因为穿越时空之门，需要很多金元宝、银元宝，说不定你们回去时还得补上进入神兽空间时的门票钱呢！”

啊?！听了这话，我们更傻眼了。这个神兽空间竟然还要门票！而且，误打误撞进来了，想出去还得补票……

我奇怪地问：“这个神兽空间和人类世界的紫禁城有什么区别？”

椒图回答说：“你们可以理解成我们白天去人类世界打工，下班了就回到自己的家。我们能看见人类，可是人类却看不见我们。”

椒图的解释，更让我吃惊了。我这每天编各种离奇故事的人，想象力也有点跟不上了。椒图也不理会我们惊奇的表情，继续说道：“刚才螭吻给你

们的金元宝和银元宝可都是神兽空间的货币哟，没有钱你们就没地方住，也买不到食物。和人类的世界一样，紫禁城的神兽空间到处都需要用钱呢！一个金元宝等于十个银元宝，一个银元宝等于一百个铜钱，一个铜钱等于十个玻璃球，玻璃球是神兽空间价值最低的钱。你们这么多人进入了神兽空间，如果补票的话，估计要一大堆金元宝喽……好了，我走了，需要我帮忙的时候，凡是装有我头像的大门那里，都可以找到我，祝你们好运！再见！”椒图说完，立刻化作一道金光消失了。

椒图走了，孩子们全都看着我，不知道怎么办才好。只有小猪屁蓬开心地说：“真是太好了！我们可以在这里好好玩一个月啦！”

我气得在他脑袋上敲了一下：“好什么！要是不赶紧挣够钱，就算时空之门再次出现，咱们也回不了家！”

屁蓬揉着脑袋说：“那就不回去了呗，这里多好玩啊！”

香香哇的一声就哭了：“我要回家，我想妈妈！”

唉，看来这回我们是遇到麻烦了，就算我们一个多月后能回家，这期间家里的人不知道得急成什么样子……

金坨坨在自己兜里翻了半天，掏出几个玻璃球说：“晓东叔叔，我正好带着几个你设计的故宫神兽弹球，既然玻璃球是神兽空间的钱，咱们用这些神兽弹球买时空之门的票，行不行？”

认识货币

这个神兽空间好奇怪呀，玻璃球都能当钱用！早知道我把弹球全都带来，咱们直接就是大富翁啦……

玻璃球当钱用也不奇怪，我们人类在古代也曾经把贝壳当钱用。钱的正式名称叫作货币，是由商品演化而来，可以用来表示其他商品的价值，也叫一般等价物。货币的形式多种多样，每个国家和每个时代的货币也都不一样，只要大家都接受，这种货币就可以流通。

贝壳也能当钱？晓东叔叔，我们去海边捡贝壳吧！

你肯定没有认真听我说话，贝壳当钱那是在古代。只要是存在共识的一般等价物，都可以用来表示商品价值，可以当作货币，历史上还有过绵羊、布匹、金属当钱用的情况。现在我们使用的是硬币、纸币和电子货币等。

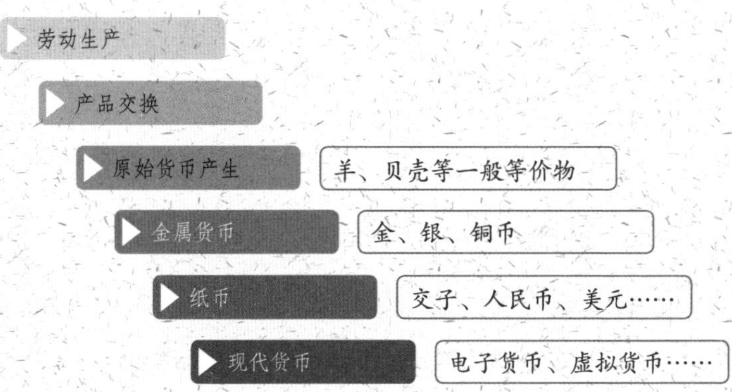

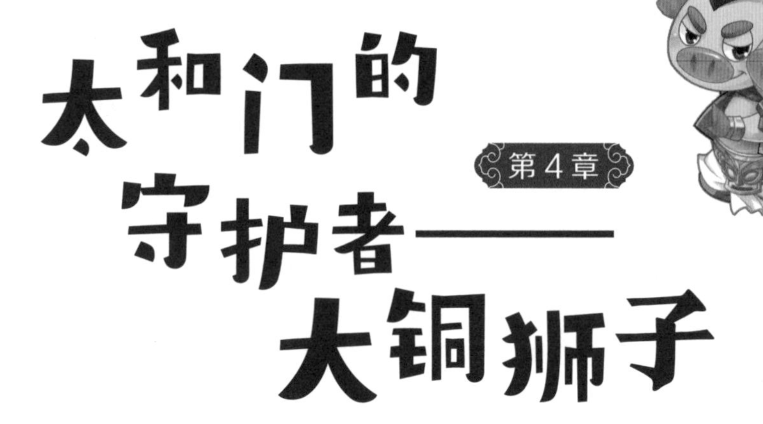

第4章 太和门的守护者——大铜狮子

看着金坨坨满脸天真的样子，屏蓬不等我回答就给他泼了一盆冷水："没戏！你没听见椒图说玻璃球是神兽空间价值最低的钱吗？买门票估计需要一大堆金元宝，咱们得挣好多钱才行。"但接着，他又开心地说道："你们不用担心，猪战神已经找到发财的方法啦，我就卖神火，肯定能发大财，买时空之门的门票什么的，小意思！"

看到屏蓬那自信心爆棚的样子，我笑了："屏蓬，你想得太简单了，并不是所有的神兽都像螭吻一样喜欢吞吃神火。那些蚣蝮就不喜欢火，更不会买你的神火。就算螭吻喜欢神火，他们也没有太多的钱。市场购买力不够的产品，是不会有好销量的。所以，靠卖神火肯定没法挣到一大笔钱。"

金坨坨郁闷地说：“唉，挣钱太难了！咱们先试试能不能自己走回去吧。万一神兽是骗咱们的呢？”金坨坨说完，就迈开大步朝着西华门的方向走去。我们都希望可以走出去，就跟着金坨坨往前走。可是，当我们走到西华门附近时，像遇到了一堵看不见的墙，被彻底挡住了！看来，椒图说的都是真的，我们误打误撞穿过了时空之门，进入了一个只属于神兽的秘密空间，神兽是这里的主人。

我忽然想起了一开始听到的那个浑厚的声音和那个苍老的声音，那个浑厚的声音分明就是椒图的，苍老的声音的主人，被椒图称作龙龟爷爷，他又在哪里呢？我感觉，我们进到这个空间里，肯定不是偶然的。不过，我现在还没有什么线索，需要观察一下再说。

我安慰几个忐忑不安的孩子说：“看来咱们暂时出不去了，不过，这样难得的奇遇，实在是咱们的好运气啊！我整天写奇幻故事，巴不得能进入一个奇幻世界！这么好玩的经历，绝对可以写一本精彩的书！真是天助我也！你们不用担心，紫禁城这么大，我们先找个地方睡一觉再说！”

说完，我就拉着孩子们往太和门的方向走。那里灯火通明，今天晚上如果能在太和殿附近找到一个可以睡觉休息的地方就好了。太和门广场在夜色里显得更大了，我一边走一边和孩子们聊天，让他们放松下来。金坨坨攥着两个弹球不停唠叨着：“神兽空间的钱好复杂啊！我觉得比咱们的钱还

要麻烦……”

我说：“那是因为你还不熟悉这个神兽空间的货币，我觉得应该和咱们的钱差不多，熟悉一下就明白了。”金坨坨继续说：“钱这种东西就是麻烦，不知道谁发明的，简直就是跟数学不好的人过不去！”

我忍不住笑了：“金坨坨，钱不是给我们带来麻烦的，而是给我们提供方便的。如果没有货币，你会发现我们的生活更麻烦。比如你是种粮食的农民，屏蓬是养猪专业户，而香香和晶晶是纺纱织布的人。你想吃肉，就拿粮食去跟屏蓬换，可是屏蓬并不想吃粮食，他需要一件新衣服。但是晶晶和香香又不想要屏蓬的肉……现实生活中，人们拥有各种各样的需求和各种各样的资源，用东西换东西，好多时候没法进行。这个时候，就需要一种方便的东西来充当一般等价物，这样交换就变得简单了。”

【太和门】

太和门，是北京故宫内最大的宫门，位于故宫南北中轴线上午门和太和殿中间。太和门面阔九间，进深四间。在明代，太和门是“御门听政”的地方，皇帝在太和门接受臣子的朝拜和上奏，颁发诏令，处理政事。

【太和殿】

太和殿，又称金銮殿，是北京故宫三大殿里最大的一座宫殿，位于南北中轴线的显要位置。太和殿的主要功能是举行重大的典礼。

金坨坨还是认为货币太复杂了："那用一种一模一样的东西当钱多方便啊，干吗要分成那么多种呢？"

我赶紧摇头："肯定不行啊！世界上的商品千奇百怪，有便宜的绣花针，也有昂贵的高楼大厦，只有一种货币的话，交易是难以进行的。"

八哥鸟在我的兜里接下话："金坨坨，不要让贫穷限制了你的想象力，不懂货币怎么能成为大富豪？"

金坨坨不服气地说："哼，说得就跟你什么都懂似的……"

正说着，我们忽然看见不远处有两座巨大的**铜狮子**雕像，威风凛凛地站在太和门外的广场上。我们离这对狮子越来越近，小猪屏蓬忽然拉住我的胳膊喊道："晓东叔叔，那两只狮子的眼睛会动，他们在盯着我们呢！"

这次香香和晶晶可不敢说屏蓬吓唬人了，我也站住了。我疑惑道："不会吧？他们是铜狮子，不可能会动啊？呃……不对，刚才椒图、蚣蝮和螭吻

【铜狮子】

太和门前的铜狮子，是故宫里六对铜狮子中最大的一对。太和门前的铜狮子，连基座高四米，分雌雄，分列太和门广场左右。雄狮掌下按着一个绣球，雌狮按着一只幼狮，做张口露齿、咆哮怒吼状。铜狮子头顶的"卷毛"叫作"螺髻"，在古代是一种等级象征，太和门前铜狮子身上的螺髻数目为四十五个，九和五相乘等于四十五，寓意"九五之尊"。

全都活了，难道这对狮子也是活的？……”

我的话还没说完呢，两只巨大的铜狮子突然从四方形的石台子上跳了下来，整个大地都震动了一下，差点把我们从地面上弹飞了！连雌狮子抚摸的那只小铜狮子也活了，晃着圆圆的脑袋来回打量着我们几个人。

踩着绣球的雄狮子瓮声瓮气地说道：“什么人？竟敢半夜三更擅闯太和门？”

除了小猪屏蓬，三个孩子吓得挤成一团。八哥鸟藏在我的兜里什么都看不见，虚张声势地大喊：“大胆妖怪，不得无礼，天蓬元帅在此！”

因为声音是从我身上发出的，所以三只铜狮子将目光集中在我身上。唉，八哥鸟真是坑人。不过，小猪屏蓬竟然勇敢地往前两步，挡在我们前

面。这个家伙虽然法术不强，但是面对危险，那种天蓬元帅的气势还是有模有样的。我赶紧对大铜狮子说：“真对不起，半夜三更打扰你们啦！我们不小心闯入了紫禁城的神兽空间，想找个地方过夜。你看，我还带着好几个孩子呢，你能给我们指个方向吗？”

听了我的话，雄狮子愣了一下，好像有点意外。旁边的雌狮子说话了：“孩子爸，我看他们不像坏人，现在神兽空间所有的大门都关闭了，总不能让这些孩子在广场上过夜吧，放他们进院子吧！”

雄狮子用低沉的嗓音回答：“就算咱们放他们进院子，他们进得了太和殿吗？那可是我们神兽空间里租金最贵的地方！”

小铜狮子奶声奶气地说道：“爸爸，就让他们进去吧！那个长着两个脑

袋的小猪，看着和我差不多大呢。”

雄狮子听了小铜狮子的话，慢慢点点头说：“好吧，你们就从太和门进去吧。不过，能不能说服龙龟爷爷让你们进太和殿，就看你们自己的本事了。”

龙龟爷爷？我心里一动，这个龙龟爷爷会不会就是刚才我和屏蓬听到的那个苍老声音的主人……

我赶紧向雄狮子道谢，拉着香香、晶晶和金坨坨就往太和门里面走。经过小铜狮子身边时，我对屏蓬说：“屏蓬，快把螭吻给你的宝贝，送几个给小铜狮子当礼物！”

小猪屏蓬赶紧从兜里掏出一个银元宝、两个铜钱和几个玻璃球递给小铜狮子。小铜狮子一看，激动得跳了起来：“啊！谢谢小猪！我从来没有收到过这么多钱！”

小铜狮子的话引起了我的好奇，我随口问了一句：“小铜狮子，这些钱能买什么东西？”

小铜狮子开心地说：“能买好多东西！一个铜钱就可以买好几个棒棒糖！一个银元宝可以吃一顿大餐了！”

小铜狮子妈妈不好意思地说：“屏蓬，你不用给他这么多宝贝，银元宝你留着吧，把铜钱和玻璃球给他玩就行了！”

小猪屏蓬大方地摆摆手说：“不不不，都送给小铜狮子吧！我是猪财神，有的是宝贝！哈哈！”

小铜狮子对猪财神这个名字很意外：“猪财神？没听说过，原来猪也可以当财神？”

小猪屏蓬故作高深地说：“为什么不能？我有两个脑袋，一个脑袋是猪战神，另一个脑袋是猪财神！等明天有空我教你咒语！”

小铜狮子听了更兴奋了：“啊！好厉害！从今天开始，我就是你的粉丝了！……咦？猪财神，这黑黑的是什么东西？”

我低头一看，原来是屏蓬从兜里掏钱的时候，带出来两粒猫粮。屏蓬这家伙从小铜狮子的爪子上捏起那两粒猫粮扔进嘴里，嚼得咔咔响：“哦，这是猫粮，猪财神最喜欢的零食！”

小铜狮子惊讶得张大了嘴：“猫粮?！猪财神竟然爱吃猫粮？……”

这时候，小铜狮子妈妈说话了：“宝贝，今天太晚了，大家都该睡觉了，让客人们赶紧进去找地方休息吧！”

我赶紧拉着几个孩子往太和门里走去。我们都走进大门了，还听见背后的小铜狮子对我们大声喊：“喂！猪财神！明天别忘了教我咒语啊！我要当你的粉丝！”

小猪屏蓬听了好开心，又回头对小铜狮子喊：“我有好多粉丝呢，他们都叫‘小猪粉’，你愿意当我的小猪粉吗？”

“愿意！……我要当你的头号小猪粉！”

哈！想不到屏蓬的人缘还不错。以前在我讲的故事里，他总是说自己是猪战神，收获了一大堆小猪粉；来到了紫禁城的神兽空间，他又开始冒充猪财神了，居然这么快又收获了一个神兽“小猪粉”……看来猪的魅力真不小！

我回头对着小铜狮子招招手。这铜狮子一家，虽然是威风凛凛的守门神兽，但是感觉还挺有人情味的。再想想刚才一本正经的椒图和蹦蹦跳跳的螭吻、蚣蝮，紫禁城里的神兽虽然有些外表看起来凶巴巴的，但是他们其实挺可爱……

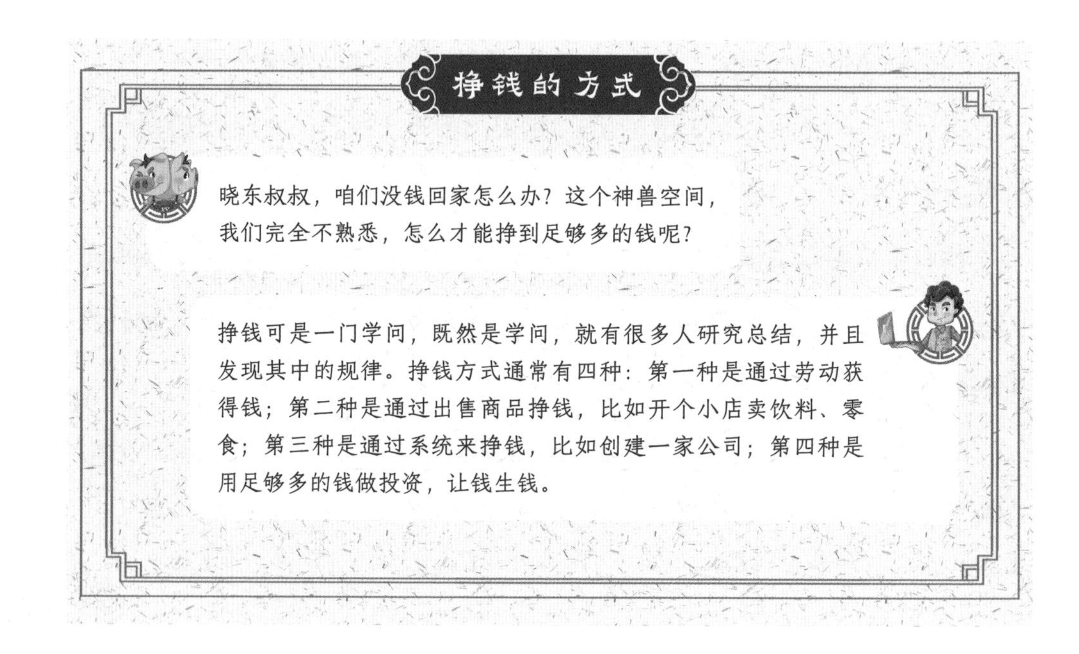

挣钱的方式

晓东叔叔，咱们没钱回家怎么办？这个神兽空间，我们完全不熟悉，怎么才能挣到足够多的钱呢？

挣钱可是一门学问，既然是学问，就有很多人研究总结，并且发现其中的规律。挣钱方式通常有四种：第一种是通过劳动获得钱；第二种是通过出售商品挣钱，比如开个小店卖饮料、零食；第三种是通过系统来挣钱，比如创建一家公司；第四种是用足够多的钱做投资，让钱生钱。

那我们就用钱生钱吧，这个办法最省事。咱们把手里的金元宝投资出去，睡一觉醒来是不是就可以变出好多金元宝了？

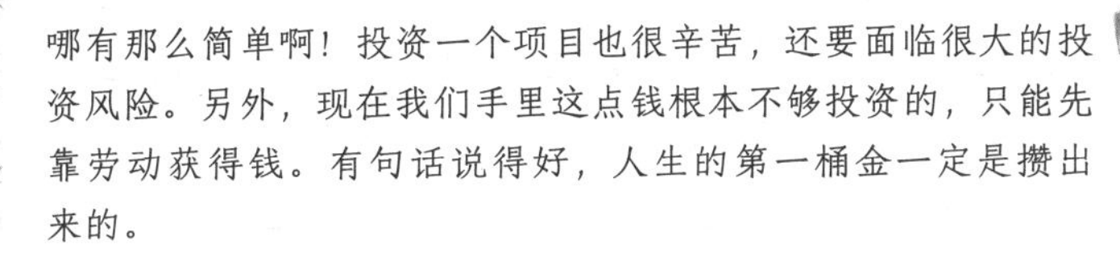

哪有那么简单啊！投资一个项目也很辛苦，还要面临很大的投资风险。另外，现在我们手里这点钱根本不够投资的，只能先靠劳动获得钱。有句话说得好，人生的第一桶金一定是攒出来的。

呃，我是一只猪，我不喜欢劳动，太累了……

那你就动动脑子啊！脑力劳动和体力劳动一样都算劳动。我写故事书出版挣稿费，就属于脑力劳动。你有两个脑袋，应该学会动脑筋啊……

因为我有两个脑袋，所以动脑筋时的疲劳也是双倍的。
这个脑力劳动还是交给晓东叔叔比较好……

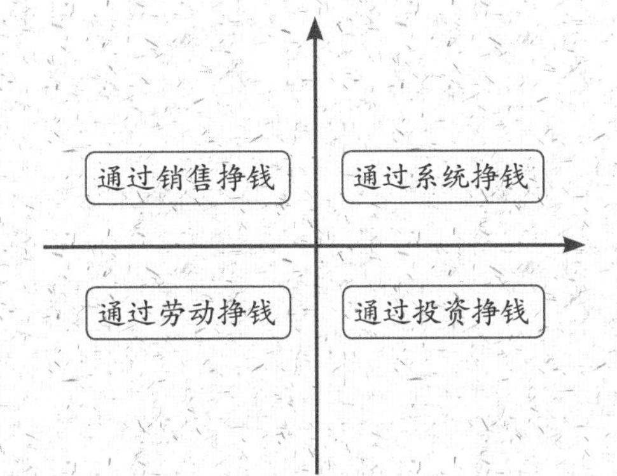

第5章 紫禁城里最贵的宾馆

我们几个人手拉着手向着前面的太和殿走去。太和殿的汉白玉基座特别高大，我们走上高高的台阶，忽然听到了一阵呼噜声。金坨坨指着旁边小声说："那边有人打呼噜！"

我拉着几个孩子小心翼翼地走过去，发现呼噜声是从一个很大的龙龟

【龙龟】

龙龟又称"赑屃（bì xì）""鼍（tuó）龙"。外形像龟，脑袋是龙头。明代杨慎《升庵集》有云："龙生九子，不成龙，各有所好……一曰赑屃，形似龟，好负重，今石碑下龟趺是也。"《初刻拍案惊奇》里讲鼍龙长到万岁，就会蜕壳飞升，变成真龙。

香炉里传出来的。

金坨坨有些担心地说："晓东叔叔，龙龟爷爷已经睡着了……咱们怎么办啊？"

香香小声说："别吵醒龙龟爷爷……"

小猪屏蓬最狡猾，他赶紧小声提醒大家："睡着了正好，咱们自己溜进太和殿里去吧！"

可是，我兜里的八哥鸟小声抗议："太和殿里面太黑了，好害怕！要不猪战神把我扔房顶上去吧，我们鸟喜欢在高处睡觉……"

晶晶慢悠悠地吓唬八哥鸟说："八哥鸟，我听说故宫里有很多御猫，上房对它们来说没有难度……"

八哥鸟浑身一抖，赶紧改口："呃……那我还是跟你们睡在一起吧！"

孩子们七嘴八舌地说着话。龙龟爷爷的呼噜声停了，一个苍老的声音传了过来："是谁在说话啊？大半夜的怎么还不睡觉？"我立刻听出来了，这就是我和屏蓬最早听到的对话声里那个苍老的声音！

一道金光闪过，我们的面前出现了一只巨大的龙龟。他的脑袋是个龙头，下巴上长着长长的胡须，背上的龟壳又大又厚，像一个大圆桌，又像一座小山包。从面容来看，这位龙龟爷爷还是非常和蔼可亲的。

我赶紧上前两步，说道："龙龟爷爷，我们不小心闯进了紫禁城的神兽空间，现在别的院子大门都关了，您能让我们在太和殿里睡一晚上吗？”

小猪屏蓬怕龙龟爷爷不同意，赶紧补充说：“龙龟爷爷，我们听说太和殿的住宿费很贵很贵，我这里有三个金元宝，您看够不够啊？”

小猪屏蓬从兜里掏出卖神火挣来的三个大金元宝，递向龙龟爷爷。几个小孩全都眼巴巴地看着龙龟爷爷，龙龟爷爷看看我们，又看看屏蓬手上的金元宝，半天才慢慢吐出两个字：“不……够……”

看来，龙龟爷爷说话的风格和晶晶有点像啊！

小猪屏蓬赶紧再掏兜，把几个银元宝、铜钱和玻璃球全都掏出来了：“龙龟爷爷，虽然我们的人有点多，可这已经是我们的全部家当了。要不，我把我最爱吃的猫粮也给您？我就只有这几粒猫粮了，都是很贵的天然粮……”

龙龟爷爷听了小猪屏蓬的话，过了半天才开口说：“你这只小猪，是从《山海经》世界穿越来的吧？如果我没记错，你应该叫屏蓬，对不对？……”

金坨坨赶紧搭茬：“没错，龙龟爷爷，他是叫屏蓬！您怎么知道的？”

龙龟爷爷笑着说：“我们这里经常有《山海经》世界的怪兽通过时空之门穿越过来。不过，见到屏蓬还是第一次，你竟然还修炼出人形了……”

小猪屏蓬得意地说：“嗯！我已经修炼出人形啦，等脑袋也变成人的模样，我就是天蓬元帅啦！龙龟爷爷，那您就是同意我们进入太和殿啦？谢谢龙龟爷爷！”

小猪屏蓬说完，转身就往太和殿走，没想到龙龟爷爷慢悠悠地说：“没门！”

唉！屏蓬只好尴尬地收回刚迈出去的那只脚：“龙龟爷爷，您这么大年纪，不会难为我们几个小孩吧？这里还有一只可爱的小鸟呢，要是夜里被猫吃了怎么办？听说故宫里有好多皇家肥猫呢！您就让我们进去吧！”

屏蓬故意说得很可怜，想打动龙龟爷爷。我也不出声，仔细地观察龙龟爷爷的反应。我回想起当时听到的龙龟爷爷和椒图的对话。如果我没有听错的话，我们进入这个神兽空间，恐怕不是时空之门出了问题，而是这位龙龟爷爷故意把我们放进来的，那他的目的究竟是什么呢？他如果有什么事情想让我们帮忙，应该不会难为我们才对。

没想到龙龟爷爷听了屏蓬的话，一点都不动心，还是用那种慢条斯理的口气说道：“我守护紫禁城已经几百年了，神兽空间的规矩从来不变。太和殿，是紫禁城最大的宫殿，也是最贵的地方，五个金元宝，少一个，都不行。”

我们听了全都吓了一跳！五个金元宝?！这么贵？太夸张了吧？小铜狮子说了，一个银元宝就可以吃一顿大餐。按照椒图的计算方法，五个金元宝等于五十个银元宝，那就是五十顿大餐……在太和殿住一晚上，就那么贵吗？

一看龙龟爷爷这么坚决，几个孩子只好围在我身边小声商量起来。小猪屏蓬说：“晓东叔叔，你跟我说过，最简单的挣钱方式就是出卖劳动力，我看了，这里也没什么活可干，要不咱们派金坨坨去帮龙龟爷爷扫广场吧？”

金坨坨立刻大声抗议：“你这只猪，表面憨厚，心眼最坏了！太和门广场这么大，猴年马月才能扫完，你想累死我啊？！”

小猪屏蓬淡定地说：“晓东叔叔，根据我听到的龙龟爷爷和椒图的悄悄话，我觉得咱们可能是龙龟爷爷故意放进神兽空间来的，他是在考验我们，等我们通过考验，就让我们去完成一个艰巨的任务。”

香香说：“屏蓬，你是魔幻故事听多了吧？想象力也太丰富了，神兽需要我们帮他们完成任务吗？”

晶晶慢悠悠地说：“为什么不需要？谁都不是万能的，说不定神兽真的有什么解决不了的问题呢。我觉得，既然咱们已经进入神兽空间了，就应该和神兽搞好关系。我有个办法，就是看看能不能哄龙龟爷爷开心……”

我觉得晶晶的想法很不错：“我赞成晶晶的建议，我们可以先打感情牌。现在已经夜深了，靠劳动挣钱不合适。但是，如果我们能让龙龟爷爷开心，说不定就能解决问题！”孩子们小声商量了一下，一个方案立刻准备好了。小猪屏蓬跑到龙龟爷爷跟前说：“龙龟爷爷，我们刚才商量了一下。您有什么心愿，如果我们能帮您实现，就让我们用三个金元宝的价格住进太和殿怎么样？”

说完这句话，我们等了半天，龙龟爷爷才点点头：“你这个主意很不错，我同意。”

“好啊！”孩子们全都高兴得跳了起来。小猪屏蓬赶紧问：“那您的心愿是什么？”

龙龟爷爷慢悠悠地说：“我很久没有笑过了。你们把我逗笑一次，我就付给你们一个金元宝！这样，你们就有机会凑够五个金元宝了。”

这件事好办啊！没想到龙龟爷爷也没那么难对付。我觉得这个龙龟爷爷看起来六亲不认，其实可能确实需要我们做什么重要的事情，现在给我们出难题，只是一个小小的考验。搞笑对这几个孩子根本不是问题，屏蓬简直就是笑星下凡，八哥鸟这个话痨更是超一流的搞笑高手，再加上站在那里什么都不做也能让你笑出声的金坨坨，我就不信这个世界上有他们逗不笑的人！

我还没来得及说话，就听我兜里的八哥鸟先开口了：“我先来我先来！搞笑对我来说就是小菜一碟！我先来给龙龟爷爷讲个故事！”

一看八哥鸟要开讲了，小猪屏蓬和金坨坨赶紧冲过去给龙龟爷爷捶背。龙龟爷爷的后背面积有点大，而且还很硬，小拳头敲在上面像在捶大石头。不过，为了能混进太和殿，这两个小朋友也算豁出去了。

八哥鸟的故事竟然是现场创作的："龙龟爷爷和晶晶姐姐都是慢性子。元宵节这一天，龙龟爷爷让晶晶姐姐去买元宵，晶晶姐姐拿着钱就出门了，可是几个小时过去了，晶晶姐姐还没回来。龙龟爷爷生气地说：'这孩子可真磨叽！再不回来，我就饿死了！'话音刚落，门口就传来了晶晶姐姐的声音……"

八哥鸟讲到这里，晶晶立刻默契地接过话茬。她用和龙龟爷爷一样慢的速度说："龙龟爷爷，您要是再说我坏话，我就……不去了！"

笑话到这里就讲完了。周围一片安静，我们都紧张地盯着龙龟爷爷，真担心他找不到这个故事的笑点。

等了好大一会，龙龟爷爷都没有笑，我们有些失望。小猪屏蓬赶紧从龙龟爷爷的背后跑过来，准备再讲一个笑话。

这时候，龙龟爷爷的声音突然慢悠悠地传了出来：“哈、哈、哈……太搞笑了，这个小丫头，简直比我还要……慢性子！”

听到龙龟爷爷笑了，屏蓬和金坨坨一起跳了起来：“太好啦！穷鬼小分队终于可以进入太和殿啦！”

通过劳动挣钱

屏蓬，打扫太和门广场绝对是个馊主意，你行你上吧！

我这个想法是有理论根据的。晓东叔叔说了，零基础的情况下，通过体力劳动换得报酬，是最简单的挣钱方式，门槛特别低。我听说晶晶姐姐在家里经常刷碗挣钱，攒够了钱就去买自己喜欢的东西！

呃……虽然付出劳动换取报酬是对的，但是像刷碗这种家务劳动，属于每个家庭成员应尽的义务，本质上还不能算作付出劳动获得报酬。

所以，我爸让我帮他找出稿子里的错别字，然后给我劳务费。这件事不属于家务劳动，而且需要花费时间和精力，应该算作可以获得报酬的劳动吧？

对！检查稿件算是付出劳动，可以获得回报。八哥鸟给龙龟爷爷讲笑话，是一种脑力劳动，虽然比体力劳动轻松，但是要求技能、天赋比较高，还要有讲故事的经验。所以，脑力劳动是有门槛的。

这么看来，靠出卖劳动力挣钱，效率实在有点低啊！如果靠打扫广场挣钱，咱们多久才能买得起时空之门的门票啊……

这还不简单，算算就知道了！龙龟爷爷，扫一次太和门广场，我们能挣多少钱？

一个金元宝。

那买时空之门的门票，需要多少金元宝？

不多，五千个金元宝。

啊?！时空之门的门票这么贵?！那我们要是靠扫地挣钱的话，要扫五千次才能挣够钱。一天扫一次的话，就要扫十几年啊！那回家的时候我都变成大人啦……

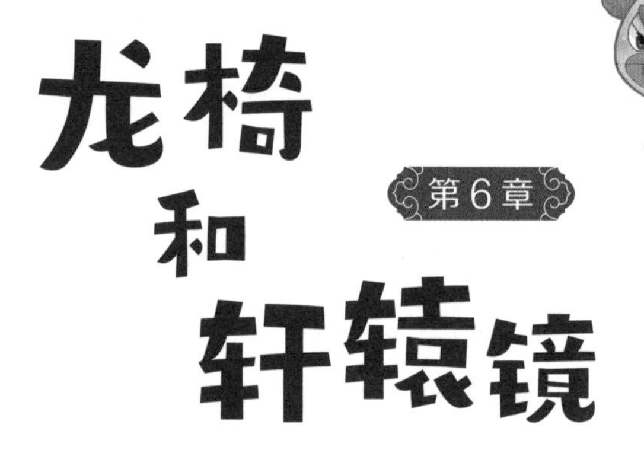

第6章 龙椅和轩辕镜

小猪屏蓬和金坨坨兴奋得跳起来就往太和殿跑，结果没跑几步就被一堵看不见的墙给弹了回来，两个小胖墩同时跌坐在了地上。

小猪屏蓬生气地喊：“龙龟爷爷！您耍赖！已经把您逗笑了，为什么还不让我们进去啊?”

我提醒屏蓬说：“屏蓬，你自己没听清龙龟爷爷的话，还要怪别人啊！龙龟爷爷说得很清楚，笑一次顶一个金元宝！”

屏蓬郁闷地说：“呃，好吧，龙龟爷爷刚才确实是这么说的，我和金坨坨一兴奋就忘了……”

龙龟爷爷继续慢悠悠地说：“我是说过，笑一次，顶一个金元宝。不过，今天时间太晚了，你们又讲故事又给我捶背，实在是让我很感动啊，我决定放宽条件……不过，明天一早，你们要把太和殿门前的平台清扫一遍。如果你们同意，现在就可以交三个金元宝进入大殿了。”

啊?！这可真是意外的惊喜！本来以为龙龟爷爷不会通融，现在看来他心肠还真好。他既没有放弃原则，坏了规矩，又合情合理地通融了。看来，我们是通过了龙龟爷爷最初的考验。这么看来，我更觉得这位龙龟爷爷心里有个和我们有关的神秘计划。

四个小孩和八哥鸟一起大声喊着：“谢谢龙龟爷爷！”小猪屏蓬赶紧把三个金元宝交给龙龟爷爷。龙龟爷爷点点头，化作一道金光消失了，同时消失的，还有那堵看不见的墙。

我们一起走进了太和殿。呀，太和殿好高大啊！里面灯火通明，每根柱子上都雕刻着好多条蟠龙。在大殿的正中央，有一张金黄色的龙椅。龙椅的两旁，各有一只独角神兽，胖墩墩的，特别可爱。我又一次感觉到有人盯着我们看，可是仔细看看这对神兽，好像又看不出什么。小猪屏蓬的两个猪脑袋正转来转去地四处侦查呢，金坨坨却扭着圆圆的小屁股朝着金色的龙椅冲去，他一边跑还一边喊：“啊，这是皇帝的龙椅！我要上去坐一坐，体验一下当皇帝的感觉！”

我着急地喊道：“不要！金坨坨，不许上去！”

话音没落，就看到头顶上闪出一道金光，晃得我们都睁不开眼，一个威严的声音在大殿顶上回荡："什么人这么大的胆子，竟敢闯入太和殿！还想坐上龙椅?！不是皇帝，坐上去我就把你砸成柿饼！"

我们全都惊呆了，金坨坨像被施了定身术一样，站在通往龙椅的台阶上动不了了！我赶紧抬头喊道："别砸别砸！我们是给龙龟爷爷交了金元宝才进来的！他是个孩子，不知道龙椅的秘密，你可千万不要砸他！"

我的话立刻起了作用，头顶上刺眼的金光慢慢消失了。我们抬头一看，在龙椅的正上方有一个开口朝下的圆形凹槽，里面有一个巨大的龙头，龙嘴里叼着一个银色的大圆球，大圆球的周围还环绕着六个小圆球，刚才的金光，就是从这个大圆球里发出来的。

我赶紧低声告诉孩子们："这个圆球叫作**轩辕镜**，传说是轩辕黄帝设计打造的，可以辟邪驱魔。那个圆形的凹槽叫作**藻井**，藻井里叼着轩辕镜的蟠龙是守护龙椅的。龙椅只有皇帝能坐，其他人胆敢坐上龙椅，一定会被轩辕镜给砸扁的！"

金光消散了，金坨坨终于可以自由活动了。他赶紧跑回来，吓得拍着自己胸口说："好危险好危险，那么大的轩辕镜，要是砸中我，我就再也别想吃甜甜圈了……"

小猪屏蓬抬头好奇地问道："神龙，我是天蓬元帅，我能在龙椅上坐一坐吗？”

那条蟠龙好像没有听说过屏蓬的名字：“天蓬元帅？没听说过。不是皇帝，一律不许坐！”

晶晶慢悠悠地问：“现在早就没有皇帝啦，难道我们坐坐也不行？”

蟠龙愣了一下说：“嗯？……没有皇帝，那就谁也不许坐！”

屏蓬还是不死心：“天蓬元帅不能坐，那猪财神能坐吗？”

蟠龙好像被他问得脑子短路了：“你到底是天蓬元帅，还是猪财神？”

小猪屏蓬认真地回答：“我师父太上老君告诉我，我修炼成仙以后会成为天蓬元帅！不过，现在我还没成仙。我决定让我的两个脑袋，一个当猪战神，另一个当猪财神！”

【轩辕(xuān yuán)镜】

轩辕镜，在北京故宫太和殿皇帝龙椅的正上方。故宫太和殿的轩辕镜是铜球，被太和殿天花板上雕刻的一条蟠龙叼着。传说轩辕镜是由轩辕黄帝打造，代表着皇位的正统与合法性，如果坐上龙椅的是冒牌皇帝，就会被轩辕镜砸死。

【藻(zǎo)井】

藻井，中国古建筑中一种装饰性木结构顶棚，北京故宫等古建筑内呈穹隆状的天花都叫作“藻井”，这种天花的每一方格为一井，以花纹雕刻，彩画装饰。“藻井”一词，最早见于汉赋。

蟠龙又愣了一下："什么乱七八糟的，听不懂！反正你们谁都不许坐龙椅！"

小猪屁蓬叹了口气："唉，真是一条死心眼的龙！"他的两个猪脑袋转来转去四处查看，嘴里还在不断地唠叨着："这个太和殿，让猪财神花了三个金元宝，怎么连个床都没有啊？我们该在哪里睡觉呢？"

金坨坨也生气地说："不是三个，是五个金元宝！我还以为有多高档呢，没想到只有一张龙椅，还不让坐。谁坐就砸谁，这就叫店大欺客……"

我听着两个男孩的话，忍不住笑出了声："唉，你们以为太和殿是个旅店吗？这是古代皇帝举行盛大典礼的地方，神兽能让咱们进来避风躲雨，已经很不错了！"

香香好奇地问："爸爸，太和殿不是大臣们上朝的地方吗？"

我摇摇头说："不是。皇帝和大臣们上朝，主要是在太和门和乾清门那两座建筑里。皇帝和大臣商量重要的事情，会在乾清宫。太和殿虽然是紫禁城最大的宫殿，但其实是很少使用的。"

小猪屁蓬在旁边说："猪财神才不关心皇帝在哪里上朝呢，我只关心我能在哪里睡觉！"这家伙从兜里掏出两粒猫粮，扔进嘴里一边起劲地嚼着一边说："龙啊龙，这皇帝的椅子我们就不坐了，我们现在需要睡觉，请问我们应该躺在哪里呢？"

蟠龙满不在乎地回答："我的任务就是看守龙椅，谁要敢乱坐龙椅我就砸他。要解决睡觉的问题，你们得跟看守太和殿的神兽商量。"

小猪屏蓬赶紧问他："那谁是看守太和殿的神兽？难道不是龙龟爷爷吗？"

蟠龙傲慢地回答："龙龟爷爷是神兽空间里有威望的前辈，他才不管这些鸡毛蒜皮的小事，太和殿里有没有睡觉的床他不管！"

晶晶惊讶地说："天啊！难道在这里过夜，还要给守护神兽再交一次钱吗？你们这是典型的乱收费呀！……"

八哥鸟也气愤地喊道："没错，这些神兽太过分了，简直气死我了！天亮了，我一定要跟这些捣蛋鬼好好算账！"

屏蓬拉拉我的胳膊问道："晓东叔叔，看守太和殿的神兽到底是谁啊？"

我伸手指了指龙椅两边胖墩墩的神兽说："如果我没猜错的话，就是他俩喽！"

金坨坨喊道："是狮子？"

我摇摇头，故意不说出答案。

香香喊道："是麒麟？"

我再次摇头："也不对！"

屏蓬这只猪已经没有耐心了，他着急地说："管他是什么神兽呢，赶紧叫出来商量下呗。这家伙为什么不露面呢？"

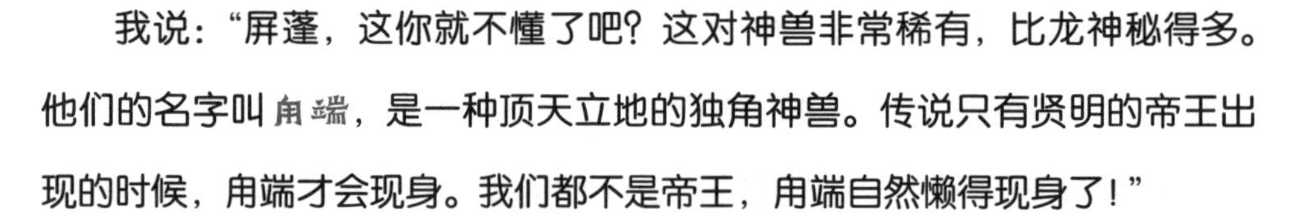

我说：“屏蓬，这你就不懂了吧？这对神兽非常稀有，比龙神秘得多。他们的名字叫甪端，是一种顶天立地的独角神兽。传说只有贤明的帝王出现的时候，甪端才会现身。我们都不是帝王，甪端自然懒得现身了！”

金坨坨不服气地说：“帝王有什么了不起，我和屏蓬都当过大胃王、干饭王、不眨眼之王、绕口令之王和脑筋急转弯之王！不过，现在屏蓬只剩下一个放屁王我抢不走了……屏蓬的猪猪乾坤屁，威力实在太强悍，我根本没有勇气挑战……对了，屏蓬，甪端再不出来，你用猪猪乾坤屁把他熏出来吧？”

我吓得大叫起来：“不要啊！”

可是已经晚了，屏蓬这家伙估计憋了好久没放屁了，现在金坨坨一提醒，一声脆响立刻从小猪屏蓬的屁股后面传了出来！在太和殿里放屁，屏蓬这下可闯祸了！

【甪（lù）端】

甪端，是神话传说中的神兽。身材顶天立地，外形与麒麟相似，头上只有一角。相传甪端能够日行一万八千里，通四方语言，只陪伴明君，专为英明帝王传书护驾。《宋书·符瑞志》中记载：“甪端者，日行万八千里，又晓四夷之语，明君圣主在位，明达方外幽远之事……”

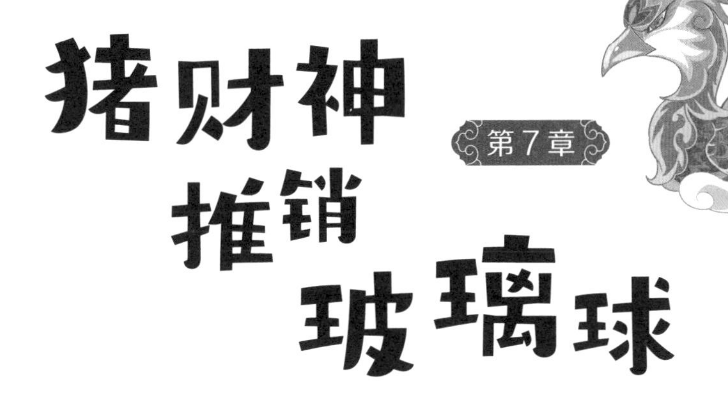

第7章 猪财神推销玻璃球

就在屏蓬的屁声响起的瞬间，他竟然飘到了半空中，整个身体像被一个透明的气球给包了起来，同时被包住的还有小猪屏蓬放的屁！这好像是一种魔法，还没等屏蓬的猪猪乾坤屁散开，就连猪带屁一起给包了起来。

那个透明气球里，小猪屏蓬被自己的屁熏得直咳嗽，估计快被熏晕过去了。我想赶紧去救他，可是困住屏蓬的这个透明的球实在是太结实，我根本就弄不破。我知道，这一切肯定是那两只神秘的不喜欢露面的甪端干的！

果然，太和殿龙椅两边的甪端雕像发出一道金光，两只比太和门外的那对铜狮子还要高大的神兽出现了，他们的脑袋都快顶到太和殿顶上的轩辕镜了。甪端的模样像麒麟，但是头顶上只有一只角，浑身散发着一种神圣不可

侵犯的威严。

左边的甪端开口说话："天蓬元帅，你小时候居然这么调皮捣蛋？竟然敢在太和殿里放屁，先出去放放味吧！"

那个透明的能量球立刻飞出了大殿，到了夜空下，能量球才消失。小猪屁蓬重重地摔在地上，屁股差点摔成四瓣，他放出来的那股臭气也立刻消散在空气里。

小猪屁蓬一边大口喘气一边说："哎哟妈呀，臭死我了！差点把刚吃下去的猫粮都吐出来。我的猪猪乾坤屁原来威力这么大啊，我自己都受不了……"

我还担心他会不会被摔坏了，但是他很快就再一次跑进了太和殿，仰着脑袋看那两只神秘的甪端，真是什么事也不能耽误他看热闹……

屁蓬一跑进太和殿，就抬头喊道："喂！甪端，晚上好！总算有人承认我是天蓬元帅啦！能不能让我们今晚在太和殿过夜啊？"

右边的甪端说道："哎，天蓬元帅小时候还真是很可爱啊！我们就让他们在大殿住一晚吧！"

左边的甪端说："住一晚可以，不过他在大殿里放屁属于行为不端，必须接受惩罚。"

右边的甪端问："你打算怎么惩罚他？天蓬元帅现在显然就是一个小

屁孩……”

左边的甪端说：“我自有分寸……天蓬元帅，你不是说你是猪财神吗，那我就出一道题考考你：如果你能说服我买下你身上的一件东西，我就同意你们在太和殿过夜。”

小猪屏蓬点点头：“这件事好办。我兜里还有几粒猫粮，可以便宜卖给你！”

左边的甪端摇摇脑袋说：“没兴趣！故宫里有的是御猫，也有的是猫粮……我胡说什么呢，我又不吃猫粮……我说天蓬元帅，你怎么会爱吃猫粮？”

“因为猫粮好吃啊！香喷喷的，嘎嘣脆……”可是，无论小猪屏蓬把兜里的几粒猫粮说得怎样天花乱坠，两只甪端也不买账，他们看着小猪屏蓬，脸上一副幸灾乐祸的表情。小猪屏蓬气得直跺脚，他咬牙切齿地说：“哼，你们这些坏人，把自己的快乐建立在我的痛苦上！你们简直太坏了！”

哈哈！屏蓬这家伙生气了。屏蓬手忙脚乱地在兜里乱摸，发现除了猫粮，就只有几个玻璃弹球了，摸着圆溜溜的玻璃弹球，他忽然灵机一动，对金坨坨叫道：“金坨坨，把你兜里的神兽弹球掏出来，咱俩来一场比赛！”

“好嘞！”金坨坨答应一声，立刻撅着圆滚滚的屁股在地上画了一个大圆圈，然后把自己的一颗神兽弹球放在了圆圈的正中央。屏蓬也掏出一颗弹

球，瞄了瞄，熟练地用大拇指把球弹出去，准确地命中了金坨坨的弹球……两只甪端把巨大的脑袋低下来，满脸惊讶地看着屏蓬和金坨坨趴在地上用弹球你来我往地进行着激烈的比赛。最后，金坨坨把屏蓬的弹球给弹飞到圈外，金坨坨赢了！

金坨坨兴奋地大喊一声：“太棒啦！屏蓬的弹球归我啦！我是弹球之王！”

要是平时，屏蓬肯定被气得半死，但是今天，他的目标是把弹球卖给甪端，所以他也顾不上跟金坨坨较劲了，让金坨坨肆无忌惮地欢呼转圈。

屏蓬赶紧抬头问那两只巨大的神兽：“甪端，看到了吗？我们刚才玩的，只不过是弹球的一种玩法。如果在松软的地面，我们还可以挖几个小洞，谁把对手的球弹进洞里，谁就赢了。”

两只甪端瞪大了眼睛，听得很认真。突然左边的甪端问道：“这个游戏我第一次见，真好玩！可是，你恐怕不知道吧，玻璃球是我们神兽空间价值最低的，作为守护太和殿的神兽，金元宝对我们来说都不稀罕，我为什么要买你的玻璃球呢？”

小猪屏蓬自信满满地回答：“哈哈！我就知道你会这么问！我要卖给你的不是普通的玻璃球，而是特制的故宫神兽玻璃球，每个玻璃球里都有一只故宫的神兽。你看！”

屏蓬把金坨坨手里的一颗玻璃球举到甪端的大脑袋跟前，玻璃球和甪端的眼睛比起来，就像摆在西瓜面前的一粒小芝麻。不过甪端看得很仔细：“咦?！小玻璃球里真的有神兽！好像是椒图。”金坨坨拿起另外一颗给甪端看，里面是麒麟。“为什么没有我们甪端的玻璃球呢?”其中的一只甪端问道。

屏蓬赶紧两个脑袋一起点头：“有啊！晓东叔叔设计过全套的故宫神兽玻璃球！还有故宫神兽卡牌和故宫神兽桌游，只不过我们这次只带了这几个神兽玻璃球！”

两只甪端遗憾地对望了一眼，说道：“有意思。我真想亲眼看看我们的形象做成玻璃球、卡牌和桌游会是什么样子……”

小猪屏蓬赶紧趁热打铁：“等我们下次进入神兽空间，保证给你们带全套的神兽玩具！不过，这一次，只能卖给你神兽玻璃球了！虽然玻璃球在神兽空间不值钱，但是俗话说‘物以稀为贵’，如果你们把这两个有神兽形象的玻璃球卖给椒图和麒麟，我就不信他们不买！”

两只甪端认真地点着头，觉得屏蓬说得有道理。我都没有想到屏蓬这家伙能把两只巨大的甪端忽悠得一愣一愣的。屏蓬还在不停地推销着神兽玻璃球：“而且，你们别忘了，我卖给你们神兽玻璃球，还附赠了好几套玻璃球的玩法，你们肯定赚了呀！”

甪端终于忍不住问道：“好吧！你说服我们了。你的神兽玻璃球，要卖多少钱？”

“嗯……”小猪屏蓬光顾着推销神兽弹球了，都没来得及想要卖多少钱。他还没来得及说话，我兜里的八哥鸟就喊了起来：“稀有物品，一个金元宝换一颗神兽玻璃球！”

甪端被八哥鸟吓了一跳：“什么？这也太贵了！你们这是抢钱啊！不行不行，我只能一个银元宝换一颗玻璃球，给你四个银元宝，我要买四颗玻璃球！”

“再加五十个铜钱！”

“好吧，成交！”

在神兽空间，一个银元宝可以换一百个铜钱，这个价格可不低了。小猪屏蓬赶紧从金坨坨的手里拿过四颗神兽玻璃球，交给了甪端。甪端一抬爪子，扔给了小猪屏蓬四个沉甸甸的银元宝和一串闪闪发光的铜钱。小猪屏蓬开心地问道：“甪端，那我们是不是可以住在太和殿啦？”

两只甪端点了点头，说：“可以。但是，不许在大殿里放屁！”

“好嘞！”屏蓬赶紧痛快地答应，“哎，等等！我们还没有地方躺啊，这里到处都是硬邦邦的地砖……”两只甪端没有答话，化作两道金光，变回了

龙椅旁边的神兽雕像。而地面上出现了好几个软软的棉垫子。啊！用端很够意思，竟然给我们准备了垫子，真是太客气啦！

小猪屏蓬得意扬扬地把银元宝和铜钱塞进了兜里，金坨坨挠挠脑袋说道："我怎么觉得不对劲，我好像少了点东西……"

屏蓬拍了拍他的肩膀说："没少没少，咱们赚啦！"

通过销售商品挣钱

怎么样，金坨坨，猪财神的这一波操作是不是无敌厉害？

别吹牛了！我终于想明白了，你把我的神兽玻璃球卖给了甪端，钱你揣起来了。你真是一头奸诈的猪！

什么你的我的，金坨坨，你有点集体意识好不好？要不是猪财神机智勇敢，咱们今天晚上就得在太和门广场上喂蚊子了。再说，卖弹球的钱，明天买早点，难道你就不吃了吗？

话虽如此，我怎么还是觉得有点不对劲呢……

屏蓬这个方法也可以在现实生活中应用。每个小朋友都有不再使用的玩具、图书和文具。除了特别有纪念意义的东西，我们可以把闲置物品拿到跳蚤市场，就是二手市场上销售，使闲置不用的东西变成钱。

话虽如此，我怎么还是觉得有点不对劲呢？爸爸，那我自己画的画，还有我做的手工笔记本，是不是也可以变成钱呢？

当然可以啦，只要有人愿意付钱。其实除了这些物品，你们的技能和知识也可以作为商品出售，比如帮别人修理物品、教别人唱歌。物品、技能和知识都是劳动成果，都是有价值的，都可以售卖。这就是我们说过的四种挣钱方法中的第二种，就是销售商品挣钱。

销售商品	技能服务	知识付费
商贩、带货主播等	设计师、插画师、律师、心理师等	家庭教师、知识主播等

我懂了，我们给龙龟爷爷讲笑话挣钱就属于技能服务！卖给甪端玻璃球属于销售商品，那晓东叔叔您可以试试教神兽们咒语，这就是知识付费了！

第8章 十大脊兽和骑凤仙

第二天一大早，我醒来以后想起一件事，赶紧起床，从兜里找到一包干净的纸巾，趴在地上擦地砖。昨天为了卖弹球，金坨坨在地砖上画了一个大圆圈，我得赶紧擦干净。背后突然传来屏蓬一惊一乍的叫声："晓东叔叔，你不是最讨厌擦地吗？今天为什么这么勤快？"

"哎哟，你吓死我了！我在擦你们昨天玩弹球游戏画的圆圈呢！"

屏蓬感到莫名其妙，问："那个圆圈踩踩就没了，擦它干吗？"

我叹了口气："唉！这你就不懂了吧？这故宫大殿里的地砖可不是普通的砖！那都是文物，是宝贝！弄脏了得赶紧擦干净。这些砖都是古代在南方定制，然后长途跋涉运到北京紫禁城的，价值和黄金都差不多了，所以大家把故宫大殿里的这种地砖叫作‘金砖’。”

屏蓬大吃一惊：“啊?！地砖怎么可能那么贵啊？难道真是金子做的吗？我觉得，肯定是古代的皇帝被奸商给骗了！”

看来，小猪屏蓬根本不理解故宫里一砖一瓦的价值。我决定给他好好讲一讲：“皇帝才不傻呢！烧制这地砖用的土就特别讲究，只有苏州的河边才有，土质特别细腻。工人用这样的土和泥，还要像做面食一样揉捏，用擀面杖擀平压实后放在模子里切割，再放进砖窑里用小火慢慢烧，这中间还有很多复杂的流程，准备工作就要八十多天。再经过一百三十多个日夜的烧制，才能出窑。最后烧出来的砖，要在桐油里浸泡一百天。这样的地砖用脚踩上去，感觉细腻但不会打滑，敲打的时候还会发出金属的声音。如果把砖摔碎了，横断面一个气泡都不会有。这样的砖才叫合格。所以，这种专供皇宫的砖造价特别高。”

屏蓬两个猪脑袋上的四只眼睛都瞪圆了：“晓东叔叔，故宫有这么多巨

【金砖】

故宫金砖，是指北京故宫太和殿、中和殿、保和殿等重要宫殿地面铺的特制地砖。因其质地坚硬，敲打时像金属一般铿然作声而得名。故宫金砖选材精良，制作工艺复杂，从选土到出窑大约需要一年半时间，十分珍贵。故宫金砖，均来自苏州的金砖御窑。

大的宫殿，如果地砖都是这样做出来的，得花多少钱啊！”

我笑了：“所以紫禁城是无价之宝啊！这只是地砖，紫禁城的宫殿，一砖一瓦，一根柱子，一根房梁，都不是普通的材料做成的，所以我们有幸住进太和殿，交五个金元宝真的不算多。”

我一说到五个金元宝，小猪屏蓬就摇头叹气：“唉！昨天咱们把所有的金元宝都支付给龙龟爷爷当门票了，想起来就心疼。晓东叔叔，我肚子都叫了！咱们赶紧去吃早点吧，猪财神要是被饿死了，就不能帮你们聚财啦……”

话音刚落，旁边金坨坨、晶晶和香香，还有八哥鸟，全都蹦起来了：“我们也饿了！”

八哥鸟叫得最欢：“我今天要大吃一顿！”

我把擦地的纸巾捡起来塞进兜里，说：“不行不行。咱们不是昨天晚上说好了，要给龙龟爷爷打扫太和殿门前的平台吗？我们一定要讲信用，说话算数！大家一起动手，用不了多长时间就会把平台扫干净，然后再去吃早餐。我们就当扫平台是晨练了，运动之后吃饭更香！”

“啊?!”熊孩子们一起惨叫起来。要不是我提醒，扫平台的事估计他们早就忘光了。走出太和殿，我发现几把大笤帚已经给我们准备好了，我赶紧带着四个垂头丧气的熊孩子拿着大笤帚开始扫平台。这个平台可真大啊！我们扫了很久都没有扫完。

屏蓬坐在地上直喘气："哎哟，累死猪财神了！看来要想靠卖苦力挣钱，真是不容易啊！"

金坨坨也满头大汗地坐在地上喊："我从来没有干过这么重的活啊！如果天天卖苦力，我回家的时候估计会瘦成一道闪电，连妈妈都认不出我了！"

八哥鸟扇动着翅膀在我们头顶上转圈："不许偷懒，快点起来干活！"

我一边不停地扫地，一边说："付出劳动换收入，是最简单的挣钱方式。我们现在的状况和在现实生活中打拼是一样的，只不过生活中你们年纪小，还不用靠劳动赚钱，这些都是爸爸妈妈的事情。现在体验一下劳动的辛苦，对你们是好事！"

几个孩子听我说得有道理，同时为了能早一天挣到钱回家，也为了赶紧完成任务去吃早餐，都跳起来继续扫地。又忙活了半天，整个太和殿门前的大平台，都被我们扫干净了！

我开心地说："好啦，现在咱们可以去吃早饭了！"

"好呀！"孩子们一起欢呼，全都蹦起来跟着我往太和殿广场跑去。刚跑下台阶，我们就发现面前突然出现了一堆神兽，把我们给包围了……

八哥鸟赶紧跳到我的脑袋上，警惕地喊了起来："你们是谁？不要挡住穷鬼小分队的去路！我们的猪财神也是猪战神，会念咒语，法术很厉害的！"

我仔细看着这些神兽，不由得笑了："啊哈！原来是太和殿的**十大脊兽**——龙、凤、狮、天马、海马、狎鱼、狻猊、獬豸、斗牛、行什，真是太棒了！"

我毫不犹豫地一个个叫出了他们的名字，十大脊兽有点吃惊，他们平时蹲在太和殿高高的屋脊上，很少有人认识他们。

这时候，一个穿着古装、骑着大公鸡的家伙跳了出来，指着我说："你这个穷鬼，实在是太过分了，竟然假装不认识本王?! 十大脊兽都站在我的后面，本王我才是太和殿地位最高的神仙！"

我仔细一看，这个家伙我也认识，他的名字叫骑凤仙，传说是古时候的齐闵王变成的神仙。齐闵王是战国时期齐国一个好战的君王。有一次，他打了败仗，被敌人追杀，在走投无路的时候，被一只凤凰给救走了。于是大家都说齐闵王的运气好，能绝处逢生。后来，骑凤仙的形象就被放在了宫殿屋脊上，放在脊兽的最前面，取"檐角虽尽，前有天生"的寓意。

这个骑凤仙，说话实在有点尖酸刻薄，他叫我穷鬼的时候，那副趾高气扬的样子让人很反感。我还没说什么，小猪屏蓬已经跳了起来："我认识你，你不就是骑鸡仙人吗?"

十大脊兽听了，立刻哄堂大笑。

【十大脊兽】

脊兽，是中国古代传统建筑中放置在房屋、宫殿等房脊上的雕塑作品。中国古建筑上的脊兽最多有十个，北京故宫太和殿是现存古建筑中唯一集齐十大脊兽的，十大脊兽顺序依次为龙、凤、狮、天马、海马、狎鱼、狻猊（suān ní）、獬豸（xiè zhì）、斗牛和行什。

骑凤仙气得一下子火山爆发了："哪里来的小野猪！实在是太过分了，竟敢说本王骑的是一只鸡?！本王的坐骑分明是凤凰！"

小猪屏蓬还没来得及还击，八哥鸟就抢先接过话茬："凤凰？不可能！你后面站着的有五彩羽毛、长长尾巴的那位才是凤凰，你骑的这只怪鸟尾巴太短了，不可能是凤凰！"

骑凤仙气得哇哇怪叫："啊！你们这群小怪物，实在是可恶！我会让你们付出代价的！十大脊兽，给我揍他们！"

我们一下全都紧张起来，八哥鸟转身就飞。我赶紧拦在几个小孩前面，双手使劲摇着："别打别打，你们是神兽，不能欺负小孩……我的宠物猪和宠物鸟就是喜欢开玩笑，实在对不起……"

小猪屏蓬倒是很勇敢，他从我身后挤出来喊道："打架，猪战神可不怕，不服气就过来呀！"不过，接下来的一幕让我很意外，十大脊兽没有一个动手的，全都站在旁边看热闹。长得像雷震子的脊兽行什飞起来说道："骑凤仙，欺负小孩的事太丢人，我们十大脊兽可干不出来！要打你自己打去吧。"

【行什】

传说行什就是雷震子，手里拿着的金刚杵，用来降妖除魔。因为在太和殿脊兽里排行第十，所以叫作行什。

“没错没错！你们别误会啊，我们不是骑凤仙的打手，让他站在我们前面，是为了当瓦当挡住我们，防备夜里睡着了掉下去！”

旁边一群膀大腰圆的脊兽全都哈哈大笑起来。骑凤仙的脸立刻气得变成了紫茄子：“你们！你们！平时欺负本王也就算了，现在还当着外人让本王下不来台，本王记住你们了！”

脊兽里面身材最高大的龙冷笑了一声：“哼，我可不陪你吓唬小孩了，我要去店里忙活了！喂，小怪物们，欢迎来我们十大脊兽的早点铺吃早餐，你们是新客人，我给你们打折！”说完，十大脊兽就蹦蹦跳跳地往太和殿东面的体仁阁方向跑去了。

呃……十大脊兽竟然开早餐铺！而且就在旁边的大殿！嘿嘿，真是没想到！这时候，我们的肚子都咕噜咕噜叫得更响了，屏蓬和金坨坨拔腿就要往东边跑，却被骑凤仙给拦住了。

小猪屏蓬叉着腰站在他面前说道：“你干吗？还想打架吗？猪战神陪你！”

【体仁阁】

体仁阁，位于太和殿前广场内东侧，面西，两层黄色琉璃瓦庑殿顶建筑。始建于明永乐十八年，明初称文楼，清初改称体仁阁。康熙皇帝曾经在体仁阁举行博学鸿词科考试，招揽名士贤才。

没想到骑凤仙飞快地换上一副笑脸："呵呵！刚才是跟你们开玩笑的！本王其实是想告诉你们，本王也有一个早餐店，就在西边的弘义阁里，肯定比脊兽们的早餐更丰盛，味道也更好！来我这里吃吧！我也给你们打折！"

呃？没想到，原来骑凤仙和十大脊兽竟然在唱对台戏，在同一个院子里面对面地开餐馆，看这情况竞争还挺激烈啊！这个神兽空间的神兽，简直太让人意外了。看来我们要想用有限的一点钱吃顿美餐，还得好好调查研究一下啊……

骑凤仙热情地一把拉住我的手说："走吧，穷鬼先生，跟本王去店里看看吧！本王的店又大又漂亮，餐具都是货真价实的艺术品，吃的东西种类齐全，比十大脊兽的早餐棒多了！他们其实根本租不起场地，就是在体仁阁外面的空地上摆地摊而已，根本配不上穷鬼先生和猪财神这么尊贵的身份！"

看来穷鬼先生和猪财神的名气一个晚上就已经传开了。这个骑凤仙，也算是消息灵通人士呀……

【弘义阁】

弘义阁，位于太和殿前广场西侧，面东，与体仁阁相对而立。始建于明永乐十八年，明初称武楼，清初改称弘义阁。清代为内务府银库，收存金、银、珠宝、玉器等。

买东西要比较价格

我们到底应该去哪家吃早餐?

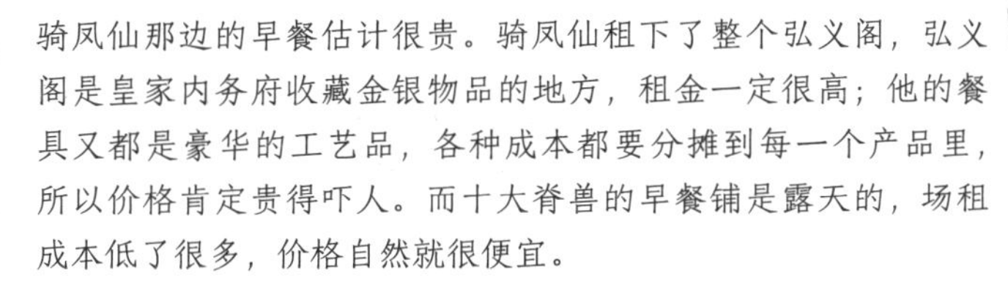

骑凤仙那边的早餐估计很贵。骑凤仙租下了整个弘义阁，弘义阁是皇家内务府收藏金银物品的地方，租金一定很高；他的餐具又都是豪华的工艺品，各种成本都要分摊到每一个产品里，所以价格肯定贵得吓人。而十大脊兽的早餐铺是露天的，场租成本低了很多，价格自然就很便宜。

我明白了，这也是妈妈喜欢去菜市场买菜，而不去超市买菜的原因。

对啊！即便是一模一样的东西，不同的地方价格都会有所差别。影响价格的因素有很多，一般来说，在菜市场买菜更便宜，在超市买菜更方便。选择价格低的商品还是价格高的商品，要根据实际情况来分析，找出最佳的消费方案。我们现在没有钱，所以能省就省，在十大脊兽的小店吃饭就是正确选择。

但是架不住屏蓬他太能吃了！我觉得就算是啃干馒头，他也有实力把我们吃破产……

金坨坨，别忘了我的大胃王称号早就被你抢走啦!

学会比较后做选择

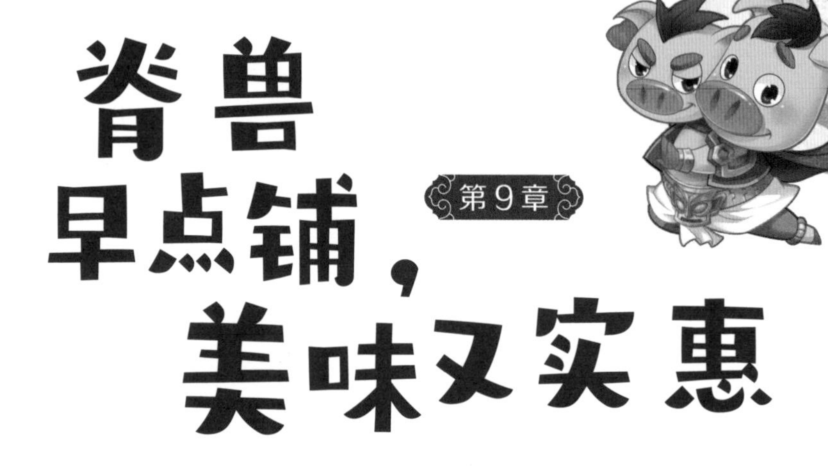

第9章 脊兽早点铺，美味又实惠

我们只好先跟着骑凤仙走到太和殿西侧的弘义阁。一进门，我们就傻眼了，这里装修得金碧辉煌，美食琳琅满目。精美的盘子、碗全都是货真价实的工艺品，里面装的食物也都是精雕细刻的艺术品，就连屏蓬这个贪吃的猪都不忍心下嘴了。再看食物上的价签，我的妈呀！不是一位数就是两位数，单位都是银元宝，还有的竟然是金元宝！

小猪屏蓬把手伸进兜里一通乱摸，确认只有几个银元宝，还有一大把铜钱和一些玻璃球。

我赶紧对大家摇头说：“不行不行，骑凤仙的早餐太贵了，这里是豪华餐厅，不适合穷鬼吃早点！”我说完转身就跑，孩子们也跟着我一起往对面的体仁阁跑。我们要去看看十大脊兽的早餐什么价钱。

骑凤仙急得在后面喊："等等，别着急啊，穷鬼先生，本王给你们打折……"

我一边跑一边回头喊："谢谢骑凤仙了，这么贵的价格，就算打成'骨折'，我们也吃不起。我们现在是名副其实的穷鬼小分队啊！"

金坨坨一边跑一边说："看那边十大脊兽的早点铺好热闹啊！虽然是露天的，但是有好多神兽在那里吃早餐呢！"

我们在广场上没跑出多远，就看到前面有一个高大的身影在慢慢地往体仁阁那边走。这个背影有点眼熟，好像在哪里见过。晶晶说话速度慢，但是反应并不慢，她第一个认出了那个背影，抢先说道："龙龟爷爷，早上好！"

龙龟爷爷站住，慢慢地转头，等我们跑到他旁边了，他的脑袋才转到侧面："哦！是穷鬼先生和猪财神啊……各位早上好！昨晚睡得怎么样？"

我们也赶紧七嘴八舌地向龙龟爷爷问好。

没想到八哥鸟突然飞过来大声叫道："睡得不怎么样！老乌龟太坏了，收了我们的钱还不给床，实在太过分啦！"

我听了吓一跳，赶紧道歉："龙龟爷爷不要生气，这只坏鸟就是没礼貌，我这就收拾它！"

八哥鸟立刻扇动着翅膀飞到一边，叫嚷着："反对家庭暴力！不许虐待儿童！"

龙龟爷爷也不生气，他像没听见一样，自己絮絮叨叨地说："唉，年纪大了，耳聋眼花走不动，天不亮我就起床啦，看来走到对面，只能吃中午饭了……"

我还没来得及说话呢，就听见屁蓬忽然说道："龙龟爷爷，猪战神帮你飞过去吧！"说完，他也不等龙龟爷爷回答，就念起咒语："东南西北中，星辰日月风，阴阳五行法，乾坤大挪移！"

我吓得赶紧喊："不要乱念咒语！"

可是已经来不及了，只听耳边嗡的一声响，我们几个人连同八哥鸟都瞬间移动到了体仁阁门口。

哎哟！在家里的时候小猪屁蓬的法术从来都不管用，念咒语根本没效果，怎么到了紫禁城的神兽空间，就这么灵验了呢？……可是，龙龟爷爷哪去了？

我忽然有一种不好的预感，正东张西望四处寻找，就听到八哥鸟大叫一声："快闪开，老乌龟飞过来啦！"

我们抬头一看，哎哟妈呀！巨大的龙龟爷爷还在半空中飘着呢！他一边惊叫一边降落，目标正好是体仁阁门口煮馄饨的大锅。我们赶紧原地卧倒。

只听"嘭"的一声响，龙龟爷爷小山一样的身体，准确命中了大铁锅，一锅馄饨全飞起来了……

说时迟那时快，只见从大殿里飞出两道金光，正是脊兽老大神龙和老二凤凰，他俩一个拿着漏勺，一个拿着菜盆，在半空中嗖嗖嗖几下，就接住了一半馄饨。

屏蓬赶紧张开两张大嘴，也在半空中接住了几个馄饨，可是剩下的半锅馄饨全都掉在地上了……

小猪屏蓬一边吃着馄饨一边大叫道："好烫！好烫……"

要说龙龟爷爷的身子骨可真结实，至少巨大的龟壳看起来是完好无损。他老人家落地的时候肚皮朝天，翻不过来了，香香和晶晶赶紧跑过去帮忙。但是龙龟爷爷太重了，我们所有人一起用力也翻不动。最后还是行什、狻猊、狎鱼、獬豸、斗牛那几只脊兽赶来了，他们全都力大无穷，一起使劲才把龙龟爷爷给翻了过来。

我担心地问："龙龟爷爷，您受伤没有啊？"

龙龟爷爷慢慢摇头："没事，我这把老骨头，还挺结实的。猪财神厉害

【獬豸】

传说中的神兽，外形像麒麟，额上长着独角。獬豸懂人言、知人性，能辨是非、识善恶，见人争斗就会用独角顶坏人。

早餐

啊，你这个瞬移术，让我体验了一回飞的感觉！简直太刺激了！”

听到龙龟爷爷这么说，我悬着的心才放下来。小猪屁蓬嬉皮笑脸地凑上去说：“龙龟爷爷！您要喜欢飞，我没事就可以带您飞，飞一次一个金元宝，成交吗？”

龙龟爷爷还没回答，龙和凤就气鼓鼓地朝我们走过来了：“小肥猪！原来是你把龙龟爷爷给扔过来的。我们损失了半锅馄饨，铁锅也被砸坏了，你得赔！”

龙龟爷爷慢悠悠地说：“没事，馄饨锅是我打翻的，我来赔就好，大家先吃饭吧！”

十大脊兽好像跟龙龟爷爷交情很好，他们客气地朝龙龟爷爷点点头，转身继续干活去了。我们几个在门口转了一圈，发现十大脊兽早餐铺的早餐品种真是丰富，油饼油条炸年糕，豆汁焦圈鸡蛋饼，小笼包子羊杂汤，烧饼夹着酱牛肉……凡是我带着孩子们吃过的老北京早点，这里应有尽有！还有好多北京小吃：豌豆黄、驴打滚、艾窝窝……这些美食在旁边的条案上摆得满满当当。小猪屁蓬两张嘴里的口水全都流了下来……我们一问价钱，便宜得吓人！五个铜钱一碗馄饨，八个铜钱一笼包子！

小猪屁蓬和金坨坨这两个小对手互相看了一眼，空气中仿佛闪现着看不见的火花！他俩平时在家里就经常展开争夺大胃王的比赛，现在饿得眼睛都变绿了，一场吃货大战一触即发！

我们赶紧找了张大桌子坐下。小猪屁蓬大喊一声："掌柜的上菜，每样都给我们每人来一份！"

金坨坨也潇洒地一挥手："我们吃得多，先吃再点数，来吧！"

晶晶着急地说："哎！就算这边早点便宜，你们也不能毫无节制地吃呀！咱们本来就没有多少钱……"

可是屁蓬和金坨坨已经顾不上了，他俩异口同声地喊道："吃饱了才能有力气挣钱啊！穷鬼也有吃饭的权利！"

龙龟爷爷呵呵一笑："好啊，一起吃吧！"不一会，屁蓬和金坨坨就风卷残云一般把桌子上的东西吃了个一干二净，肚子都撑圆了。屁蓬潇洒地掏出一个银元宝往桌上一放，说："老板结账，多的不用找啦！"周围的神兽们立刻发出一阵笑声。

长着独角的獬豸走了过来。他拿着一把大算盘，一边数桌子上的笼屉和盘子、碗，一边用大爪子把算盘珠拨得噼啪响：“十六屉包子、十碗馄饨、十二个烧饼夹肉、八个驴打滚、六碗卤煮火烧、四碗豆腐脑、五碗羊杂汤……一共是五个银元宝零五十个铜钱。还有，你们砸了我们的锅，刚才看了一下，那个锅已经漏了，不能再用了，再加上赔偿半锅馄饨，这些就算五个银元宝吧。一共是十个银元宝零五十个铜钱。”

“啊?！完了，猪财神的钱好像不够付账了……”小猪屏蓬一下就傻眼了，周围的神兽们全都幸灾乐祸地看着我们。

狮豸两手一摊说道：“我们的早餐已经很便宜啦，你们这一桌比旁边几桌加起来吃得还多，你可以自己点点数啊……”

小猪屏蓬郁闷地说：“猪都不识数，难道你没听说过吗……”

这下麻烦了，我们几个人大眼瞪小眼，不知道十大脊兽会不会让我们穷鬼小分队集体在这里刷盘子……

价值与价格

晓东叔叔，我发现十大脊兽早餐店价格表上写着今天小笼包子降价了！为什么价格会有变化？

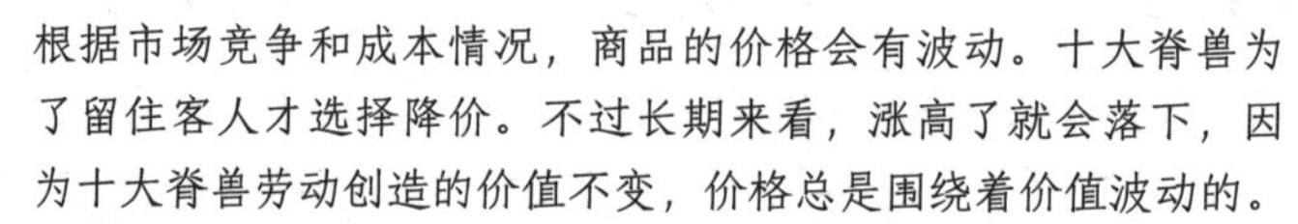

根据市场竞争和成本情况，商品的价格会有波动。十大脊兽为了留住客人才选择降价。不过长期来看，涨高了就会落下，因为十大脊兽劳动创造的价值不变，价格总是围绕着价值波动的。

你说的话就像绕口令一样，对猪来说太难懂了。价值提过很多次了，到底是什么意思啊？

十大脊兽早餐的价值，就是这些早餐背后付出劳动所对应的价值。我们用货币表示价格，货币来源于商品，商品来源于劳动，劳动创造价值。你可以理解为，价值表示劳动量。

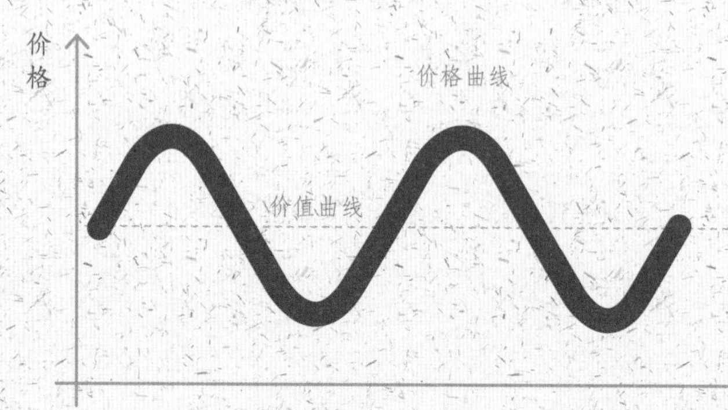

第10章 龙龟爷爷是大富豪

没想到，十大脊兽的早点虽然好吃不贵，但是因为猪战神太能吃，兜里这点银元宝，结账够用，赔偿铁锅和馄饨就不够了。正在我们超级尴尬的时候，龙龟爷爷默默地掏出来五个银元宝，慢悠悠地说：“我刚刚说过了，馄饨锅是我砸坏的，我来赔偿铁锅和馄饨吧。”

啊，龙龟爷爷太仗义了！明明是小猪屏蓬滥用法术砸坏了铁锅，龙龟爷爷却主动替我们赔了钱，我们真感动啊！我赶紧让小猪屏蓬把吃早餐的钱如数交给狮子。不过，龙龟爷爷的举动，再一次让我想起之前听到的他和椒图的对话。龙龟爷爷让我们来，到底是为了什么呢？

龙龟爷爷站起来慢悠悠地往外走，我们赶紧跟着龙龟爷爷一起出来，前

呼后拥，就像龙龟爷爷的一群小跟班。

小猪屁蓬感激地说："龙龟爷爷，从今天开始，我和金坨坨每天都给您讲笑话捶背，免费的！"

八哥鸟也跟着起哄："还有我，我给龙龟爷爷出脑筋急转弯！"

刚走到门口，就看到骑凤仙噘着嘴站在旁边生闷气。金坨坨好奇地问："骑鸡……骑凤仙，你为什么不开心？"

骑凤仙哼了一声："都说了给你们打折，还非要到他们家来吃饭，真是看不起本王，你们太不给面子了……"

金坨坨揉着自己圆滚滚的肚子说："我们穷鬼小分队的实力允许我们每天不只吃一顿早餐！"

小猪屁蓬大大咧咧地说："猪财神确实还可以吃第二次早餐！不过，你那个早餐价格太可怕啦！"

我听了赶紧摆手："不行不行！别听这两个熊孩子的。穷鬼小分队不是吃货小分队，我们还有正事要干，不能光吃东西啊，再说我们也没有钱啦……"

骑凤仙指着龙龟爷爷说："有神兽空间头号大富豪在，你们还能吃不起早餐？不过，你们还真能吃，本王刚才观察了一下，猪财神一个人的饭量就顶十个人的饭量，这个焦侥国小胖子也实力不俗……你们几个用了什么办法，把龙龟爷爷哄得这么开心？他老人家在神兽空间可是有名的铁公鸡，平时一毛不拔……”

龙龟爷爷笑了：“呵呵，我确实挺喜欢这几个孩子，特别是小猪屏蓬，我觉得和他很投缘。既然你们还能吃，走，咱们就去骑凤仙家再吃一顿，我来请客。骑凤仙的新餐厅，我还真没去过。”

“好呀！”几个小孩一起欢呼。虽然晶晶和香香肯定已经吃不下了，但是好奇心让她们也想去骑凤仙的店里体验一下。

骑凤仙立刻咧开嘴，开心地笑了，转身骑着他的秃尾巴凤凰就起飞了，从半空中飘来一句话：“本王先过去准备，你们慢慢走！”

小猪屏蓬和金坨坨屁颠屁颠地搀着龙龟爷爷慢慢从东面的体仁阁往西边的弘义阁走。龙龟爷爷走得还真是慢啊，都快赶上蜗牛了。小猪屏蓬忽然提出一个建议：“龙龟爷爷，要不我再带您飞一次吧！”

龙龟爷爷吓得一下站住了：“别……别……我怕心脏病发作……要不，你们先过去吃吧，我慢慢挪过去！”

香香和晶晶不着急吃东西，所以她们两个一起陪着龙龟爷爷慢慢走，小猪屏蓬和金坨坨开始朝着西边的弘义阁撒腿跑去，话痨八哥鸟一边飞一边大呼小叫。我担心那两个熊孩子惹祸，赶紧跟在他们后面。

走进骑凤仙的餐厅，小猪屏蓬和金坨坨再一次被惊得目瞪口呆。我们刚

才只是探头看了一眼，就被吓跑了。现在走进大厅，看到正中央的长条桌上摆放着各种精致的西式糕点，水果奶油蛋糕、黑森林蛋糕、蛋挞，还有冰激凌、鱼子酱、奶酪、煎蛋、牛奶、咖啡，等等，应有尽有！而且，装食品的餐具都是金、银、玉器和掐丝珐琅，每一件都是精雕细刻，一看就是值钱的宝贝。

骑凤仙得意地说：“弘义阁在清朝就是皇家收藏金银器皿和各种宝贝的大殿，我这些餐具可都是真货。怎么样，穷鬼先生，漂亮吧？”我使劲点头，赶紧小声嘱咐两个熊孩子：“屏蓬、金坨坨，这些餐具可全都是奢侈品，你俩小心啊！要是碰坏了，咱们可赔不起……”

两个小朋友一边点头，一边对着那些漂亮又好吃的小点心发起了总攻。和十大脊兽在体仁阁开的露天大排档比起来，骑凤仙这个西式早餐厅可谓特

别冷清，一只吃饭的神兽都没有。骑凤仙看我们进来了，乐呵呵地不停给我们介绍各种小点心，我发现这里竟然还有价格昂贵的猫屎咖啡！

反正有龙龟爷爷买单，我端起一杯猫屎咖啡喝了起来。啊！味道真不错！上次我说想喝猫屎咖啡，屏蓬这家伙竟然用我家肥猫的猫屎给我冲了杯咖啡，差点把我呛死。这个小坏蛋根本没听说过麝香猫，以为猫屎咖啡就是普通猫拉的屎和咖啡冲调而成的……

就在两个小吃货终于吃不动的时候，香香和晶晶搀着龙龟爷爷走进了餐厅。龙龟爷爷看着屏蓬和金坨坨已经快撑爆了的肚子，淡定地说："骑凤仙，我来结账，多少钱？"

骑凤仙搓着手笑眯眯地说："不贵不贵，二十个金元宝！我给您打了一个对折，便宜一半啦！"

"什么?!"小猪屁蓬和金坨坨吓得差点把刚吃下去的一肚子奶油蛋糕都吐出来。我虽然早有心理准备，但还是吓了一大跳。就连大富豪龙龟爷爷也瞪圆了眼睛："咋这么贵呢?"

骑凤仙做出一副可怜的样子说道："本王这早餐可是西式糕点，整个神兽空间都没有人会做，是本王专门花高价和时空之门外面的西餐厨师定制的呀！就连本王的咖啡也很特别，那是著名的猫屎咖啡，麝香猫消化道发酵过的珍品，成本比神兽空间任何一家餐厅都高得多啊！天地良心，二十个金元宝，本王还赔钱呢……"

听着骑凤仙的话，我从兜里拿出纸和笔，看着菜单上的报价飞快地计算了一下，发现跟我猜想的差不多。我问骑凤仙："你这个餐厅是不是从开张以后就一直赔钱啊?"

骑凤仙一脸苦相："穷鬼先生果然厉害，你昨天晚上才来到神兽空间，就能猜出本王的经营情况。"

我淡定地说："推测经营状况不难，只要简单计算一下就知道了。就算高价采购的原料不赔不赚，但加上人工成本和房租，你的餐厅肯定赔钱啊！"

骑凤仙马上变出一张苦瓜脸："没错，本王虽然有些积蓄，但是自从租下弘义阁开了这个餐厅就一直赔钱……本来想引进稀有的美味抢占市场，主打高档餐厅，可是没想到神兽们来我这里看看就跑了，都去对面的体仁阁吃早餐了！至于中餐和晚餐更是没人敢来……再这样下去，本王连椒图银行的贷款都还不起啦……”骑凤仙说完竟然放声大哭起来。

我认真想了想说：“骑凤仙，如果我告诉你怎样解决问题，使你从赔钱变成赚钱，你能给我们这顿饭免单吗？”

骑凤仙马上不哭了，他两个小眼睛滴溜乱转，随后说道：“如果你能想出让本王扭亏为盈的方案，别说一顿饭了，你们在故宫神兽空间这段时间的早餐，本王全都包了！”

我一拍手：“好！那我就先告诉你，为什么你的早餐店不赚钱。第一，你的餐厅租金贵，原料采购成本高，餐具昂贵，维护费用也是居高不下，所以商品的价格肯定降不下来。第二，你的用餐环境是西式的，虽然和竞争对手有了明显的差异，但是不太符合神兽们的口味，他们更习惯中式的圆桌，大家围坐在一起吃；他们也不知道，吃西餐可以端着盘子和红酒，一边吃一边走来走去地聊天。第三，我们都吃过西式糕点，所以知道味道鲜美，但是因为你的价格特别高，神兽们不敢尝试，也就不知道味道如何，不知道就不会去吃。所以，现在的经营状况就是恶性循环，没有人气就没有收入。”

骑凤仙眨巴着眼睛听着，过了半天才点点头说：“有道理，你说得对！

但是，我该怎样解决呢？”

我胸有成竹地说：“第一步是降低成本，你要想办法把原料价格和管理成本降下来，让大多数人都能吃得起。合理的成本和利润，才能让你的西餐厅稳定发展下去。第二步是要推广宣传，要让大家了解西餐的美味，只有接受和适应了，他们才有可能消费。可以赠送一些小糕点，特别是要送给小铜狮子那样的小神兽，他们更容易接受新的东西，而且会帮你快速传播。第三步是要做营销，你可以邀请一位形象大使，比如受大家尊敬的龙龟爷爷，让他每天免费来吃早餐。这样会给神兽们留下一个印象，这些好看又好吃的西式糕点，德高望重的龙龟爷爷也喜欢，特别有格调！做到这三步，你的西式餐厅，不但早餐可以卖得好，午餐和晚餐也会有好生意。你还可以举办烛光晚宴，营造浪漫的气氛……”

骑凤仙的眼睛开始放出亮光了，他掏出一个小本开始记录。龙龟爷爷对我竖起了大拇指，意味深长地说：“我果然没有看错人……”

小猪屏蓬对大家使个眼色，几个小孩决定趁机赶紧溜走。我们刚走到门口，就听到骑凤仙大叫一声：“等等，别走！”

小猪屏蓬生气地喊道：“骑凤仙，你不能说话不算数，晓东叔叔已经帮你解决问题了，干吗还不让我们走?！明说吧，你要的那二十个金元宝，猪财神和龙龟爷爷都坚决不给！”

骑凤仙使劲摇头："本王向来信誉第一，说话算数！穷鬼先生说的办法很有道理，本王怎么可能反悔呢？我叫你们等等，是想邀请龙龟爷爷来做我的特约嘉宾！今天晚上，我就为龙龟爷爷举办一次盛大的生日晚会！"

龙龟爷爷愣了一下："今天不是我生日……"

骑凤仙喊道："您就当今天是您生日呗，本王为您免费举办宴会，招待大家来品尝西餐！本王做事，就是这么有魄力！龙龟爷爷，您多少岁了，我好准备生日蜡烛……"

龙龟爷爷点点头："哦，这样的话，我就配合你一下吧。我今年九千九百九十九岁！"

骑凤仙失声叫道："啊?！天哪，本王上哪里找九千九百九十九根蜡烛啊?"

我们留下抓耳挠腮的骑凤仙，高高兴兴地送龙龟爷爷回太和殿了。临走的时候，小猪屏蓬和金坨坨还没有忘记带上一大堆小蛋糕和好多蛋挞。屏蓬对骑凤仙说："喂！骑凤仙，猪战神替你把蛋糕和蛋挞送给太和门外的小铜狮子去！免费宣传，不要钱，不用谢我！"骑凤仙好像没听见，还在聚精会神地在小本子上写写画画。看来，我给他出的主意，他照单全收了。

价格的构成

骑凤仙的早餐为什么会比十大脊兽的早餐贵这么多?

商品的价格受制于成本。成本加上利润，就是商品的价格。骑凤仙开店之前没有经过精确的计算，房租、餐具成本过高，最后分摊到食品上，价格自然就高得吓人。而十大脊兽的早餐店场地是露天的，非常便宜，他们的人手也多，不需要雇更多的工人，所以他们的成本主要是食材成本。两相对比，体现在早餐价格上，差距就超级大了。

我懂了，投入高成本，未必会赚到更多的钱，而且风险也会提高很多。以后咱们开店一定要能省就省!

也不能一概而论。最优的方案是利润率越高越好，利润率也就是利润在价格里所占的比率。

价格十四个铜钱

成本：八个铜钱	利润：六个铜钱

十大脊兽的早点铺某食物价格构成

店铺某食物价格构成

价格五个银元宝

成本：三个银元宝	利润：两个银元宝

骑凤仙的早点铺某食物价格构成

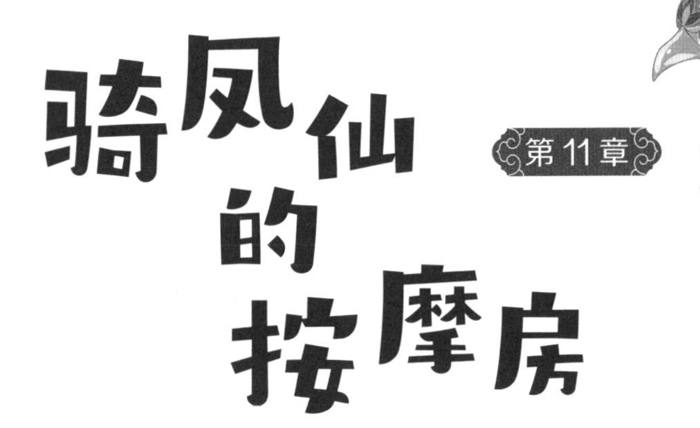

第11章

骑凤仙的按摩房

我们把龙龟爷爷送回了太和殿。龙龟爷爷准备好好睡个回笼觉，因为晚上他要参加骑凤仙为他举办的生日宴会。

小猪屏蓬和金坨坨吃了两顿早餐，觉得肚子里的食物都快顶到嗓子眼了，所以必须赶紧运动一下。他俩就拿着奶油蛋糕和蛋挞跑到太和门外面找铜狮子一家去了。

小铜狮子看到屏蓬和金坨坨来了，立刻从妈妈的爪子下面跳了出来，兴奋得又蹦又跳："哈！猪财神、金坨坨！我还以为你们把我忘了呢！没想到第二天上午就来找我玩啦！"

小猪屏蓬二话不说，赶紧掏出一小块奶油蛋糕，塞进了小铜狮子的嘴里。小铜狮子嚼了一会咽下去，突然愣住了，几秒钟后开始放声大哭起来，把屏蓬和金坨坨都吓坏了！难道这个骑凤仙的蛋糕有问题？不可能啊，屏蓬和金坨坨都吃了好多啦！

小铜狮子不说话，就坐在地上抹眼泪。小铜狮子的爸爸以为屏蓬欺负小铜狮子了，差点要咬他。小铜狮子这才赶紧说话："爸爸别咬猪财神，我哭是因为……我从来没有吃过这么好吃的东西！呜呜呜……"

听了小铜狮子的话，大家这才松了一口气。看来，神兽们确实不是不爱吃骑凤仙的西式糕点，而是因为他们从来没吃过这种糕点。而且，骑凤仙的美食确实卖得太贵了，像小铜狮子家这样每天靠着站岗挣钱的神兽家庭，是不可能花那么多钱去尝新的。

小猪屏蓬按照我给骑凤仙做的营销计划，告诉小铜狮子："现在骑凤仙正在大力宣传他的西餐糕点，你还有机会免费吃到奶油蛋糕和其他小点心。不过，你要做一件事！"

小铜狮子使劲点头："别说一件事，十件事、一百件事都行！"

屏蓬趁热打铁："你

把剩下的这些蛋糕分给你的好朋友们吃，告诉他们这是骑凤仙西餐厅出品的。帮骑凤仙做广告，骑凤仙会送给你们更多好吃的点心！唯一的问题就是，你有很多好朋友吗？”

小铜狮子立刻跳了起来：“好朋友我有的是，猪财神跟我来！”

屏蓬和金坨坨告别了小铜狮子的爸爸妈妈，跟着小铜狮子一路狂奔。他们跑出了熙和门，又顺着金水河跑到了一座小石桥上。这座桥叫作断虹桥，两边的桥墩子上蹲着三十多只小石狮子，小铜狮子站在桥上一声喊：“我有好吃的！你们快点出来！”

断虹桥上的一群小石狮子噼里啪啦全都跳下来了。其中一只小石狮子很奇怪，他总是用一只前爪捂着自己的裤裆。

小铜狮子赶紧做介绍：“猪财神，这些小石狮子都是我的好朋友，这个

【熙和门】

熙和门，位于北京故宫太和门广场西侧，是由西华门进入前朝的必经之路，也是外朝中路与西路联系的枢纽。熙和门为屋宇式大门，黄琉璃瓦单檐歇山顶。明代熙和门内的梢间曾是百官奏事的地方。

【断虹桥】

断虹桥，坐落在北京故宫太和门外，武英殿的东面。始建于明代或元代，是一座南北向、桥面为汉白玉巨石铺砌的精美石桥。

老捂着裤裆的家伙就是有名的‘捂裆狮’。他本来是个小皇子，因为淘气被他爸爸踢了一脚，没想到竟然受伤过重死了，然后就变成了一只小石狮子。”

哎呀，这个捂裆狮可真挺惨的。小猪屏蓬赶紧把小蛋糕和蛋挞分给小石狮子们吃。小铜狮子真是一个天才广告宣传员，一边发小蛋糕一边大声吆喝着：“这些蛋糕是骑凤仙赠送的，觉得好吃就去他的西餐厅里买，就在弘义阁！好吃不贵，超级美味！”

小石狮子们吃了蛋糕，都兴奋得手舞足蹈，这是他们从来没有尝过的美味。屏蓬赶紧趁热打铁，向他们宣布：“今天晚上，神兽空间的大富豪龙龟爷爷要在弘义阁举办生日宴会，邀请大家参加，到时候有机会免费品尝各种各样的西式糕点！”

金坨坨也赶紧大声喊：“走过路过不要错过，机会难得。还有精彩的点蜡烛和生日许愿节目！”

小石狮子们全都使劲点头，表示晚上一定要去参加龙龟爷爷的生日宴

【捂裆狮】

捂裆狮，北京故宫断虹桥西侧栏杆上，从南开始数第四只狮子。捂裆狮姿势很奇怪，一只爪子捂着脑袋，另一只爪子捂着小腹，表情痛苦。民间传说是道光皇帝的皇子奕纬转世，奕纬因为对自己的老师出言不逊，被道光皇帝踢了一脚，没多久就去世了。

会。小猪屏蓬兴奋得直哼哼，帮助骑凤仙做宣传的任务，看来可以顺利完成了。不过，为了对得起骑凤仙那顿昂贵的免费早餐，小猪屏蓬和金坨坨继续马不停蹄地帮骑凤仙做广告，扩散消息。

要说骑凤仙也确实是一个好学生，他不仅认真消化我告诉他的营销技巧，还专门再一次跑过来向我请教做广告的细节。骑凤仙按照我给他的建议，做了很多蛋糕免费体验券。凡是领到免费体验券的神兽，都可以到弘义阁去兑换一个小甜点。这下，小狮子们传播信息的效率更高了。

故宫三大殿的蚣蝮、午门和太和殿的螭吻，还有银行家椒图，全都收到了小狮子们发放的小蛋糕或者免费体验券，就连在体仁阁刷碗收拾的十大脊兽，屏蓬也没有放过。虽然十大脊兽是骑凤仙生意上的竞争对手，但是一样也可以发展成客户。

虽然一开始神兽们还不太会用免费体验券，但是随着小狮子们在整个神兽空间里不停奔跑宣传，慢慢地也开始有神兽过来尝试了。用免费体验券兑换到蛋糕的神兽们，都表示这东西实在是太好吃了！听说晚上要给龙龟爷爷庆祝九千九百九十九岁的生日，神兽们更兴奋了，他们纷纷表示晚上一定要去弘义阁参加龙龟爷爷的生日宴会。

等小猪屏蓬和金坨坨终于忙完，满头大汗地跑回太和殿的时候，八哥鸟和小铜狮子突然带回来一个意外的消息：“不好啦！有人偷走了猪财神的

创意！”

孩子们听了全都跳了起来。小猪屏蓬紧张地问：“是谁？偷了我的什么创意？”

小铜狮子气喘吁吁地说：“是骑凤仙！他偷走了你的商业创意！”

八哥鸟飞快地解释：“骑凤仙听说咱们昨天住进了太和殿，就有很多疑问，比如：我们哪来的那么多钱？龙龟爷爷为什么那么喜欢我们，为什么要请我们吃大餐？他打听到是因为我们给龙龟爷爷做按摩、讲笑话，把龙龟爷爷哄得很开心，所以龙龟爷爷才对我们这么好……”

小铜狮子接过话茬继续说：“所以，骑凤仙决定开一家按摩院！给所有的神兽，提供按摩服务！”

这个骑凤仙，可真有商业头脑啊……

八哥鸟气鼓鼓地说：“骑凤仙还做了个广告牌呢！上面写着：‘让你享受大富豪一样的高级服务！’你说气人不气人？”

这回连香香都生气了：“不行，咱们得去调查一下，如果生意好的话，咱们也开一家按摩院。咱们还得加上美容功能，给神兽们敷面膜，做SPA（水疗），不信干不过骑凤仙！”

晶晶也慢条斯理地说：“哼，偷走我们创意的人，绝对不能让他有好下场！”

我忍不住扑哧一声笑了：“你们也太小气了吧。按摩和讲笑话又不是什么专利，咱们能想到的，别人早晚也能想到。不过，咱们可以去考察一下，了解神兽们的需求，这样咱们也可以做一些生意多挣点钱。咱们的时间非常有限，也几乎没有启动资金，做美容院可是需要很高成本的。不管怎样，咱们先去看看再说吧！”

免费的背后

晓东叔叔，骑凤仙开的餐厅本来就赔钱了，为什么还要免费送这么多蛋糕给故宫里的神兽们吃？猪财神真有些搞不懂！

这是一种典型的营销策略。之前我分析过骑凤仙餐厅成本高的几个原因，除了成本，没有众多消费者也是赔钱的原因。只有让更多的人知道我们的商品，体验我们的服务，感受到商品的价值，销售才能逐步提升。在我们的社会中，很多商家推出了试用券、体验券，目的就是让潜在客户充分了解商家商品的价值，从而变成商家真正的消费者。

我好像明白了，如果小铜狮子和石狮子们的广告宣传有效果了，以后有钱的神兽也会去骑凤仙的高档餐厅吃饭了。

对啊，就是这个意思。十大脊兽的餐厅是薄利多销，骑凤仙的餐厅可以走高端路线。大家虽然不是每天都去，但是偶尔的庆祝活动，比如生日宴会和家庭聚会，同样也会给骑凤仙的餐厅带来相当可观的收入。

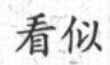

实则

被动接收广告

被引导其他付费

第12章

你抄我创意，我挖你墙脚

穷鬼小分队立刻行动起来。八哥鸟带路，我们一路小跑就来到了故宫西侧的慈宁门。骑凤仙的美容院就开在**慈宁宫**里，慈宁门就是慈宁宫的院门。没想到，慈宁门的门口已经排起了大长队，好多神兽或蹲或站，全都在等着进门。

骑凤仙手忙脚乱地忙活着。他在给大家发小纸条，纸条上写着数字，做

【慈宁宫】

慈宁宫，位于北京故宫内廷外西路隆宗门西侧，始建于明嘉靖十五年（1536）。明朝慈宁宫为前代皇贵妃所居，清朝慈宁宫主要是为太后举行庆寿大典的场所。

完一个，就叫一个号。骑凤仙一边发号一边不停地说着："大家不要着急，我特意从《山海经》世界里请来了三身人当按摩师，他有六条胳膊，绝对让您享受超一流的按摩服务！半个小时，只要一个金元宝！如果您觉得累了，我特意准备了几个大木桶，可以先泡个热水澡，一边泡澡一边等，泡澡以后按摩更舒服！泡澡一次一个银元宝！"

哎哟，不得不说，骑凤仙还真是会做生意，想得还挺周到的，等候的时候还可以泡澡！但是按摩半个小时就收一个金元宝，简直是抢钱！偏偏神兽们还都想尝试一下。小猪屁蓬和金坨坨趁着骑凤仙不注意，偷偷溜进院子里侦查了一下。啊，果然看到有三身人在给神兽做按摩。三身人长着一个脑袋，三个身体，正用六条胳膊噼里啪啦地给趴在床上的两只麒麟做按摩。麒麟闭着眼睛，随着三身人有节奏地敲打后背，"嗨哟嗨哟"地不停叫着，一副舒爽的样子。这两只麒麟是慈宁门外面看大门的守卫，整天绷着身子站岗，确实该疏松疏松筋骨了，骑凤仙的按摩业务正好满足了他们的需求。太和殿的蟠龙也在这里等着按摩，看麒麟那么舒服的样子，蟠龙急得抓

【三身人】

《山海经》中记载的三身国人，长着一个脑袋，三个身体。出自《山海经·海外西经》："三身国在夏后启北，一首而三身。"

耳挠腮。

小猪屏蓬和金坨坨立刻跑了出来，把里面的情况一五一十地报告给我。八哥鸟气得哇哇直叫。我看着那些排队的神兽，忽然灵机一动。我从兜里掏出一件东西，正是我经常用的老年手机。我装出一副神秘的样子说："屏蓬，我想到了一个不用成本也能赚钱的好办法，不过需要你的配合！分身术咒语，你还记得吗？"

屏蓬的两个脑袋一起点："必须记得啊！我发现自从进入这个神兽空间，我的咒语都变得特别好用了！"

我更有信心了："屏蓬，你用分身术把我的手机复制一大堆，然后咱们把手机租给那些排队的神兽，半个小时一个银元宝！"

几个孩子都听呆了。过了一会，他们才琢磨过味来。金坨坨说："晓东叔叔，你这种老旧手机，对神兽们能有吸引力吗？"

小猪屏蓬也立刻建议："晓东叔叔，咱们复制香香姐姐的手机好不好？她用的是智能手机，而且有好多好玩的游戏！你的手机只有《俄罗斯方块》《连连看》《贪吃蛇》，太无聊啦！"

我赶紧摇头："不用不用。我发现神兽空间里根本没有手机，这种简单的游戏，对神兽们来说可能就很好玩了！香香姐姐的手机游戏太复杂了，需要时间学怎么玩，适合高级用户。等神兽们对《俄罗斯方块》《连连看》《贪吃蛇》不感兴趣以后，再考虑复制和出租智能手机！”

屏蓬答应一声：“好嘞！明白了！”他接过我手里的老年手机，然后念起了咒语：“道生一，一生二，二生三，三生万物，手机分身术！”

哗啦一声响，我们身边噼里啪啦掉落了好几十个老年手机！金坨坨、香香和晶晶兴奋得一阵欢呼，满地捡手机。金坨坨一边捡还一边说：“呀！屏蓬，你直接复制一堆金元宝不就得了吗？咱们还费劲挣钱干吗？”

我赶紧打消金坨坨的歪念头：“不行不行，那样就和伪造钱币一样啦，在人类世界那是违法行为；在神兽空间，欺骗也是行不通的。屏蓬用法术变出来的东西，很快就会消失的。如果拿复制出来的钱去消费，人家给你的是真的商品，你给人家的钱很快就不见了，这样缺德的事，咱们可不能干！”

金坨坨挠挠脑袋：“哦！那肯定不行，咱们不能当骗子！”

我点点头：“对，咱们不能当骗子。出租手机是可以的，因为物品出租，本来就是约定好使用时间的。”

小猪屏蓬着急地喊道：“明白了，咱们赶紧行动吧！手机租给神兽，一个银元宝玩一次，可以自己选择玩哪个游戏！”

穷鬼小分队立刻行动，一起大声吆喝着出租老年手机。开始的时候有点费劲，因为神兽们都没有见过手机，更不知道手机怎么玩。结果，还是那些小石狮子最先学会了。不过，他们没有钱，或者只有一点铜钱和玻璃球。我悄悄告诉穷鬼小分队成员，免费给小狮子们发手机，让他们当推销员去教那些有钱的神兽玩游戏。只要教会一只神兽，就给他们十个铜钱奖金，租出去一个手机，就再给他们十个铜钱当作奖金。

这下慈宁门外面可热闹了，本来无聊排队的一群神兽，现在人手一个老年手机，不是玩《贪吃蛇》，就是玩《连连看》或者《俄罗斯方块》，手机嘀嘀嘟嘟的声音响成一片！不过，半个小时时间一到，手机立刻就消失啦！猪战神的分身术，只能维持半小时时间！于是，还没玩够的神兽们赶紧再租一个手机。就连在大木桶里泡澡的神兽，都要求小石狮子帮他们跑腿，找猪战神租手机！

一个小时的时间很快就过去了，我们收上来的银元宝，已经有一大堆，差不多有好几百个，兜里都装不下了，只好扔在地上！

小猪屏蓬和小胖子金坨坨忙得满头大汗，晶晶和香香两个女孩开始还拿着小本记账，可是很快就记不过来了。反正我们的手机都是屏蓬用法术变出来的，没有进货成本，索性就不记了。她俩也开始来回奔跑送手机，收元宝。八哥鸟大呼小叫地指挥孩子们给神兽客户送手机，忙着维持秩序，嗓子都喊哑了。

很快，太和殿的蚣蝮们听说跑腿送手机可以赚钱，也加入了推销员的行列。手机发出去的速度又加快了。不过，这下小猪屏蓬可忙不过来了，他不停地用咒语复制手机，最后累得连舌头都吐了出来，像哈巴狗一样。

很快，我们就发现了新情况。一开始的时候，手机供不应求，现在手机变多了，送货的小石狮子也多了，为了先把手里的手机租出去，他们主动降价打折，之后用自己的奖金补贴差价。这样虽然手机发出的速度快了，但是小石狮子们的收入减少了。随着小石狮子们相互之间的竞争越来越激烈，很

快他们就几乎不挣钱了。随着我们猪财神供应的手机越来越多，神兽们对手机的需求量也没有开始那么大了。为了保证小石狮子们能够有收入，我们出租手机的价格也一降再降。最后变成了三十个铜钱租一个手机，其中包括给小石狮子的奖金十个铜钱。不过，就算是这样，我们还是挣了很多钱。

看到我们出租手机的生意这么好，骑凤仙气得直跳脚。他站在门口大声喊：“穷鬼先生，你们太过分啦！你们这是挖本王的墙脚，抢本王的客户！”

骑凤仙一边眨巴眼，一边盯着旁边小铜狮子手里的手机。小铜狮子最贪玩，他几乎没有怎么推销手机，一直自己玩，反正屏蓬也不会收他的钱，一个手机消失了，他就向屏蓬再要一个。这小家伙已经玩了一下午，头都没抬过。这可不是好习惯，我赶紧让屏蓬收走了小铜狮子的手机。小铜狮子噘着嘴，很不开心，屏蓬摆出过来人的姿态，对他说道：“玩手机要适度，看多了对眼睛不好，对颈椎也不好。”

这些话都是我平时对屏蓬说的，看来他记到了心里。我欣慰地点点头，然后对骑凤仙说道：“骑凤仙，我们这可不是挖你的墙脚，

这是给你帮忙提供服务啊！你的客户要是等得无聊走了，你不就挣不到按摩的钱了吗？现在他们开心地在这里一边玩一边等，怎么轰他们都不走了，你说这是不是好事？你应该感谢我们才对啊！"

骑凤仙被我说晕了，他觉得我的话好像很有道理，但是又感觉什么地方不对劲。骑凤仙挠着脑袋冥思苦想的样子，和当时被小猪屏蓬骗走神兽弹球的金坨坨是一样的。

金坨坨偷偷乐着说："骑凤仙偷走了我们的创意，但是想不到我们会从他的客户身上挣到第一桶金，咱们也算报了一箭之仇了！哈哈！"

我得意地说："咱们这次挣到的第一桶金意义非凡啊。找准了机会，用低成本的产品，获得了高利润。这都是因为我们的产品具有一定的稀缺性，迎合了市场的供需关系。而且，我们的宣传和销售团队也很给力，真是天助我也，哈哈哈……"

屏蓬拉拉我的胳膊说："晓东叔叔，这么多元宝和铜钱，咱们怎么拿得了啊，得想办法全部运走。"

元宝实在是不少，而我们没有合适的运输工具。正在发愁呢，背后忽然有人拍了拍我的肩膀，一个熟悉的声音说道："哎哟，穷鬼先生和猪财神很厉害啊，一下挣了这么多钱。看来，你们这个穷鬼小分队里有高人！我之前看走眼了，这才叫扮猪吃老虎——深藏不露啊！"

价格和供求的关系

晓东叔叔，为什么手机多了，小狮子们反而挣钱少了？

这个现象，要从商品的供求关系来分析。开始我们的手机不多，而且神兽们的需求量很大，所以价格高也供不应求。作为销售员的小石狮子们，自然也容易挣到奖金。随着大批量的手机被你复制出来，供应量增加，但是神兽们对手机的需求量逐渐减少，这个时候，市场空间就变小了。为了争夺这有限的客户，小石狮子们开始主动降低价格，然后用奖金补贴差价，他们的奖金自然也就少了。

聪明的猪财神听懂了！供求关系，就是生产者的供应量和消费者的需求量之间的关系。需求量大，价格就高；供应量大，价格就会降低。晓东叔叔，现在手机没有多少需求量了，咱们是不是就不用做这个生意了？

对！屏蓬，你果然开窍了。咱们已经用很低的成本挣到了一大笔钱，确实可以改变计划，做一做更有潜力的生意了。

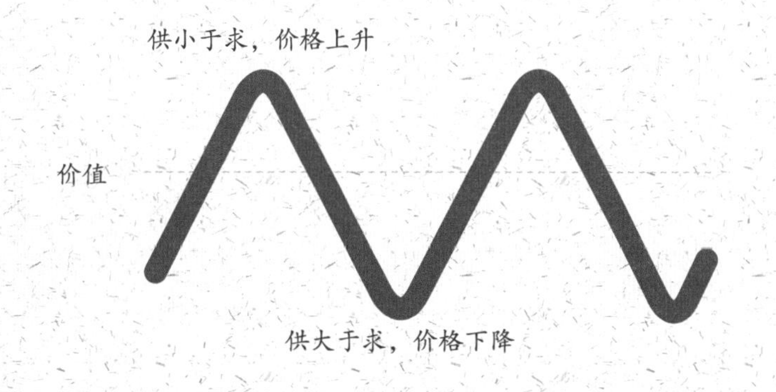

图书在版编目（CIP）数据

误入神兽城 / 郭晓东著 ； 屏蓬工作室绘. — 成都：天地出版社, 2023.7
（小猪屏蓬故宫财商笔记）
ISBN 978-7-5455-7475-3

Ⅰ.①误… Ⅱ.①郭… ②屏… Ⅲ.①财务管理—儿童读物Ⅳ.①TS976.15-49

中国国家版本馆CIP数据核字(2023)第027994号

XIAOZHU PINGPENG GUGONG CAISHANG BIJI WURU SHENSHOU CHENG

小猪屏蓬故宫财商笔记·误入神兽城

出 品 人	陈小雨　杨　政
监　　制	陈　德　凌朝阳
作　　者	郭晓东
绘　　者	屏蓬工作室
责任编辑	王继娟
责任校对	张月静
美术编辑	李今妍　曾小璐
排　　版	金锋工作室
责任印制	刘　元
出版发行	天地出版社 （成都市锦江区三色路238号　邮政编码：610023） （北京市方庄芳群园3区3号　邮政编码：100078）
网　　址	http://www.tiandiph.com
电子邮箱	tianditg@163.com
经　　销	新华文轩出版传媒股份有限公司
印　　刷	河北尚唐印刷包装有限公司
版　　次	2023年7月第1版
印　　次	2023年7月第1次印刷
开　　本	889mm × 1194mm 1/24
印　　张	21（全4册）
字　　数	308千字（全4册）
定　　价	140.00元（全4册）
书　　号	ISBN 978-7-5455-7475-3

咨询电话：（028）86361282（总编室）
购书热线：（010）67693207（市场部）

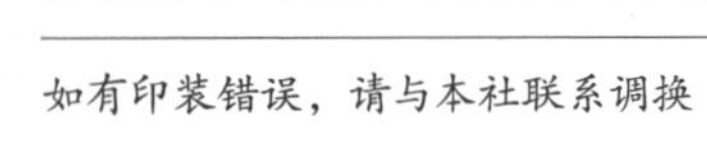

小猪屁蓬 故宫财商笔记

郭晓东 著 屁蓬工作室 绘

大闹金水河

天地出版社 | TIANDI PRESS

螭吻
麒麟
捂裆狮
角端
铜鹤
负跪吉象
蚣蝮
跑龙

故宫神兽
椒图
龙龟
龙
凤
狮
天马
海马
狎鱼
狻猊
獬豸
斗牛
行什

龙龟爷爷

一种可聚财、辟邪的神兽，故宫神兽空间里的三大富豪之一。

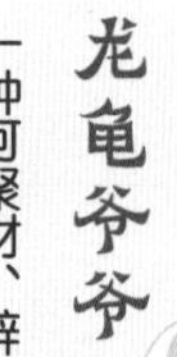

骑凤仙

故宫神兽空间里的三大富豪之一，为人精明，急功近利。

椒图

故宫神兽中的『门兽』，又是故宫神兽空间里的银行家、三大富豪之一，其螺壳是可以储藏财宝的『魔法空间』。

捂裆狮

断虹桥上石狮子之一，传说是道光皇帝皇长子死后转世，总是一只手捂着自己的下身。

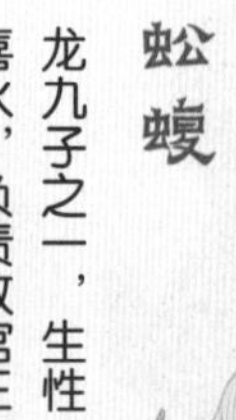

蚣蝮

龙九子之一，生性喜水，负责故宫三大殿的排水工作。

角色介绍

晓东叔叔

保持着一颗童心的儿童文学作家，追求与众不同的创作思路。

屏蓬

八岁的猪头小男孩，一个来自《山海经》世界的神兽，天蓬元帅的前身。

金坨坨

小名金针菇，八岁小男孩，晓东叔叔同事的儿子，小猪屏蓬的欢喜冤家。

八哥鸟

晓东叔叔家里养的一只会说话的宠物鸟，是个搞笑的话痨。

香香

九岁小女孩，晓东叔叔的女儿，聪明伶俐，长相漂亮，爱画画。

晶晶

九岁小女孩，晓东叔叔同事的女儿，性格沉稳，不急不躁，说话很慢。

目录

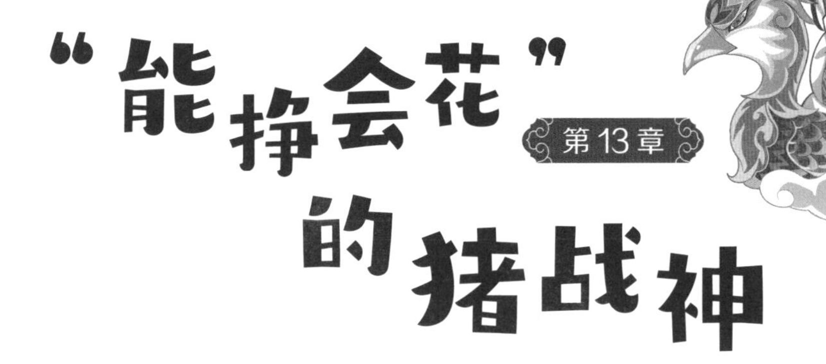

第13章 “能挣会花”的猪战神

我回头一看，跟我说话的是一个龙头神兽，背着一个巨大的螺壳，正是银行家椒图。我开心地大叫：“嘿，椒图，你来得正好！大银行家快帮我兑换一下元宝吧！我要换成金元宝，这样拿着方便！”

椒图点点头：“好啊！不过话说在前面，我兑换元宝可是要收手续费的！”

我赶紧问道：“手续费怎么收？”

椒图回答：“兑换金额的百分之一，比如你们兑换一百个金元宝，就要给我一个金元宝作为手续费。”

八哥鸟生气地喊道：“这不公平，我们越换越少啦！”

椒图笑了："不换也行啊，那你们就得花钱找人帮你们搬走这一大堆银元宝和铜钱，那个费用说不定比我的手续费要贵很多呢！"

"好吧，你说得也有道理。我们商量了一下，决定还是请你帮忙。"我说道。椒图接过我们的账本，飞快地清点了一下，然后一挥手，地上所有的银元宝和铜钱就都消失了。而椒图的手里也出现了一个口袋，里面装着满满的金元宝。椒图把口袋递给我，说："兑换好了，手续费我已经收过了，这是九十个金元宝。我只把零头当作手续费，没有按照百分之一收费，算是给你们这个新客户打折了。"

金坨坨惊讶地问："你把那一大堆钱都收到哪里去了？"

椒图指指自己背后巨大的螺壳说："我就是靠着这个巨大螺壳里的魔法空间来开银行的，无论多少金元宝和银元宝它都装得下。"

"厉害！"金坨坨竖起了大拇指，满脸都是羡慕。

我双手接过椒图递过来的口袋，沉甸甸的，差点没拿住。屏蓬和金坨坨赶紧帮我提。别看小猪屏蓬个子小，他比我力气大。最后，我们决定把口袋放在小猪屏蓬的背上，让猪财神背着走。哈哈，现在我才明白为什么在《西游记》里面，猪八戒总是负责挑行李，直到后来沙僧加入，才有人帮他挑行李。

小猪屏蓬背着一大口袋金元宝回到了太和殿。虽然路上我也帮他背了一会，但是屏蓬这家伙还是叫苦连天的：“晓东叔叔，猪财神太累啦！我觉得早上吃的两顿早餐已经消化光了，我现在又饿啦。晓东叔叔，咱们赶紧开始分钱吧，我要出去买好吃的！”

不等我说话，香香已经跳起来拦住了他：“不行不行，好不容易挣到的钱可不能乱花，要是都花光了，咱们怎么买时空之门的门票啊！”

金坨坨满脸纠结：一方面他很兴奋，和小猪屏蓬一样想去好好胡吃海塞一顿；另一方面，他又担心回不了家……

我想了想，决定把第一次挣到的这一大笔钱，分给孩子们自己支配。我说：“你们能想到留着钱为以后做准备，值得表扬。不过，这第一笔钱是大家一起辛苦付出挣来的，所以我决定把这第一次的劳动成果分给你们，由你们自己来支配。如果从来都没有接触过钱，那谁也学不会驾驭金钱。花钱是训练财商的必修课。”

几个小孩听了都很开心。因为他们都知道这笔钱分到手里，数目肯定不会小，马上就要有一大笔钱可以花了，几个小孩立刻嘀咕起来。

我飞快地把金元宝平均分成了六份，然后对他们说：“一共九十个金元宝，分成六份，每份十五个。其中一份作为公用基金，由我保管。剩下的五份，咱们每人拿一份，如何支配自己决定。不过，你们可不要忘了我给你们讲过的财商知识，无论能支配的钱是多少，一定要留一份存起来。”

八哥鸟大声抱怨着："这不公平！为什么没有我的？骑凤仙偷走我们的创意，还是我发现的！"

四个小孩赶紧捂住自己的金元宝，谁也不愿意分给八哥鸟。我笑着说："你个头太小，金元宝没有地方放，你可以用我的这份，需要什么东西，我给你买！"

八哥鸟点点头："这还差不多！我要吃猫粮……"

屏蓬在一旁不满意地嘟囔："这个八哥鸟，总是模仿猪战神……"

香香和晶晶两个人在旁边小声地商量，我看她俩在一个小本子上写写画画。香香好像在写一个清单，上面写着古书、画册、工艺品、画笔、颜料、画纸……

我拿出自己随身携带的小本子说："好啦，现在你们可以自由行动了，我要回太和殿写故事提纲，龙龟爷爷那里比较安静。记住，你们一定要在晚饭前回到弘义阁，参加龙龟爷爷的生日晚宴，骑凤仙可给我们准备了免费大餐呢！"

"放心吧！忘不了！"屏蓬说完就和金坨坨一起跑了。

话说，小猪屏蓬和金坨坨还从来没有拿到过这么多钱。每人十五个金元宝，让屏蓬和金坨坨都有了大富翁的感觉。之前我给他们讲过的先留出一部分存款，还有记账什么的，都被屏蓬和金坨坨抛到脑后去了。

他们先在故宫里疯跑了一圈，见到新鲜的食物就吃，见到好玩的东西就买，很快就买了好多东西，拿都拿不了。为了装下那些东西，两个小胖子还买了一个带轱辘的小竹车，在紫禁城里推着到处跑。小车上还插满了糖葫芦和嘎啦嘎啦响的风车。八哥鸟趾高气扬地站在小竹车的最高处，一副皇帝出游的架势。这三个小家伙一路上吸引了所有神兽的目光。

很快，小猪屏蓬和金坨坨就跑累了，他们停下来休息。这时候，屏蓬看到旁边一扇大门外面挂着一个牌匾，上面写着：钟表馆。

屏蓬想起我给他讲过，钟表馆原先是奉先殿，现在收藏了很多特别珍贵的宝贝，包括英国人送给清朝皇帝的各种自鸣钟。金坨坨也发现了钟表馆，他惊呼一声：“啊！神兽空间的钟表馆，这些宝贝竟然可以出售啊?！”

【钟表馆】

钟表馆，位于北京故宫内廷三宫的东侧，原为奉先殿。钟表馆内展出着两百多件十八世纪中外制造的钟表：有瑞士、法国、英国生产的外形似西洋建筑、车马人物等的自动报时钟表，也有中国制造的以黄金、宝石为装饰的钟表。这些钟表报时的方式多种多样，精妙绝伦。钟表馆常年开馆，是北京故宫重要的陈列馆。

【奉先殿】

奉先殿原为明清皇室祭祀祖先的家庙，始建于明初。奉先殿是建在白色须弥座上的工字形建筑，前为正殿，后为寝殿。如今已改为钟表馆。

“真的吗？”小猪屁蓬一听就跳了起来。八哥鸟在小车上大叫：“好呀！咱们快进去看看！”

一进门，两个小胖子就惊呆了。钟表馆里的东西真是琳琅满目，金光闪闪。大大小小的宝塔和钟表排列得整整齐齐。钟表馆里的服务员，都是身材苗条的金色小龙。龙是一种骄傲的动物，比如太和殿叼着轩辕镜的蟠龙，总是神气活现；十大脊兽当中的神龙老大，就算当服务员卖早餐，都是一副趾高气扬的样子。可是，这里的小金龙们都十分友善，彬彬有礼。这让屁蓬和金坨坨都有些不习惯了！

金坨坨小声说：“这里的神兽为什么这么有礼貌啊？”

小猪屁蓬也不知道原因。八哥鸟立刻回答：“我听那些小石狮子说，钟表馆是神兽空间里的奢侈品商店，这里的神兽服务员们，上岗之前都接受过专业的礼仪培训，考评不合格不能上岗。所以他们对所有进来的客人们都特别客气。我还知道，来这里买东西的基本都是大富豪。”

小猪屁蓬和金坨坨大眼瞪小眼，心想是不是应该赶紧溜出去。虽然他俩兜里揣着十几个金元宝，但是实在算不上大富豪。

小猪屁蓬正在犹豫，忽然看到了一件好玩的东西，原来是一个金色的大鸟笼。他凑近一看，鸟笼子下面还有一个表盘，原来这是一个**带钟表的鸟笼子**！

小猪屏蓬看看鸟笼子钟表，又看看八哥鸟，突然哈哈大笑起来。八哥鸟生气地说：“你笑什么？你这只坏猪，休想把我关进笼子里！”

小猪屏蓬笑着说：“你不能光想着笼子是关鸟的地方，别忘了这个紫禁城里到处都有御猫，遇到猫的时候，你藏在这个笼子里，它们就拿你没办法了，所以这是一个鸟房子呀！”

金坨坨也跟着煽风点火：“对呀！这个金笼子绝对是鸟笼界的别墅！还是带钟表的奢侈品，简直太拉风了！”

两人本来是开玩笑的，没想到八哥鸟竟然动了心，态度立刻来了个一百八十度大转弯：“我要这个鸟别墅！我也觉得很拉风！我不管，我就要！这么大的笼子全是金子做的，却只要十二个金元宝，实在太便宜啦！猪财神，你给我买！”

小猪屏蓬傻眼了，他摸摸兜里，只有六个金元宝了，便小声对八哥鸟

【带钟表的鸟笼子】

这座钟叫作铜镀金转花自鸣过枝雀笼钟，是十八世纪的英国人制造的。高七十六厘米，底径三十二厘米。鸟笼底座为正方委角形，内置机械，正面嵌小表。鸟笼以十二株菠萝为柱，以铜镀金丝编织成笼。鸟笼中心有带弹簧的横杆，杆上立有一鸟。机器启动，小鸟可以左右转身，展翅摆尾，在两横杆上往返跳跃，并发出抑扬的鸣叫声。

说：“钱不够！”

八哥鸟立刻喊道：“金坨坨，把你的金元宝贡献出来！”

金坨坨摸摸兜，掏出来八个金元宝，数了六个递给小猪屏蓬。小猪屏蓬接过，说：“等猪财神挣钱了还你！”

就这样，小猪屏蓬和金坨坨用身上几乎所有的钱，买下了一个亮眼的鸟笼子。八哥鸟主动钻进笼子，在里面得意地哈哈大笑。他们把鸟笼子放在小竹车的最高处，推着车跑出了钟表馆。

现在小猪屏蓬已经彻底没钱了。不过，金坨坨还有两个金元宝，他俩一致决定去慈宁宫，他们也想试试三身人的六只手按摩，觉得那感觉一定特别爽！

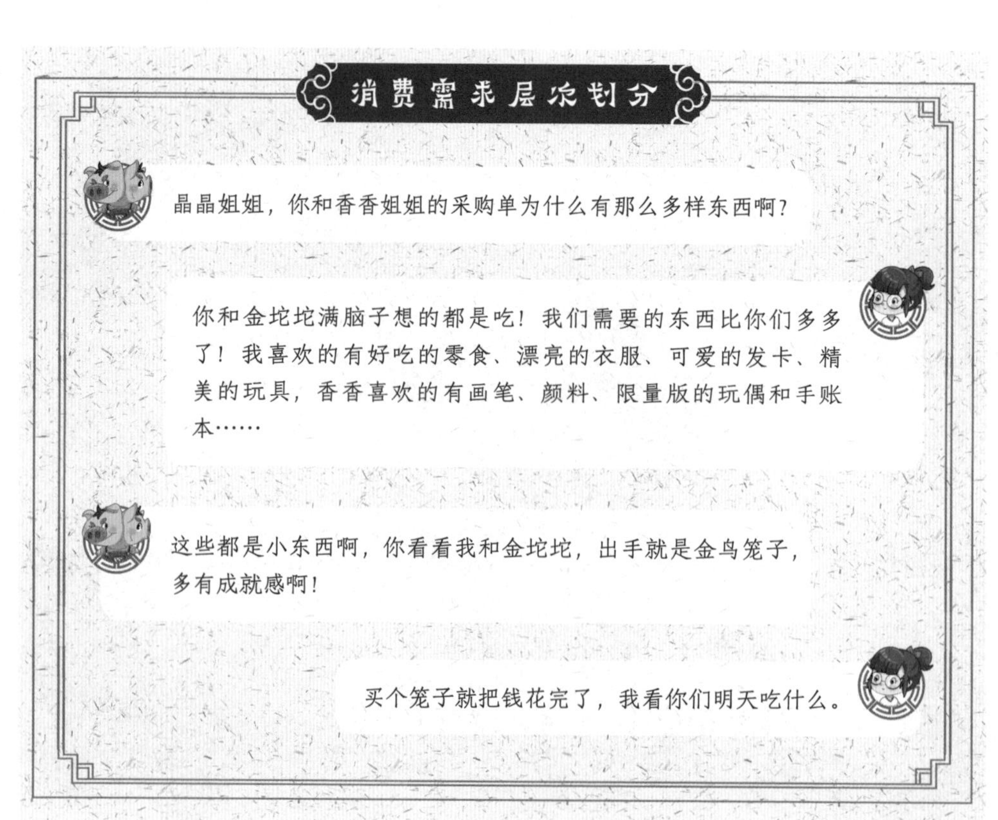

消费需求层次划分

晶晶姐姐，你和香香姐姐的采购单为什么有那么多样东西啊？

你和金坨坨满脑子想的都是吃！我们需要的东西比你们多多了！我喜欢的有好吃的零食、漂亮的衣服、可爱的发卡、精美的玩具，香香喜欢的有画笔、颜料、限量版的玩偶和手账本……

这些都是小东西啊，你看看我和金坨坨，出手就是金鸟笼子，多有成就感啊！

买个笼子就把钱花完了，我看你们明天吃什么。

如果想积累财富达成致富梦想，就必须克制自己的欲望，让钱为自己服务。首先，挣的钱，优先保证我们衣食住行等最基本的生存需求。其次，钱如果买来知识或者工具，就可以创造更多的钱，这就是发展型需求。至于这个鸟笼子，属于享受型需求。这个鸟笼子，以后也没法按买它的价格很快卖出去，流通性差，很难为你创造新的价值。

看来我们这个金鸟笼子买得实在不是时候……

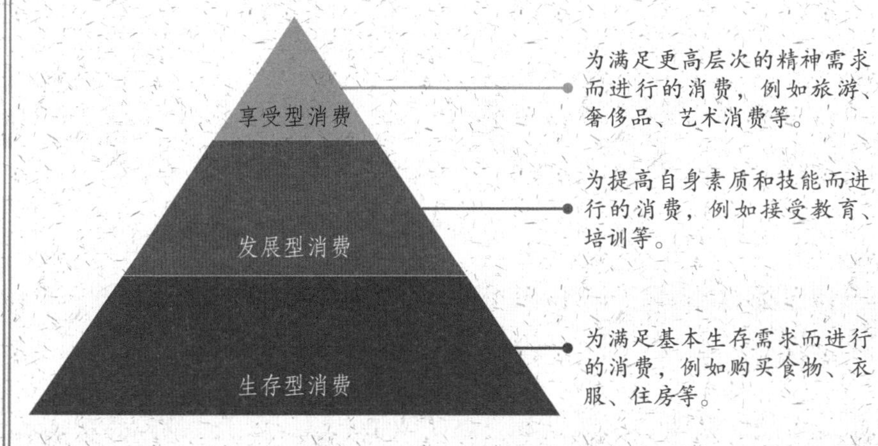

第14章 我们又变回穷鬼小分队了

小猪屏蓬和金坨坨推着小竹车一路狂奔。金坨坨一边往嘴里塞零食一边说：“有钱就是好，想吃什么就吃什么，想玩什么就玩什么！……呃，屏蓬，咱俩的钱好像已经快花光了，做完一次按摩，咱们俩就又变回穷鬼了！”

小猪屏蓬满不在乎地回答：“有猪财神在，不用担心挣不到钱！我还有一个开弹球赛场的创意！你想啊，连神秘骄傲的甪端都喜欢玩弹球，其他神兽一定也会感兴趣的！”

金坨坨使劲点头：“有道理啊！这个创意不错。对了，我忽然想起来了，上次你把我的神兽弹球卖给甪端，自己却把钱收起来了；刚才，你又用我的钱给八哥鸟买了一个鸟笼子。这些钱你得尽快还我……”

小猪屏蓬用手指着远处说："金坨坨，创意比弹球更重要。你看，前面就是慈宁门了，咱们赶紧去做按摩吧！"

小猪屏蓬"一猪当先"跑到了慈宁门，却意外地发现，慈宁宫门口空荡荡的，估计没有了手机游戏，神兽们已经没兴趣排队等按摩了。屏蓬和金坨坨很快就趴在了按摩床上。三身人的按摩技术真是出神入化，屏蓬和金坨坨体会到了舒适的感受，很快就在三身人按摩师噼里啪啦的敲打下睡着了。

屏蓬和金坨坨不知道睡了多久，只听见八哥鸟的声音在耳边响了起来："别睡了，快起来吧，咱们的创意又被骑凤仙给偷走啦！"

"什么？"屏蓬一下就蹦了起来。金坨坨也揉着眼睛从按摩床上爬了起来："八哥鸟，什么创意又被骑凤仙偷走了？"

八哥鸟气急败坏地喊着："弹球比赛的创意又被偷走啦！骑凤仙在慈宁宫花园里开了一个弹球赛场，现在神兽们都跑去玩弹球了！"

"啊?！"小猪屏蓬和金坨坨的瞌睡虫一下就被吓跑了。屏蓬生气地大叫："怪不得现在按摩院里没有那么热闹了，原来神兽们都跑去玩弹球了！本来

【慈宁宫花园】

慈宁宫花园是慈宁宫的附属花园，位于慈宁宫西南，始建于明嘉靖十七年（1538）。慈宁宫花园北部有咸若馆等建筑，南部地势平坦开阔，花木繁盛，是明清两朝太皇太后、皇太后及太妃嫔礼佛和休息游玩之处。

猪财神我还想好好挑个地方，弄一个弹球赛场挣钱，没想到竟然被这个可恶的骑凤仙捷足先登！是可忍，孰不可忍！”

小猪屏蓬和金坨坨急急忙忙地跟着八哥鸟往慈宁宫花园跑去。到了花园一看，啊，好热闹啊！那些神兽全都趴在地上玩得热火朝天！慈宁宫花园里设有好几个赛场，分别有不同的游戏规则，有把对手的球弹出赛场的，有弹球进洞的，还有像足球一样弹球射门的……骑凤仙真是个天才，估计他是从神兽用端那里打听出两种弹球玩法后，自己又发明创造了几种新的玩法。现在神兽们都已经玩疯啦！每个神兽的手里都提着一口袋五颜六色的弹球！

金坨坨气得快发狂了：“太过分啦！骑凤仙怎么老是偷我们的创意啊！”

小猪屏蓬也咬牙切齿地说：“猪财神的创意他也敢偷，猪财神一生气，后果会很严重！”

不过，他俩喊了半天，也没有想出来怎么对付骑凤仙。而且一打听，他俩才知道，骑凤仙是花了大价钱才租下这个慈宁宫花园开办弹球赛场的，投入的成本相当高。

小猪屏蓬气鼓鼓地对金坨坨说：“我看，咱们还是赶紧回去找晓东叔叔商量吧！”两个小家伙气喘吁吁地跑回了太和殿。我正坐在大殿里，在本子上写故事创意，小猪屏蓬突然跳进来，吓了我一跳。

“晓东叔叔！你还有心思写故事呢？咱们的创意都快被骑凤仙给偷光

了！他在慈宁宫花园建了弹球赛场，现在所有的神兽都跑慈宁宫去玩弹球了！”

我愣了一下，然后扑哧一声就笑了：“哈哈，这个骑凤仙可真有意思！他打探消息的能力和模仿能力真强，简直就是一个商业奇才！”

金坨坨着急地说：“晓东叔叔，你可真沉得住气，骑凤仙偷咱们的创意，你还笑得出来？”

我摇了摇头说：“这种创意并不是咱们自己发明创造的，咱们也是跟别人学来的，对不对？玩弹球的方法和那些知识产权、专利技术不一样，没法

阻止别人模仿。想获得财富，就要找到持久赚钱的方法。"

两个小胖子眨巴着眼睛琢磨我的话，估计他俩也想明白了，他们给龙龟爷爷做按摩讲故事，给用端表演弹球游戏，确实不能算是自己的发明创造。

正在这个时候，外面传来了一阵脚步声，我们回头一看，是晶晶和香香两个女孩子回来了。我看见她俩手里也拿着不少东西，不由得一阵苦笑，心想："唉，这几个孩子，看来都把钱给花光了，我的财商教育效果不行啊！"

小猪屏蓬兴奋地迎了过去："香香姐姐！晶晶姐姐！你们拿的是什么好东西啊？"

晶晶拿着一本书，用她特有的缓慢语调兴奋地说："我们发现宝贝了！我租了一本神奇好玩的书，叫作《海错图》，里面画了好多好玩的海洋动物，长得特别蠢萌，让人看着就想笑！还有一些奇奇怪怪的植物，特别好玩！"

香香抱着一个巨大的卷轴说："我租到了一张特别大的画，是有名的《千里江山图》！"

我听得一愣一愣的："《海错图》？《千里江山图》？啊！这些都是故宫博物院里非常有名的宝贝呢！快让我看看！"

我接过《海错图》和那个巨大的卷轴，激动得两眼直放光："天啊！真的是《海错图》和《千里江山图》！想不到神兽空间的宝贝和我们人类世界的宝贝一模一样！我上次看《千里江山图》还是在故宫午门的展厅，当时只看了十分钟，没想到能有机会拿在手里欣赏这两件国宝！”

屏蓬和金坨坨，还有八哥鸟都把脑袋凑过来仔细看，发现《海错图》画的确实是一些怪模怪样、五颜六色的鱼。忽然，屏蓬指着一条美人鱼哈哈大笑起来，说：“这是我见过的最丑的美人鱼！这是谁画的，简直太搞怪了！一点也不美，还是个秃顶老爷爷！”

金坨坨也大叫一声：“美人鱼爷爷?！我的妈呀！我也是第一次见这么丑的美人鱼！”

我的目光已经被宝贝吸引住了，我一边目不转睛地看一边说：“你们不

【海错图】

《海错图》是一部具有现代博物学风格的古代海洋海滨生物图谱书，由清代画家和生物爱好者聂璜绘撰。书中图文并茂地描绘了三百多种海滨动物、植物。清代乾隆、嘉庆等皇帝都很喜爱这部图谱。到了民国，由于日本侵华，故宫文物南迁，全套四册书分了家。现在前三册《海错图》在北京故宫博物院，第四册则藏于台北故宫博物院。

【千里江山图】

《千里江山图》是一幅整绢巨幅设色画，长约十一点九米，以石青、石绿等矿物质为主要颜料，被称为“青绿山水”。此画作是北宋画家王希孟传世的唯一作品，也是北京故宫博物院收藏的国宝级珍品。

知道，《海错图》可是清代好几位皇帝都特别喜欢看的奇书！过去交通不便，更没有海洋馆，小皇帝就把这部《海错图》当作海洋馆啦！”

金坨坨好奇地问：“那《千里江山图》又有什么特别啊？”香香从小爱画画，她早就听我讲过故宫里那幅《千里江山图》的故事，便立刻回答了金坨坨的问题：“这幅画是宋朝流传下来的，比紫禁城还要古老。画这幅画的画家叫王希孟，是宋徽宗的学生。画《千里江山图》的时候，王希孟只有十八岁！你们看，这幅画的颜色特别鲜艳，这种颜料比金子还要贵，是用天然的彩色矿石研磨成粉末，经过很多道工序才制作出来的！如果没有皇帝的支持，普通人绝对用不起这样珍贵的颜料！”

屏蓬和金坨坨听得眼睛都直了，屏蓬忽然问道：“香香姐姐、晶晶姐姐，你们租这两件宝贝干什么用啊？是不是花了好多钱啊？”

“我把钱都花得差不多啦！”晶晶点点头，说着她又像变魔术一样拿出一本书，“我这里其实还有一本乾隆编修的《兽谱》呢！”

香香不好意思地说：“我其实一点钱也没花……我担心时空之门开启的时候，我们买不起门票，所以什么东西都没买，我决定把钱全都存起来！”

啊？这个结果，我没有想到。香香这个小抠门，简直比龙龟爷爷还像铁公鸡……可是，既然没花钱，这《千里江山图》又是怎么来的呢？

不等我提问，晶晶就主动回答了：“我看香香很喜欢《千里江山图》，又舍不得花钱，就替她把这幅画租下来了。虽然我身上的钱也花光了，但除了租金，还有一部分是押金，等把东西还回去的时候，我的押金就可以拿回来了！所以，我们不算是乱花钱！”

好样的！我忍不住对晶晶竖起了大拇指！

香香继续说：“这几件书画，我们可以用一个月，每天仔细看，直到我们离开紫禁城神兽空间。这段时间都可以学习研究呢！”

在一旁听了半天的八哥鸟终于忍不住说话了：“不管怎么说，猪财神和金坨坨，还有晶晶姐姐都花了很多钱，你们这就叫冲动消费！你们全破产啦！现在咱们又变成穷鬼小分队了！”

学会记账

我们又变穷了，这下怎么办啊？

你们突然得到一笔巨款，看到自己喜欢的东西就控制不住自己，发生购买行为，这就叫冲动消费。我们要养成良好的消费习惯。可以试着先记账，看看自己的钱都花在了哪里，这是改变自己消费习惯的第一步。

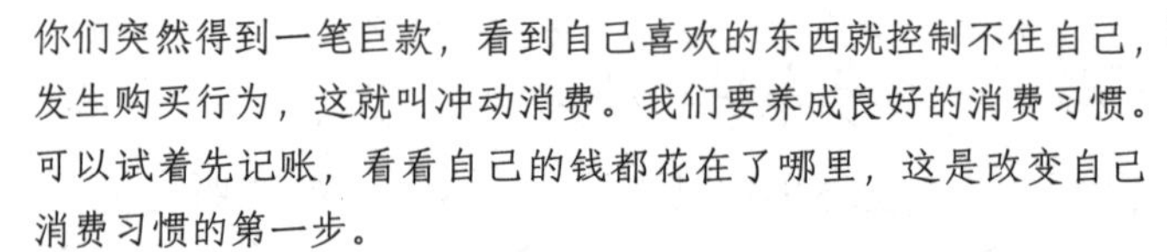

晓东叔叔，快教我们记账吧！

记账主要是把自己的收入和开支记录下来，这样不仅有助于分析自己的钱都花在哪里，还有助于分配自己有限的钱。在任何情况下，都要预先留出一部分资金，为将来可能的支出做准备。

金坨坨记账表

日期	事情	收入	支出	余额
某月某日	拿到零花钱	15金		15金
某月某日	买鸟笼子		12金	3金
某月某日	花钱做按摩		3金	0金

第15章 椒图的神兽空间银行

几个孩子的表现，实在是让我哭笑不得：屏蓬和金坨坨乱花钱在我意料之中；可是香香竟然一分钱没花，我确实没想到；晶晶表现还算不错，但是毕竟也把钱都花出去了。我教给他们分配收入、存钱和投资的那些理论，基本谁也没有用上。

“唉！你们几个孩子，都太走极端了。你们应该按比例分配好资金，一部分存起来，一部分满足自己的需求。这些你们全都忘到脑后了吧？香香没有合理利用手里的资金；屏蓬、金坨坨就知道吃喝玩乐；晶晶虽然没有浪费钱，但是手里的资金都被冻结了，没有储存也没有投资升值，实在是太被动了。”

几个孩子你看看我、我看看你，都不知道说什么好。突然小猪屏蓬说："晓东叔叔，我俩把钱都用在吃喝玩乐上面了，还买了个中看不中用的奢侈品——鸟笼子，现在确实很后悔。下次我们再挣到钱，一定不乱花，严格按照你告诉我们的理论操作。猪财神一定会成为大富翁的！"

我也不愿意让这几个孩子太受打击，于是耐心地说："有句话说得好，破产只是暂时的，但如果不掌握驾驭金钱的方法，贫穷就是永远的。所以，挣到第一桶金以后，必须学会记账和投资。记账的目的是根据自己的需要把有限的资金进行合理分配：一部分储存起来用于未来的投资增值，另一部分进行必要的生活消费。把钱全都存起来也不是正确的方式，因为存起来的钱升值很慢，甚至会贬值。要学会让钱为自己服务，让钱帮你挣钱。"

金坨坨听得云里雾里，着急地说："太复杂啦，晓东叔叔，你快告诉我们，下一步咱们做什么生意，怎样才能让钱为咱们服务呢？我们本来还有一个开弹球赛场的创意，现在也被骑凤仙给偷走了……"

我说："我已经有了一些计划，不过要以后慢慢说。现在时间不早了，咱们该去参加龙龟爷爷的生日宴会了！"

"好呀！"孩子们立刻欢呼起来。唉，这几个熊孩子，从不开心到开心的转换，完全没有过渡，让我这个成年人有点跟不上节奏。

我跟着几个孩子一溜小跑来到弘义阁门口的时候，又一次遇见了椒图。椒图看到我们，立刻笑眯眯地打招呼："猪财神，听说你在疯狂大采购？还给自己的宠物鸟购置了金笼子，真有情调！"

小猪屏蓬用胳膊擦了擦鼻涕说："椒图，你这是挖苦我，猪财神听出来了！我只是偶尔放松一下而已。"

椒图笑嘻嘻地转移了话题："嗯，猪财神年纪还小，偶尔开心一下可以理解！不过，穷鬼先生可是真的让我很佩服啊！他已经把他的钱都交给椒图银行来管理了，而且制定了严谨的投资方案，百分之四十做储蓄，百分之三十投向了安全性比较高的理财和基金，剩下的投资了神兽空间的股票市场。今天股票大涨，穷鬼先生的投资升值不少呀！猪财神的资金，是不是也可以考虑交给椒图银行来帮你运作啊？"

小猪屏蓬脸蛋上的肉哆嗦了几下，说道："哼，猪财神已经把分到的钱都花光了！"

椒图笑着摇了摇头，故意调侃屏蓬："我不信。猪财神的钱还能花光了？"

没想到小猪屏蓬还挺会借坡下驴："猪财神花的钱只是自己的零花钱，我们穷鬼小分队的资产，当然是交给穷鬼先生来管理呀！"

金坨坨忽然问道："晓东叔叔，我不明白，你把钱存在银行里，他们为什么会给你利息啊？多出来的钱，是从哪里来的？"

我看着他满脸迷惑的样子笑了："金坨坨，我们把钱存在椒图银行里，别的神兽也会把钱交给椒图银行，这样椒图就会拥有一大笔钱的使用权，他可以投资非常大的项目。比如骑凤仙开西餐厅、按摩院，还有弹球赛场……租金和管理费用很高，这时候他就需要跟椒图银行借钱，椒图觉得这些项目有前途就投资了。等这些产业挣钱以后，产生了利润，骑凤仙除了要把从银行借来的本钱还回去，还要交给银行一部分利息。然后，银行也会把一部分利息分给我们。于是，我们放在银行的钱就升值啦。"

晶晶慢悠悠地说："我好像听懂了，银行可以帮助大家把钱积少成多，做更大的产业；还能让停滞不动的资金流动起来，产生更大的价值。对不对，晓东叔叔？"

我高兴得拍手道："对啦！我再举个例子说明一下椒图银行给我们每个月的百分之三的利息（现实生活中利息一般按年算）。比如我们存入一千银元宝，月利率是百分之三，存六个月以后，得到的利息就是……"

晶晶回答："一百八十个银元宝！每个月利息三十个银元宝，六个月利息就是一百八十个银元宝！"

我满意地点头，说："差不多。不过这里有一个复利计算的问题，所以利息收入会比一百八十个银元宝略微多一些。虽然我们不会在这里待半年，但是有利息总比把钱放在我们自己这里强啊！"

金坨坨挠着脑袋说："我好像也听明白了，不过感觉管理钱真的是一件很烧脑的事啊……

椒图笑了："凡是拿钱投资理财的人，都不会拒绝为钱烧脑。相反，他们会觉得这是一件特别有意思的事！"

这时候，骑凤仙从弘义阁跑了出来，他热情地把我们都拉到了餐厅里。我们进门一看，骑凤仙为龙龟爷爷举办的生日宴会简直太热闹了，紫禁城里所有的神兽都来了，骑凤仙精心准备的新鲜美食已经堆成了小山。

最让猪财神佩服的是，骑凤仙准备了一个超级巨大的生日蛋糕，上面插着四根巨大的生日蜡烛，每根蜡烛都被刻成数字"9"的样子！四根蜡烛摆在一起，就是"9999"！

骑凤仙点燃了四根蜡烛，大家一起唱生日歌，让龙龟爷爷许愿，最后龙龟爷爷一口气就吹灭了四根蜡烛。龙龟爷爷底气十足，真让我们佩服。

骑凤仙的这个西餐厅，以前因为价格贵，大家都不敢进来尝试。这次举办免费活动，神兽们发现这些西式菜品的味道简直太鲜美了，都吃得很开心！

小猪屁蓬和金坨坨这两个大胃王，比任何一只故宫神兽都能吃。我真佩服他俩，吃了两顿早餐，白天还胡吃海塞了一天，现在这架势又像是几天没吃饭的样子。

骑凤仙也是下足了血本，各种美食源源不断地端上来，给所有神兽都留下了一个慷慨老板的好印象。

不出所料，来参加生日宴会的神兽们，几乎都给龙龟爷爷带来了生日礼物。很多巨龙都送了金光闪闪的龙鳞和美丽的珍珠，甪端和麒麟干脆就送了金元宝和银元宝，后来龙龟爷爷都拿不了了，直接交给椒图存进了银行。

小猪屁蓬这个吃货对龙龟爷爷真是羡慕死了。他悄悄问我："晓东叔叔，今天晚上龙龟爷爷赚大啦！骑凤仙是不是要亏死了？"

我笑着摇摇头："不会的，骑凤仙也赚大了！如果我没有猜错，龙龟爷爷一定会给骑凤仙一些礼金做补偿的。就算不够骑凤仙办宴会的费用，估计也差不了太多！关键是从今晚以后，骑凤仙的西餐厅就会成为神兽们最喜欢的高档餐厅了。骑凤仙会挣到很多钱的！”

小猪屏蓬眨巴着四只黑豆眼，那表情分明是不相信龙龟爷爷真的会给骑凤仙钱：不是说好骑凤仙免费办生日宴会吗？

于是，小猪屏蓬和金坨坨就开始密切观察龙龟爷爷的一举一动。宴会结束散场的时候，小猪屏蓬兴奋地朝我跑过来：“晓东叔叔，你简直料事如神！我看到龙龟爷爷悄悄塞给骑凤仙一张纸片，一打听才知道，那张纸，是椒图银行的支票，就是一种可以填写很大金额的特殊的‘钱’！我估计，龙龟爷爷作为紫禁城的顶级大富豪，给的钱肯定不少！否则也不会用支票这种厉害的‘钱’了……”

生日宴会圆满结束，我们一起唱着歌和龙龟爷爷回到了太和殿。我们正想进太和殿去睡觉，却被龙龟爷爷无情拦住，毫不客气地收走了我五个金元宝！唉，作为一个大富翁，又刚收了那么多生日贺礼，龙龟爷爷简直是认钱不认人啊！

好在我早就准备好了租金。现在小猪屏蓬和金坨坨对我这个穷鬼是佩服得五体投地，因为他们明白，要不是我提前把钱留好，今天晚上我们恐怕只能躺在太和殿广场上喂蚊子了……

因为宴会上吃得太饱，这一天又经历了很多事情，我们都觉得很累，所以我和孩子们躺在甪端给准备好的垫子上，很快就睡着了……

鸡蛋不要放在一个篮子里

晓东叔叔，既然投资股票特别挣钱，你为什么不把所有的钱都拿给椒图去买股票呢?

俗话说，鸡蛋不要放在一个篮子里。万一你的篮子掉到地上，鸡蛋就全碎啦。这个比喻是形容分散投资的重要性的。股票虽然有可能一天涨10%，但是也可能一天亏掉10%，风险非常大；存款虽然获得的利息很少，钱升值的速度很慢，但是稳妥安全。而理财及基金的风险，介于存款和股票两者之间。所以，我选择了存款、股票、基金和理财的投资组合，把一部分钱保护起来，让另一部分钱去替我工作。

听起来太厉害了！

项目	股票	理财及基金	存款
风险与回报	高风险高收益	中风险中收益	低风险低收益
投入比例	30%	30%	40%
一定要将钱分散开做投资			

第16章

酒吧表演计划

第二天，我们都睡懒觉了，直到太阳晒到屁股的时候，我才被八哥鸟吵醒。

八哥鸟大惊小怪地喊：“你们都别睡啦！出大事啦！我听说骑凤仙那家伙，在宁寿宫花园里又开了一家酒吧，专门卖酒给神兽们喝！除了本土的

【宁寿宫花园】

宁寿宫花园是乾隆皇帝改建宁寿宫时所建的花园，位于宁寿宫区的西北角。宁寿宫花园内假山重叠，玲珑秀巧，曲径通幽，生意盎然，是学者公认的“宫中苑”或“内廷园林”的精品。是乾隆皇帝为自己退位后修建的颐养之所，因此也被称为“乾隆花园”。

白酒和啤酒，他还弄来了好多洋酒，今天晚上是开业大酬宾，所有洋酒打五折。神兽们都很兴奋，都说晚上要一起去呢！”

小猪屁蓬揉着眼睛叫起来：“天啊！这个骑凤仙可真是精力充沛，竟然在连续开了按摩院、弹球赛场之后，又开一家酒吧！怪不得椒图说他是紫禁城神兽空间的大富豪呢！”

我也觉得这个骑凤仙让人意外。我说：“骑凤仙已经掌握了一些致富规律，你们不要小看他。骑凤仙在成仙之前，就是一个厉害的国王，当时叫齐闵王。传说在战国时期，只有两位君王靠自己的实力打败过其他六国，一个是后来统一中国的秦始皇，另一个就是齐闵王！不过，齐闵王的缺点是自大狂妄，最后不但没有成就霸业，还被自己的手下给干掉了。所以，骑凤仙继承了齐闵王的优点和缺点，虽然有点走极端，但也是敢想敢干。”

金坨坨不服气地说：“哼，既然聪明能干，干吗还老偷我们的创意呢?!”

我笑了：“能判断出别人的创意是好还是坏，并且立刻付诸行动，这一点正说明骑凤仙是个聪明人，值得咱们学习。我有个主意，现在骑凤仙已经吸引了所有神兽的注意，我们今天晚上可以给他凑个节目，帮他挣更多的钱，这样我们也可以分一杯羹。这就叫合作双赢！”

小猪屁蓬立刻跳了起来：“猪财神明白了，看来晓东叔叔又想到了类似出租老年手机的好主意！上次我用分身术复制了好多手机，算是挣到了我们来神兽空间的第一桶金。现在咱们就利用骑凤仙开酒吧的机会，再从他的客户身上挣第二桶金！”

我觉得这个做法有点占骑凤仙的便宜，不过我们穷鬼小分队没有多少资源可以利用，为了挣钱，也只能借着骑凤仙开业的机会顺势而为了。我立刻开始给我们穷鬼小分队队员分派任务。

白天，我们一起去采购了一批道具，还排练了几个节目。我准备晚上让孩子们去给骑凤仙的酒吧做开业表演。

香香有点担心地说：“爸，你不跟骑凤仙商量一下吗？咱们忙活半天，要是他不许咱们表演怎么办？”

我信心十足地说：“不可能，只要能给骑凤仙的生意带来好处，他一定会特别开心的！而且，只要咱们的节目能让客人们开心，骑凤仙是无论如何不敢破坏客人的情绪，把咱们赶走的。”

晚上很快就到了。香香、晶晶和金坨坨三个孩子，全都打扮成了奇怪又有趣的样子。香香戴顶高帽子扮成女巫；晶晶穿上一件挡住半张脸的黑斗篷，拿着一把大镰刀扮演坏蛋；金坨坨把自己的脸画成绿色，装扮成小鬼。我用小本认真地把花出去的钱，一笔一笔都记录下来。

服装采购：花了五个金元宝。

买化妆品：花了一个金元宝。

表演期间食品饮料成本（预计）：一个金元宝。

所有人（包括八哥鸟）的劳务费：三个金元宝。

“好啦，你们都要心里有数，这就是咱们今天晚上花费的成本，最后我们要看收益是多少。收益减去成本，就是咱们今天晚上表演活动的利润。”

晶晶听完，慢悠悠地说：“成本一共是十个金元宝。”

八哥鸟不关心什么成本和收益，它正喋喋不休地点评大家的装扮：“嗯，香香姐姐和晶晶姐姐的扮相不错；金坨坨，你怎么看着不像小鬼啊，小鬼真的没有你这么胖的，你看起来倒是有点像袖珍版的绿巨人……”

金坨坨摸摸鼻子说：“我这光辉形象怎么打扮都像英雄不像坏蛋，我也没有办法啊！”

屏蓬郁闷地说：“为什么你们都可以化装，就不给我化装呢？”

我忍住笑说：“你的模样难道还需要化装吗？妥妥的一个具有魔幻味的喜剧造型！”

这么一说，屏蓬马上就开心了。我们立刻出发，浩浩荡荡地来到了宁寿宫花园。

在进入花园之前，我严肃地对几个孩子训话："记住，今天晚上我们是来挣钱的，你们都是小孩，谁也不许偷偷喝酒。记住了没有？"

金坨坨、香香和晶晶，还有八哥鸟一起大声回答："记住啦！"我发现只有小猪屏蓬使劲张嘴，假装喊口号。这家伙在家里的时候，就曾经半夜爬起来偷喝我的酒，被我抓住过。我看这家伙今天也没打算安分守己，立刻生气地指着他说："屏蓬，如果让我发现你偷偷喝酒，今天晚上就不许进大殿睡觉！让你在广场上喂蚊子！"

"好嘞！保证不偷偷喝酒！"小猪屏蓬赶紧大声答应。

我听见他又嘀咕："唉，晓东叔叔真是个小气鬼！我一个脑袋是猪战神，另一个脑袋是猪财神，又不是普通的人类小孩，喝点酒怕什么……"

我回头瞪了他一眼，屏蓬赶紧捂住自己的两张嘴。

一进宁寿宫花园，我们就遇到了老朋友——一大群蹦蹦跳跳的蚣蝮。他们有点害怕屏蓬，因为屏蓬能释放神火。本来蚣蝮是不怕火的，但是偏偏屏蓬召唤的神火他们没法扑灭。我们在太和殿住了两天，所以太和殿的那些蚣蝮已经跟我们混得很熟了。屏蓬一个个跟他们打招呼，好像清楚地认识他们每一只小神兽，可是在我看来，那些蚣蝮全都长得一模一样。

蚣蝮们发现了我们奇怪的打扮，立刻把我们给包围了，七嘴八舌地问我们为什么要打扮成这个样子。因为今天的表演是我们的秘密，所以就连八哥鸟也没有透露半个字。

等我们找到宁寿宫花园的禊赏亭的时候，四周已经到处都是神兽了。十大脊兽全都在，还有龙龟爷爷、仙鹤、麒麟、螭吻和断虹桥的那一大群小石狮子。当然了，太和门的铜狮子一家也都来了。

最不可思议的是，因为禊赏亭空间不大，所以神兽们全都自觉地把自己变小啦！这样，他们就可以全都整整齐齐地坐在亭子里的水渠两边了。

大家都耐心地坐在亭子里等候酒会开始。从远处看去，禊赏亭里有一条弯弯曲曲的水渠，就像一个巨大的大富翁棋盘，那些密密麻麻的神兽们就像是棋子，老老实实地蹲坐在河边。

小猪屁蓬小声问我："他们这是在干吗呢？"

我也小声回答："这就是古代的饮酒游戏，名叫'曲水流觞'。等下会有人把盛着酒的酒杯放在那条渠的水面上，酒杯会顺着水流往前漂，漂到谁

【禊（xì）赏亭】

禊赏亭建于清乾隆三十七年（1772），坐西面东，亭内地面凿石为渠，渠长二十七米，曲回盘折，叫作"流杯渠"，人们在这里可以玩"曲水流觞"的饮酒游戏。

的面前停住了，谁就可以喝了这杯酒。”

小猪屏蓬奇怪地问：“晓东叔叔，喝酒还要排队等着，这样多费劲啊！骑凤仙是不是傻掉啦？这样卖酒多慢啊？”

旁边的八哥鸟嘲笑他说：“笨屏蓬，你懂什么？这叫饥饿营销！如果所有的酒敞开了卖，神兽们肯定很快就把酒都尝一遍，也就没什么新鲜感啦！”

我点头称赞：“没错，八哥鸟说得很正确，骑凤仙的这一手很高明！让大家对这些新奇的酒产生一种期待感，每次又只能喝一点，这样才能激发大家的兴趣。等到最后可以自由买酒的时候，大家就会毫不犹豫地重金购买自己喜欢的那种酒，或者是一直喝不到的酒。”

小猪屏蓬张大了两张嘴：“原来是这样啊！骑凤仙这个家伙实在太会做生意了！怪不得他能成为故宫神兽空间的大富豪……”

【曲水流觞（shāng）】

古时习俗，在我国很多地方都曾流行。觞，就是酒杯，一般为木制，所以能在水面漂浮。每年三月三上巳（sì）节，人们坐在曲折的水渠旁，在上游放置酒杯，任其顺流而下，杯子停在谁的面前，谁就取杯饮酒，因此得名“曲水流觞”。

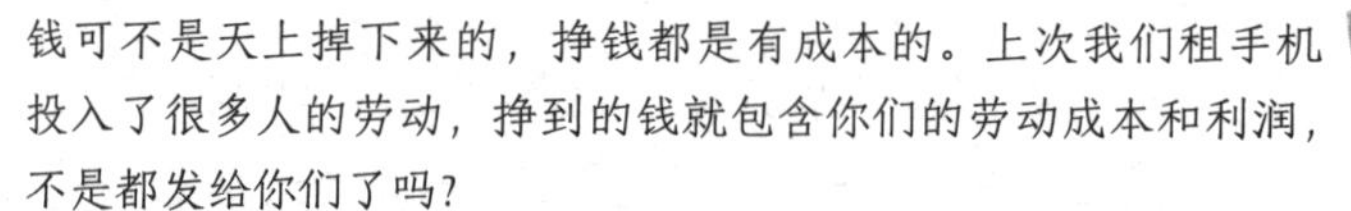

固定成本和变动成本

晓东叔叔，怎么这次我们没挣钱就要先花钱？

钱可不是天上掉下来的，挣钱都是有成本的。上次我们租手机投入了很多人的劳动，挣到的钱就包含你们的劳动成本和利润，不是都发给你们了吗？

我懂了，那除了劳动成本，买服装和食物花的钱是什么成本呢？

成本的种类非常多。不管什么类型的成本，随着业务量增加而一起增加的成本属于变动成本，不随业务量增加而增加的成本叫作固定成本。这次采购服装道具的费用就是固定成本，买食品饮料的钱就是变动成本。

第17章

宁寿宫花园的酒会

我们一走进禊赏亭，就发现一切瞬间变大了。哦，不对，是我们变小了，变得和那些神兽一样小了。看来这个亭子就是一个特殊的魔法空间，估计租下禊赏亭，再设置魔法空间，骑凤仙又投资了一大笔钱。我们赶紧挤到水渠边坐下，很快就看到好多小酒杯，一个接着一个，排着队漂了过来！

这些酒好香啊！闻起来比我以前在人类的酒吧里喝的酒可香多了！我感觉自己的口水都快流下来了，回头一看，小猪屏蓬一直在不停地擦流下来的口水。

骑凤仙终于出场了，他站在亭子旁边的假山下大声宣布："感谢各位光临！'曲水流觞'酒吧开业典礼正式开始！今天本王大酬宾，所有美酒，一

杯只要三个铜钱，明天就恢复到一杯一个银元宝的价格啦！如果有金色的酒杯停留在你的面前，你就是幸运顾客，这杯酒免费！现在酒会正式开始，大家开怀畅饮吧！”

神兽们欢呼起来，都盯着面前弯弯曲曲的水渠里慢慢漂流的酒杯，酒杯里装着不同颜色的美酒，散发着不同的香气。每隔三五个，就会出现一个金色的酒杯。

骑凤仙双手一挥，大声喊道：“大河奔流！”水渠里的水，突然就加速流动。等整条水渠里都漂满了酒杯时，骑凤仙又装神弄鬼地比画一下，喊道：“河水静止！”渠里的水果然停住了，酒杯自然也停住了。可是酒杯数量比神兽的数量少了很多，只有四分之一左右的神兽面前有美酒。

这些幸运的神兽立刻兴奋地捞起酒杯，一仰脖就喝完啦！然后全都自觉地往酒杯里放铜钱。虽然骑凤仙说是放三枚，但是大家全都放得很多，有人干脆就扔进去一个银元宝。那些没有喝到酒的神兽着急地大喊：“快呀快呀！多放点酒啊！”

那些喝到酒的神兽也着急地喊：“好喝好喝！我还要尝尝别的口味！”

这一次，金坨坨幸运地得到了一杯酒，不过他自觉地把酒递给了我。我就毫不客气地一仰脖喝了，并自觉地在酒杯里放了几枚铜钱。

小猪屏蓬凑到我跟前两眼放光地问道：“晓东叔叔，这酒好喝吗？”

我点点头，然后摇头晃脑，一副回味无穷的样子，说：“哈哈！好喝！我这杯酒的味道好像是江南的黄酒！棒极了！”

看到小猪屏蓬馋得抓耳挠腮的样子，我赶紧一挥手，说道：“按计划行动！”

八哥鸟嗖的一声就飞出去了，然后在半空中大喊一声：“大家好！我是一只会说话的八哥鸟！为了庆祝骑凤仙的酒吧开业，我们特意给大家准备了一些节目，大家可以一边喝酒一边看节目！我们的节目完全免费！不过，如果哪位神兽大人要给赏金，我们也不会拒绝！”

神兽们立刻鼓起掌来，骑凤仙紧张地看着我们，不知道我们要捣什么鬼。不过，骑凤仙知道我们穷鬼小分队和龙龟爷爷的关系非常好，现在龙龟爷爷都在起劲地鼓掌，所以他不好意思阻拦。

八哥鸟说道：“第一个节目，由焦侥国金坨坨表演单口相声！”

把自己化装成绿色小鬼的金坨坨，扭着小屁股走到了最显眼的位置。他清清嗓子就开讲了：“大羿射下九个太阳以后，得罪了帝俊和日母羲和，为了躲避追捕，他去买隐身药水。不过，他只买到了一瓶隐身药水，只够一个人用，但是最后他跟妻子嫦娥两个人都成功隐身，你们知道是怎么回事吗？”

那些神兽全都愣住了，他们从来没有听过这种带提问的单口相声。骑凤仙第一个喊道：“因为他们俩分着喝的，一人喝半瓶！”

“不对！”金坨坨摇摇头，“一瓶药水只够一个人用，喝半瓶的话，两个人都隐不了身。”

龙龟爷爷慢悠悠地说道：“一个人喝了，另一个人躲在他衣服里！”

“也不对！”金坨坨又摇摇头，“他俩都喝了隐身药水。”

椒图喊道：“猜不出来，快点告诉我们吧！”

金坨坨得意地点点头说：“好吧，那我就说答案了。因为大羿打开药水瓶盖的时候，看到瓶盖里写着：再奖一瓶！”

“哈哈哈哈……”

神兽们立刻笑倒了一片，连龙龟爷爷和骑凤仙都笑得前仰后合。大家纷纷朝着金坨坨扔铜钱，里面竟然还有几个金元宝和银元宝！

椒图兴奋地喊："好听！继续！"

就这样，几个小孩轮流上阵表演脑筋急转弯和小笑话，不一会就挣了一大堆钱，数量简直快要超过骑凤仙卖酒挣的钱了。

屏蓬这个狡猾的猪一直偷偷观察骑凤仙的表情，发现骑凤仙不但没有生气，反而还很开心！于是屏蓬赶紧问我这是为什么。我得意地回答："因为骑凤仙想明白了，咱们这是来给他帮忙的啊！这些顾客开心了，一会酒会结束以后就会买更多的酒！所以，骑凤仙感谢咱们还来不及呢！"

果然，酒会上的神兽们情绪越来越高了。他们越来越不能忍受“曲水流觞”这种慢慢喝酒的游戏了，因为热闹了半天，还有一些运气不好的神兽一次都没有喝到酒！

在大家的强烈要求下，骑凤仙让十大脊兽帮他搬出五颜六色的酒，酒瓶上面都有标价，便宜的一瓶都要五个银元宝，最贵的一瓶竟然要几十个金元宝！可是，神兽们还是把酒一抢而光。最有钱的银行家椒图和龙龟爷爷，各自买了一瓶几十个金元宝的美酒。看来，今天晚上骑凤仙是赚翻了。

酒会一直开到半夜才散场。神兽们一个个喝得东倒西歪，心满意足地离开了宁寿宫花园。我开心地对穷鬼小分队的成员们说：“今晚的收获真不小，收拾好咱们的钱，回太和殿！”

“穷鬼先生等一下！”我们回头一看，是骑凤仙。

小猪屏蓬赶紧拉着我问：“晓东叔叔，骑凤仙这家伙不会是看见咱们挣了一大笔钱，要分咱们的钱吧？”

我还没来得及回答，骑凤仙就自己给出了答案。他竟然端着一个托盘跑过来了，盘子里放着十个金元宝：“穷鬼先生、猪财神！感谢你们今天来我的酒会捧场，还带来了好多精彩的节目，这十个金元宝不成敬意，算是给你们的销售提成，一定要收下！”

啊！我们都没想到结果竟是这样，孩子们欢呼着跳了起来。

骑凤仙又拿出一个金元宝单独塞到金坨坨的手里，说道：“我还要特意感谢这位英俊的小朋友，你启发我在酒瓶盖里也印上‘再奖一瓶’！这样神兽们买酒的动力一定会更足！”

金坨坨乐开了花：“呀！我还有特别奖励啊？”

骑凤仙又满脸笑容地说道：“如果你们每天都能来我的酒吧表演，我可以给你们开工资，每人一天两个金元宝！”

小猪屏蓬小声对我说：“这个工资可真不低！骑凤仙愿意给我们这么高的工资，说明我们一定可以给他带来更多的收入。我说得对不对，晓东叔叔？”

我对屏蓬竖起了大拇指：“猪财神进步了！”

我们最后还是婉言谢绝了骑凤仙的邀请，因为我已经有新的挣钱计划了。离开了禊赏亭，香香和晶晶一边走一边算账，我们这个晚上一共挣了五十二个金元宝，除去十个金元宝的成本，我们净赚了四十二个金元宝。虽然这个收入比上次出租手机差了不少，但是也很不错，至少是把屏蓬和金坨坨乱花钱导致的损失弥补上了。

计算利润率

赚了五十二个金元宝！我们太厉害了！

不对，这五十二个金元宝只是今晚的收入。我们之前采购衣服和其他东西花费了十个金元宝，我们应该是赚了四十二个金元宝才对。

是啊，要会区分收入和利润。挣的钱是收入，但做事都有成本，收入减去成本的部分才是真正的利润。

那如果成本很高是不是还会亏钱啊？

当然了。如果从经营是否健康的角度看，要看净利润率，也就是利润占收入的比例是多少。

爸爸，我们这次表演的净利润率大概是81%。

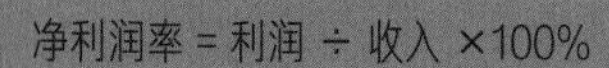

表示经营状况

第18章 租下武英殿

晚上的酒吧表演，让我们又一次暂时摆脱了缺钱的尴尬状态。

这一次，孩子们都自觉地把钱交给我来保管。可是，我的决定让他们很意外，因为我又一次把钱平均分成了六份，一份当作备用基金，然后其余部分，每人一份。

不过，这次不用我说，孩子们也知道了必须要做好两件事：第一件事是学会记账，第二件事是留出来一部分钱作为储备金。不过，留多少钱，用多少钱，对小猪屏蓬来说是一件很伤脑筋的事，因为猪都不识数，况且现在他已经困得睁不开眼了。

屏蓬用胖胖的手揉着眼睛对我说：“晓东叔叔，咱们赶紧回太和殿睡觉吧！”

“不不不！”我马上摇头，“太和殿太贵了，我们不能再去太和殿睡觉了。我已经在龙龟爷爷那里办好了租赁手续，我把武英殿给租下来啦！接下来的一个月，我们就住在武英殿了。”

小伙伴们全都愣住了：“什么？咱们有自己的家了？”

“是的！”我得意地点点头，“我们必须有一个自己的家！武英殿一个月租金三十个金元宝，如果住在太和殿，这三十个金元宝都不够我们住一个星期的。更重要的是，武英殿有很多书。从康熙皇帝开始，武英殿就是专门编书和印书的地方，相当于现代的出版社和印刷厂。把这个地方租下来后，我要在这里学习研究一下古代的出版流程，说不定，我们也能印出自己的书呢！”

孩子们立刻欢呼起来：“好！太棒了！我们终于有自己的地盘了！”这下连小猪屏蓬都不困了。不过，接下来，他们又郁闷了，因为我开始找他们收房租了。三十个金元宝的租金，我只给龙龟爷爷交了定金，为了凑足租金，我马上从几个孩子的手里把刚发的钱又收走了一半！他们几个的脸上都写着心痛和不满。我知道，现在我在他们的心里已经变成了一个残忍的家伙。

不过，我要的就是这种效果。我耐心地对他们解释：“如果直接扣掉房租，你们就不会觉得这么心疼了。只有让你们感受到，挣来的钱要扣除必要的支出，你们才会对财富建立最基本的概念。一定要记住：到手的钱要马上规划好用途；否则的话，无论挣多少钱都会很快花光，甚至还会负债累累。”

“哦！我懂了！”小猪屏蓬一副恍然大悟的样子，“晓东叔叔，这就是你经常说的，靠运气挣来的钱，一定要靠实力留下再增加！”

“对！就是这个意思！”虽然我知道小猪屏蓬从明白道理到落实行动还有很大的距离，但是对他的醒悟还是给予了鼓励。我们正说得热闹，周围突然跳出来一群小神兽，把我们都吓了一跳，仔细一看，原来是刚才参加酒会的那群蚣蝮。

我捂着胸口说：“哎哟妈呀！吓死我了！你们能不能别这么突然跳出来包围我们啊！”

一只蚣蝮嬉皮笑脸地说：“穷鬼先生不用害怕，紫禁城的神兽空间是很安全的。这里到处都是神兽，虽然有时候会有从《山海经》世界穿越来的吃人凶兽，但是他们到了神兽空间也得规规矩矩的，敢捣乱的话，很快就会被神兽们制伏。我们刚才听到你说的财富知识，觉得很有道理，也想跟你学挣钱！”

我笑了：“哦，这事好办！不过，要学习挣钱的方法，我得花时间和精力培训你们，所以你们得给我交学费。”

蚣蝮们点点头：“我们愿意交学费，可是我们现在没有钱。我们这个月挣的钱，早就全部花光啦！”

小猪屏蓬大叫一声：“哦！原来你们就是传说中的‘月光族’啊！”

蚣蝮们满脸迷惑地看着屏蓬问道：“什么叫‘月光族’啊？我们不是只有月亮出来的时候才能活动的，白天我们也能行动……”

八哥鸟说：“什么呀，你们理解错啦！‘月光族’不是说你们是夜晚才能出来的小鬼，不能见太阳。每个月把挣来的钱全花光的人，就是‘月光族’！”

“哦！”所有的蚣蝮全都一副恍然大悟的表情，“原来‘月光’是月月花光的意思啊……没错没错！我们蚣蝮个个都是‘月光族’。没办法呀，我们生来就是喝多少水吐多少水，肚子里从来都不存水，花钱也是一样。这个月下雨不多，本来我们领到的工资就很少，然后骑凤仙又是开按摩院、弹球赛场，又是开酒吧的，我们蚣蝮的好奇心都比较强，每样都想试一试，结果就成‘月光族’了……”

我听着差点笑出声来。蚣蝮在故宫里是负责排水的神兽，他们的岗位就在故宫三大殿的三层汉白玉基台的四周。到了下暴雨的时候，一千一百四十二只蚣蝮就会一起把三大殿周围的雨水全部排出，呈现“千龙吐水”的奇观。如果蚣蝮们肚子里存水，那就麻烦大了。中国古代有“以水为财”的说法，所以，蚣蝮觉得自己的肚子里存不住水，手里自然也存不住钱。

我赶紧安慰他们说：“不要着急，紫禁城的神兽空间这么大，可以说遍地都是黄金，想挣钱并不难。你们看我们穷鬼小分队，刚来到紫禁城的时候身上就只有几个弹球，现在我们已经能租下武英殿了，已经有自己的根据地啦！只要你们认真学习财富知识，就算成不了大富翁，也肯定会比现在富裕的！”

话音刚落，从黑暗里又蹦出来一群小个子神兽，他们大喊大叫着：“我们也要跟穷鬼先生学挣钱！”

我们又被吓了一跳，仔细一看，原来是断虹桥上的那些小石狮子！

那个总是捂着裤裆的小石狮子跳出来喊道：“我们比蚣蝮还惨呢！他们有给三大殿排水的固定工作，每个月不管下不下雨都能从椒图那里领到一点工资，我们这些小石狮子每天蹲在石桥上，根本没有固定收入。只有神兽空间什么地方需要跑腿的快递员或者装修工人的时候，我们才能靠打零工挣点零花钱。这个月，我不但早就把上个月挣的钱花光了，还从银行家椒图那里借了两个金元宝呢，唉！还不知道何年何月才能把钱还上呢！”

其他的小石狮子也七嘴八舌地喊了起来：“欠两个金元宝不算多，我欠三个呢！”

“我欠了四个！”

……

我挠挠脑袋说："哦！原来你们不仅月光，每个月还要透支，你们是'月透族'啊。透支就是负债。哎呀，你们确实比蚣蝮还要惨……好吧，我同意教给你们一些挣钱和管理财富的方法。不过，你们要等两三天，因为我有个重要的计划需要完成，到时候也许我还需要你们帮忙。等忙完了那件事，我们就开始上课。"

"好嘞！谢谢穷鬼老师！需要我们帮什么忙，千万别客气，我们保证随叫随到！"蚣蝮和那些小石狮子开心极了，全都蹦蹦跳跳地跑远了。小猪屏蓬和三个小朋友也跟着我一起来到了我们的新家——武英殿。进门一看，连床都准备好了，而且这些床，比用端给我们的临时床垫子像样多了！这些都是我花钱委托银行家椒图帮我们安排的。孩子们都很开心，屏蓬躺在床上满意地哼哼着："哼哼……晓东叔叔，看来你每天看那些书没有白看，故事也没有白写，你管理金钱的能力确实比猪强太多啦！"

啊？说我比猪强得多……屏

蓬这话我咋听着这么别扭呢！

可能是因为我们第一次在神兽空间有了自己的地盘，这一觉睡得特别香甜。我还梦见我们在神兽空间里变成了像龙龟爷爷那样的大富豪，小猪屏蓬抱着一堆金元宝哈哈大笑，骑凤仙的脸上写满了羡慕，旁边的椒图恭恭敬敬地等着帮我们存钱……

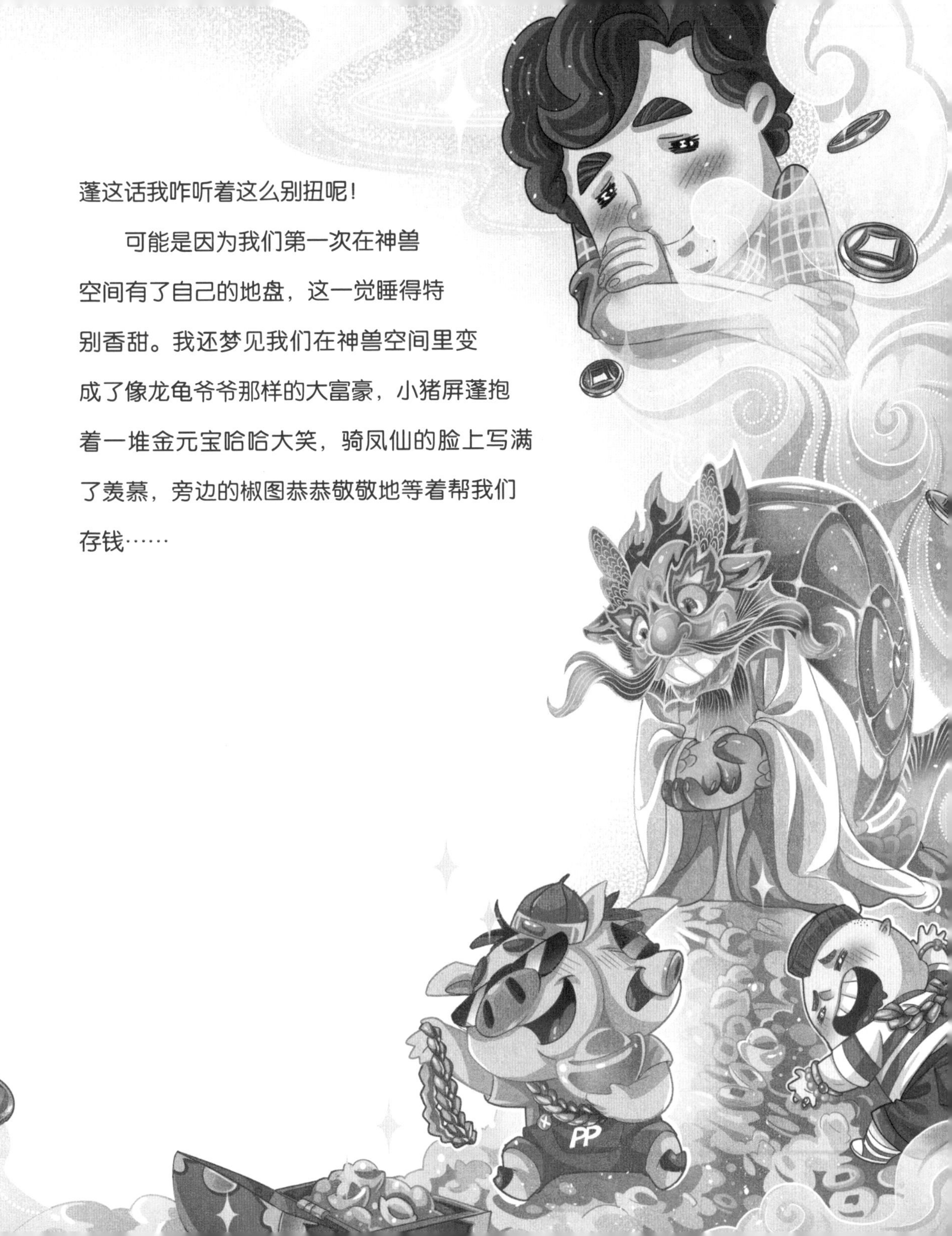

必要支出和非必要支出

晓东叔叔，你花这么多钱来租武英殿，我以后都没钱去玩了。

你这个小孩，就是在家安逸惯了，是真不懂人间疾苦啊！

嘿嘿，我就是因为不知道，所以才要来你家修炼渡劫啊。

生活中很多你没注意到的地方，都是我和你杨杨阿姨在花钱，比如水电、房子、食物……这些都是最基本的生存需要。你以为我写稿子挣钱很容易吗？小朋友们一定要珍惜家长给你们的幸福生活。

这样啊？我一直以为只有买玩具这种才要花钱呢。

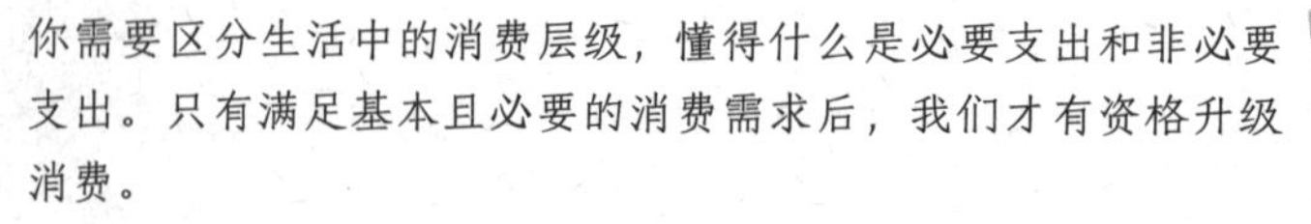

你需要区分生活中的消费层级，懂得什么是必要支出和非必要支出。只有满足基本且必要的消费需求后，我们才有资格升级消费。

我懂了，因为我们在神兽空间什么都没有，所以我们要先解决吃和住的问题，这是必要支出。必要支出后还有闲钱，才能去满足自己的其他需要。以后我要做一个会管理自己消费支出的好孩子。

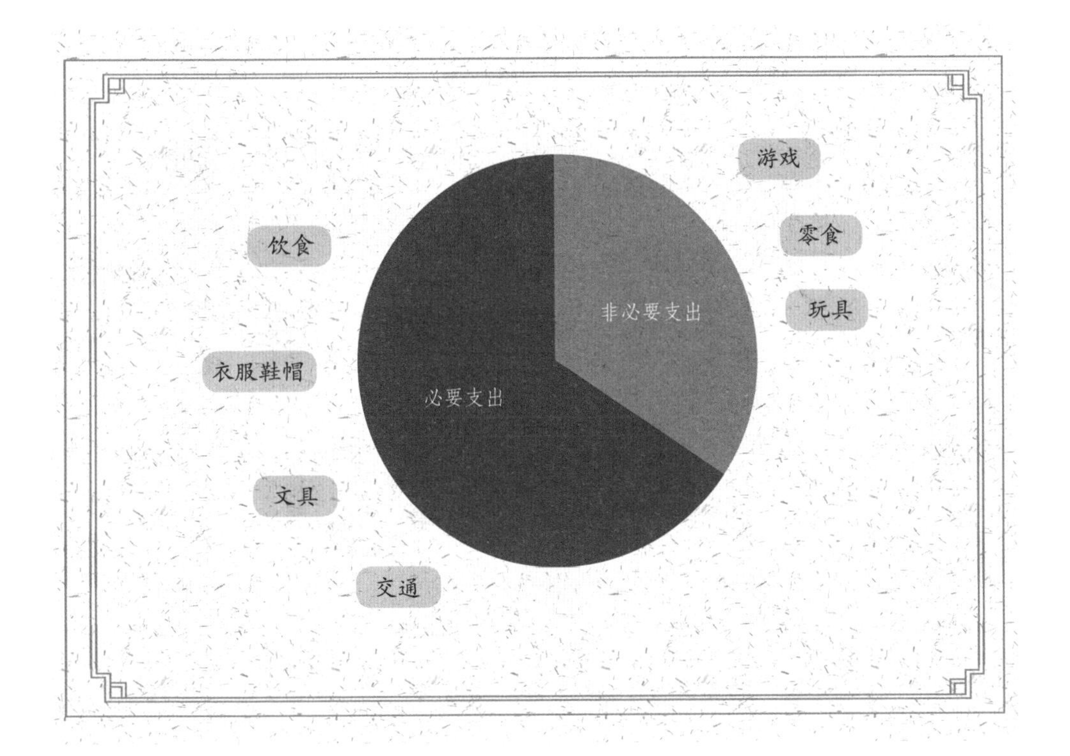
游戏
饮食
零食
非必要支出
玩具
衣服鞋帽
必要支出
文具
交通

第19章 失败的出版计划

第二天一大早，我拿出前一天买来的纸和笔，坐在一张桌子旁开始奋笔疾书。我是一个儿童故事创作者，无论走到哪里，写故事永远是我最重要的一件事。现在生活稳定了，我们也有了最基本的资金作为生活保障，我要给神兽们写一本书。这个想法已经让我兴奋很久了，我也想好了一个创意，从今天开始我就要把这个创意变成看得见、摸得到的作品。

唯一让我觉得不适应的，是没能在神兽空间里搞到一台电脑；神兽们谁都不用电脑，这一点是和人类世界最大的区别。香香起床以后，找了一个安静的地方，开始认真地画画了。晶晶也找了本书，安静地坐在旁边看书，只有小猪屏蓬和金坨坨抓耳挠腮地想进来看热闹，但是被八哥鸟给挡住了。

“晓东叔叔在搞创作，他派我看门，闲人禁止进入！你俩负责出去采购食物，除了送饭不许进来！”

听说可以出去采购，屏蓬和金坨坨两个小家伙欢呼起来，扭着屁股一溜烟就跑得没影了。神兽空间里很安全，神兽们对我们都非常友好，所以我并不担心他们的安全问题。只是希望这两个小孩子不要一天就把钱全都花光。

就这样，我一口气忙了两三天，早起晚睡，辛勤写作。第三天我没有睡觉，一直忙到了天光大亮，终于按照计划完工了！我手里捧着一本手工装订的书兴奋地喊了起来：“哈哈！我在神兽空间的第一本书已经创作完成啦！我要靠它，在故宫的神兽空间再挣一桶金！”

孩子们听见我的欢呼声，全都揉着眼睛起床了。小猪屏蓬第一个跳进来喊道：“啊！晓东叔叔，你的熊猫眼真帅！我也想化妆……”

八哥鸟说：“那是熬夜熬出来的黑眼圈，你这只傻猪……”

孩子们全都好奇地把小脑袋凑过来看我的新书，只见书的封面上写着“咒语实用大全”。

金坨坨挠着脑袋问：“晓东叔叔，你确定这些咒语神兽们会喜欢吗？”

我点点头说：“肯定会喜欢的！小猪屏蓬以前也不信这些咒语，可是后来他就是靠着这些咒语本事越来越大的，不但会用雷电术，还会用火焰术呢！所以，我相信这本咒语书在神兽空间一定会受欢迎的！”

金坨坨好奇地问："晓东叔叔，那你的书，现在印了多少本了？"

我说道："现在只有这一本。不过，我们可以马上印刷。虽然这古老的印刷术不如现代的印刷术速度快，但是印刷几百本应该也不会花费太长时间！这就是我要租下武英殿的原因，这里在清朝就是做书的地方。"

八哥鸟飞快地替我解释："我们已经计划好了，一会就去叫那些蚣蝮来帮助我们印书，然后再让小石狮子们帮助我们去卖书！"

屏蓬和金坨坨听了转身就跑，院子里传来他们的喊声："我们去叫蚣蝮和小石狮子们来帮忙，冲呀！"

蚣蝮和小石狮子们早就等不及了。这几天我虽然在专心写书，但是总能听到一些小家伙来武英殿打听消息，问穷鬼先生什么时候开始上课。八哥鸟都替我把他们挡住了，

说重要的事还没有做完。现在听说穷鬼先生需要帮忙，几分钟的工夫，就来了一百多只蚣蝮，断虹桥上的那几十只小石狮子也一个不落，全都到了。

不得不说，这些小神兽真的很聪明，印书的流程教给他们之后，他们立刻分工合作，飞快地开始干活。有香香和晶晶两个细心的小女孩帮着照看，我并不担心印刷质量问题。因为熬了两三天，我吃了两口东西就去补觉了。

这一觉睡到了下午，我被一阵欢呼声给吵醒了，赶紧跳起来去看，原来这些小神兽已经做好了几百本书，在桌子上整整齐齐地摞得老高！我翻了两本看了看，效果还不错。

我马上给大家分配任务，让屏蓬、金坨坨、蚣蝮和小石狮子们去推销。这些小家伙每人抱着几本书，去按摩院、酒吧、餐厅这些神兽们经常活动的地方推销。猪财神屏蓬还编了一句口号：“赚钱大师‘穷鬼’先生巨著，破解财富密码的独家秘籍！”

八哥鸟漫天乱飞，不停喊口号，就像一个移动的小喇叭。有这样强大的销售团队，我信心倍增：我在神兽空间创作的第一本书，一定会成为畅销书！

到了晚上，蚣蝮和小石狮子们都回来了，让我大跌眼镜的是，所有人一共只卖出了十本书！我急得抓狂："为什么会这样啊?！这么多咒语，难道神兽们全都不感兴趣?！"

八哥鸟气愤地喊道："这些没文化的神兽，太没有眼光了！"

屏蓬郁闷地说："猪财神的嗓子都喊哑了，开始还有几只神兽好奇地过来翻翻书，但是马上就转身走了……"

金坨坨说："他们嘴里还唠叨着，咒语对他们最没用了！"

我傻眼了，我的这本咒语书对神兽们没有吸引力，肯定是什么地方出了问题。我问帮我推销的那些小神兽，为什么神兽不喜欢咒语书，那只搞笑的捂裆狮立刻捂着裤裆跳出来报告："穷鬼先生，神兽们不是人类也不是神仙，大家呼风唤雨，施展神通，用的都是自己的神力，并不需要咒语。"

小蚣蝮们也七嘴八舌地喊："对呀对呀，我们蚣蝮镇水，也是靠自己天生的神力把水聚拢在自己身体里，要咒语没有用啊！”

我一拍自己的脑门：“对啊！神兽们不需要咒语，也能用魔法。唉，是我失误了，没有做足市场调研，就按照自己的主观判断去写书，失败了一点都不冤。那……卖出去的几本书，是谁买走了？”

屏蓬摇动两个小猪头，眉飞色舞地说：“骑凤仙买走了八本，说是哪天找你签名，万一你成名作家了，这几本签名书可以转手卖掉挣钱……另外两本的买主是龙龟爷爷和椒图，他俩说看好穷鬼先生的创意，所以必须收藏一下！”

得，这三位买书的大佬，没有一个是真正的读者。我再一次捂住自己的脸：“唉！咒语书项目宣告失败，我要好好检讨一下，没有做好市场调研就盲目做决定，浪费了好多时间和精力。”

小神兽和孩子们都来安慰我，不过听了小猪屏蓬的话我差点气得吐血：“晓东叔叔，不要难过，反正你本来就是穷鬼，就算没有发财，大家也不会看不起你的！”

小铜狮子蹦过来喊道：“穷鬼先生，我想要一本你的咒语书！”

我听了拿过来一本咒语书递给小铜狮子：“送你了，不要钱！”

小铜狮子用坚定的口气说道：“你忘了给我签名！谢谢！”小铜狮子不知道从哪里掏出一支笔，我哭笑不得地给他在书上签了个名。小铜狮子开心地

跳起来在我脸上亲了一口，转身就跑了。那些小石狮子也蜂拥而上：“穷鬼先生！我们没有其他神兽的神通，咒语书我们要！”

好吧，我挨个给他们签名送书，这样也算是回报他们四处奔波，辛苦地帮我卖书了。那些蚣蝮也要走了好几十本。小猪屁蓬喊道：“多热闹的气氛啊！晓东叔叔你的书还是很受欢迎的！你要振作起来，不许想不开！”

我被气笑了：“想明白了失败的原因，就算是获得了宝贵的经验。放心吧，我这辈子失败过太多次了，经验就是财富，没有什么失败能让我垂头丧气。我现在就去实施第二方案！过两天再见！”

我又一次将自己关进了书房……

市场调查

这些神兽真不识货，咒语多厉害啊！他们居然不感兴趣！

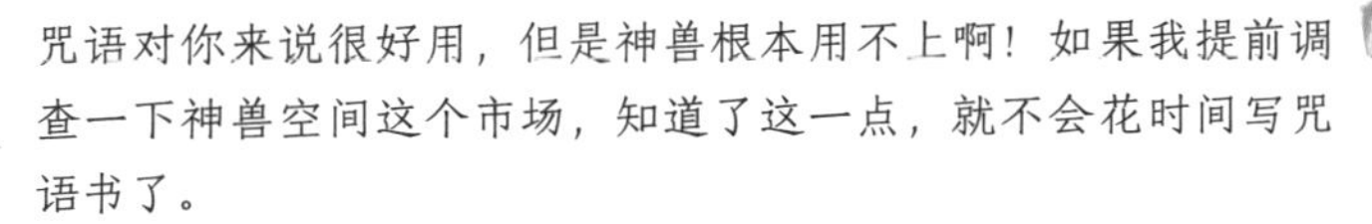

咒语对你来说很好用，但是神兽根本用不上啊！如果我提前调查一下神兽空间这个市场，知道了这一点，就不会花时间写咒语书了。

市场调查？这又是什么东西？

当我们想要生产某一个产品的时候，经常会根据自己的喜好去推断别人的喜好，认为自己喜欢的大家就一定会喜欢。这是错误的。正确的做法是先去询问或者观察别人喜欢什么，找到大家都喜欢的东西，再去生产。这样就不会出现生产的东西没人要的情况了。详细的市场调查甚至还可以提前预测这笔生意能不能挣钱以及同行竞争的情况等。

一整天过去了，我一直坐在写字台前面冥思苦想：到底写一本什么样的书，才能让神兽们都感兴趣，而且是他们全都需要的呢？可是一直没有想到答案。武英殿外传来了孩子们和小神兽们的一阵阵笑声，还有鼓掌的声音。不知道他们在玩什么，玩得这么开心。

这时候，我听到身后传来脚步声，回头一看，是香香进来了。

“爸爸！我想到一个好主意！”

“什么好主意？”我漫不经心地问道。

香香满脸兴奋地说：“关于你的下一本书啊！”

我还是没有太当回事：“嗯，好啊！你说给我听听。”

香香飞快地说：“我一直在想，什么东西是所有神兽都感兴趣的。我就想到咱们进入神兽空间的第一天晚上，龙龟爷爷说，他已经很久没有笑过啦，只想开心地笑一次。而且，八哥鸟和晶晶姐姐给龙龟爷爷讲了笑话以后，龙龟爷爷笑得好开心呀！龙龟爷爷还为那个笑话付了一个金元宝。所以，我觉得你要是写本笑话书，肯定会受到神兽的欢迎！”

我点点头说：“我觉得你的建议很不错，但是这次咱们要做一下大范围的市场调查。上次咒语书印出来卖不出去，就是因为我没有提前做市场调查，为此我很自责。我自己浪费时间和精力还好说，让那些小神兽辛苦工作，到处奔波，不但没有回报，还体验了一次不必要的失败，我都不好意思再给人家讲课了……”

香香得意地说：“调查测试我们都替你做完啦！我们把你写的《小猪屏蓬爆笑日记》讲给蚣蝮和小石狮子们听，他们已经快要乐疯啦，个个兴奋得满地打滚！刚才屏蓬、金坨坨，还有八哥鸟一边讲一边表演，小神兽们听了半天，没有一个舍得离开院子。你说，这算不算大范围的市场调查啊？”

听了香香的话，我大吃一惊，赶紧从椅子上站起来，走到窗前去看。哎哟！不远处的小神兽们正围着屏蓬和金坨坨在鼓掌欢呼。莫非，给神兽们写一本笑话书，是个正确的选择？

我正在犹豫，就看到小猪屏蓬和金坨坨跑了进来。小猪屏蓬满头大汗，

小猪屁蓬
爆笑日记专场

一边跑一边喊着："晓东叔叔，快把你给我写的爆笑日记继续写出来，我记住的故事已经都给他们讲完了！现在他们还等着听新的呢！"

金坨坨也气喘吁吁地说："快呀，晓东叔叔，我和屏蓬，还有八哥鸟，现在都成笑星了！你就写这本书，神兽们肯定喜欢！"

听到这里，我也开始有信心了："给我一天的时间，我把那些故事都写出来！我一边写，你们一边帮我排版，这样等我写完，咱们就可以大批量地印刷啦！"

香香兴奋地叫道："爸爸！我去给新书画一张封面，这次保证让这本书畅销！"

八哥鸟也从窗外飞进来喊道："香香姐姐，你的封面，别忘了把我画在最醒目的位置！我也要当笑星！"

香香痛快地答应道："没问题！"

接下来的二十四小时，我又是不眠不休地一直干活。我把我记得的屏蓬干过的糗事全都写了下来。这本《小猪屏蓬爆笑日记》里，到处都是星期八、星期十一、七月三十三日这样乱七八糟的格式。剩下的内容，就是屏蓬和金坨坨平时拆家、捣蛋、争夺"大胃王"和"干瞪眼之王"的笑料。当然，屏蓬和八哥鸟偷吃猫粮的事，也被我如实地记录在案。

小猪屏蓬一边和几个小伙伴排版一边发牢骚：“晓东叔叔，作为一个儿童作家，你这样写故事不太妥吧？你把这样的日记卖出去，故宫里所有神兽都知道猪财神不识数了，你这是要彻底毁掉猪战神和猪财神的光辉形象啊！”

金坨坨倒是很想得开：“哈哈！我也被写进书里啦！太棒了！屏蓬，你有什么可抱怨的？爆笑日记里我的形象比你惨多了，简直就是个大反派！我都没有提出反对意见！……晓东叔叔，给我签个名，我先收藏一本！”

我笑着说：“屏蓬，你看金坨坨多想得开！我写的这些东西都是你的光荣事迹啊！为了咱们的爆款书，你需要发扬点奉献精神。”

这时候，香香举着一张画跑过来喊道：“我把封面画好了，还画了好几张插画呢！这几天，我和晶晶对武英殿的藏书进行了仔细研究，发现这里的图书市场还停留在非常初级的阶段。除了这些古书，基本上没有娱乐类图书。我们日常生活里的真实笑话，神兽们从来没听过！我对咱们的《小猪屏蓬爆笑日记》大卖绝对有信心！”

八哥鸟蹲在屏蓬的肩膀上大喊：“啊！这是谁家的八哥鸟，长得好帅！”

我对香香画的封面也很满意。又努力了几天，我们终于印出来两百本《小猪屏蓬爆笑日记》。小石狮子和小蚣蝮们一起排队来领书。不过，他们拿到书以后，全都一屁股坐在地上开始看书，谁也不去卖。

这些小神兽一边看一边说："猪战神和金坨坨真是一对活宝！"

"我最爱看八哥鸟！真正的吹牛大王！"

"晶晶姐姐说话那么慢，她竟然是卡丁车冠军?！"

八哥鸟急得在天上转圈："快点去卖书啊！"

小铜狮子在一个角落里大喊："不去！我要赶紧看这本笑话书！"

捂裆狮也叫着："我也要先看完再说！这本书我要了，从我工资里面扣钱吧！"

小蚣蝮们也七嘴八舌地喊着："我们从来没有看过这么搞笑的书！我们每人都要一本！你从我们的工资里扣钱吧！"

我听了真是哭笑不得，不过我马上想到一个好办法，对他们宣布："凡是马上去卖书的，下一批新书印出来，我送一本签名版；现在不去卖书的，没有免费的签名版新书！"

蚣蝮和小石狮子们一起欢呼："好棒！我们要签名版的！"

小神兽们纷纷从地上跳起来，一边跑一边喊着口号："穷鬼先生新书上市，猪财神爆笑日记笑破你的肚皮！"

等这些小神兽们都跑远了，我赶紧招呼屏蓬、金坨坨、香香和晶晶："快，你们都来帮我继续印书，这次多印一些，再印一千本！"

小猪屏蓬大吃一惊："晓东叔叔，印那么多本卖得掉吗?"

我自信地点头说："从蚣蝮和小石狮子们的反应来看，肯定卖得掉。你知道神兽空间有多少神兽吗？光是一个太和殿，传说就有一万三千八百多条龙，整个紫禁城里的神兽更是多得数不过来。只要有一小部分神兽买《小猪屁蓬爆笑日记》，我们赢利的目的就能达到啦！"

"好嘞！"孩子们一起呐喊一声，便撸胳膊挽袖子地开始干活了。我这才觉得有点饿了——我都记不清自己多长时间没有吃饭、没有睡觉了。于是，我找了点孩子们买回来的吃的，先垫垫肚子。没想到我才吃了几口，那些卖书的蚣蝮就跑回来了。他们一边跑一边喊："快点给我们新书，刚才的书都卖光啦！"

这也太快了吧！我立刻决定把小石狮子们都留下来帮我们印书，蚣蝮负责跑腿卖书。这样做除了尽快满足市场需求，还能防止我们的创意被骑凤仙偷走，否则损失可就太大啦！

就这样，《小猪屁蓬爆笑日记》一天之内就成了神兽空间里的畅销书。故宫里有各种珍贵的古书，但是像这样充满了屎尿屁和无厘头事件的儿童笑话书，这里的神兽们还从来没有看过。捂裆狮偷偷告诉我，这种家庭式的生活点滴，让神兽们感觉又开心又温暖，一看起故事书就完全停不下来。

武英殿成了最繁忙的工厂，小石狮子们不停地印书，个个累得吐着舌头，像是一群狮子狗。

小蚣蝮们也忙忙碌碌地跑来跑去，加印出来的一千本书，转眼就卖光了，印书的速度根本就跟不上卖书的速度。我心里盘算着，不知道这回挣到的钱，够不够我们买时空之门的门票。

紫禁城里的阅读气氛也一下变得特别浓厚。走廊里，台阶上，到处都能看到神兽三三两两地聚在一起读书的情景，还时不时从某个角落里突然爆发出一阵阵哈哈大笑的声音。

小铜狮子成了猪战神和猪财神的头号粉丝。他不管见到谁，都会先给对方讲个小猪屏蓬和金坨坨的笑话，如果对方笑了，他就立刻递过去一本《小猪屏蓬爆笑日记》，这个时候几乎就能卖出去了。小铜狮子成了促销的高手，特别开心。不过，随着买到书的神兽越来越多，大家都知道了这些笑话。小铜狮子就着急地跑回武英殿，要求我赶紧写续集，并且一定要把里面的内容先透露给他。

小猪屏蓬和金坨坨都成了神兽空间里的笑星。因为香香一直在忙着画插画，所以小猪屏蓬和金坨坨他们就在紫禁城的神兽空间里到处跑，打探图书的销售情况。神兽们看到屏蓬和金坨坨就忍不住哈哈大笑。金坨坨本来还挺开心的，结果忽然听见狎鱼朝他喊了一声："嘿！金针菇！"

紧接着，狻猊对金坨坨喊了一句英文："See you tomorrow（明天见）！"

金坨坨的脸立刻就变绿了："啊?！晓东叔叔怎么把这个让人丢脸的笑话

也写到书里了?！完了，我的光辉形象被彻底破坏了！”

金坨坨的小名叫金针菇。可是这种蘑菇不好消化，吃过之后经常在第二天的便便里完整地出现，所以金针菇就得到一个“see you tomorrow”的英文名字。

小猪屁蓬、香香、晶晶和八哥鸟，经常这样叫金坨坨，金坨坨没想到我竟然把这个笑料也写进了《小猪屁蓬爆笑日记》里！屁蓬笑得满地打滚，都没法继续走路了……

了解产品定位

多亏了香香，通过观察和询问进行市场调查，
我才知道了神兽们喜欢什么样的书。

我还是觉得这些神兽不识货，看笑话哪有学会咒语厉害！

需求是分人群的，比如：金坨坨喜欢的玩具车模型，对我来说就没有什么吸引力；香香喜欢看故事书，而我更喜欢读新闻。不同的人群需要的产品是不同的。以后再做生意，我们一定要搞清楚我们面向的人群的特征和需求，这样才能做好产品定位，更顺利地挣到钱。

人群	图书产品方向
儿童	有趣的故事书、漫画书
成年人	实用的技能书、社科书
老年人	养生、医学类图书

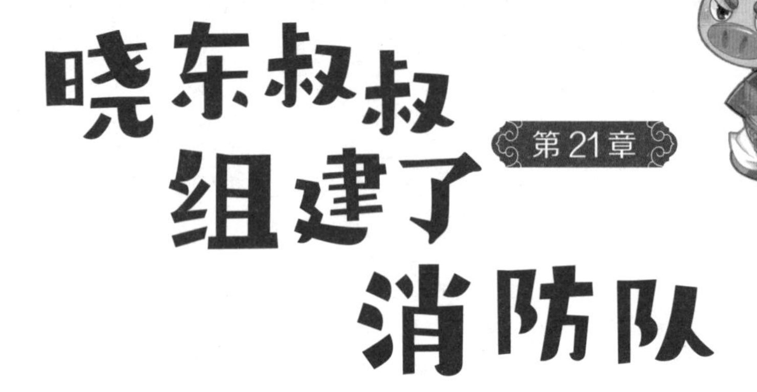

第21章 晓东叔叔组建了消防队

又是一个清晨，我还没睡醒呢，就被屏蓬的大喊大叫声给吵醒了。我坐起来一看，原来是屏蓬闭着眼躺在床上两脚乱蹬说梦话呢！我揪着他的耳朵把他拉了起来："嘿！小肥猪，快醒醒，谁在追杀你？晓东叔叔来救你了！"

屏蓬这才醒了过来，明白自己刚才是在做梦。他气鼓鼓地说："晓东叔叔，我梦见咱们挣了好多好多金元宝，拉了满满一大车准备运回家。结果一群蚣蝮和小石狮子们跑了过来，他们抱起我们的金元宝就跑，小山一样的金元宝瞬间就被抢光了！气死我了！"

金坨坨、晶晶和香香全都醒了。香香揉着眼睛说："屏蓬，你昨天吃多了吧？一宿都在说梦话，一会哈哈大笑，一会连喊带叫，吵得我都没睡好……”

金坨坨也噘着嘴抱怨：“好不容易有了自己的大宫殿，可以踏实睡个觉，都被你给搅和了！”

八哥鸟也跟着起哄：“他一边说梦话还一边放屁呢，差点把我熏晕过去！”

小猪屏蓬看看周围的几个人，发现只有晶晶姐姐没有说他坏话，屏蓬眨巴着四只黑豆眼说：“唉，你们都是坏蛋，只有晶晶姐姐是好人！哼哼……”

八哥鸟说：“什么呀！晶晶姐姐已经被你给熏傻啦！”

孩子们正在耍贫嘴，我突然听见外面传来一阵吵闹声。我站起来走到窗前一看，嘿，蚣蝮和断虹桥上三十几只小石狮子全来了，同时来的还有那个调皮捣蛋的小铜狮子。一群圆溜溜的小脑袋当中，就他的脑袋锃光瓦亮，还数他的嗓门最尖：“我也要挣钱！我也要发财！坚决不当‘月光族’！穷鬼先生快教教我们吧！”

我哭笑不得地看着这些小神兽，赶紧招呼屏蓬和金坨坨：“屏蓬、金坨坨，快推着你们的小车，去十大脊兽的体仁阁给大家买早点回来。要多买点啊！让这些小神兽一边吃早点一边上课。穷鬼老师要开讲了！”

“好呀！穷鬼先生太棒啦！”小神兽们一起大声欢呼起来。

八哥鸟大声抗议：“这怎么行？穷鬼先生，咱们家也没有多少余粮啊！

这么多小神兽，一顿就得把咱们吃穷了！”

捂裆狮大声喊道：“我们不白吃穷鬼先生的早点。等我们学会了挣钱，饭费和学费我们一起补交！”

“对！我们会补交学费和饭费的。我们是光荣的小神兽，决不赖账！”

香香也凑到我身边，有点担心地小声说道：“爸，我同意八哥鸟的意见。咱们能养得起这么多小神兽吗？我看他们个个都像金坨坨和屏蓬一样能吃！”

小猪屏蓬也磨叽着不走，小声对我说：“没错没错，香香姐姐说得对！尤其是那些蚣蝮，一场大雨都能给全部吞到肚子里，如果进行大胃王比赛，我和金坨坨未必能赢……”

听着这几个孩子打小算盘，我真觉得头疼：“屏蓬，你乱花钱的时候所向披靡，抠门的时候我也望尘莫及……告诉你们吧，培训这些小神兽，也是我的财富计划的一部分。你要服从指挥，赶紧行动！”

小猪屏蓬这个活宝马上立正敬礼：“是！穷鬼先生，猪财神保证完成任务！”

我递给屏蓬一张椒图银行的支票，屏蓬临走还不放心地小声问了我一句：“晓东叔叔，他们这群大胃王的早餐费，不用我们几个人分担吧？”

金坨坨、晶晶、香香和八哥鸟听见了，全都用警惕的目光盯着我。我简直抓狂了：“这是咱们的储备金。你们这些小坏蛋，挣钱的本事没学会，小心眼倒是见长！”

屏蓬和金坨坨这才放心，一起朝着十大脊兽的体仁阁冲了过去。

很快，屏蓬和金坨坨就推着一大竹车油条、油饼和茶叶蛋跑回来了。这时候，我已经支起一块巨大的白板，在上面写写画画地讲财商知识。小铜狮子、蚣蝮和小石狮子们都整整齐齐地坐在地上听课，小铜狮子嘬着手指头听得可认真了。

我惊讶地发现，还有十几只螭吻也来听课了。我一想也对，小石狮子们住在断虹桥，蚣蝮们住在三大殿，螭吻呢，住在午门、太和殿大殿顶子上，一大早这么大动静，他们不可能不知道。唉，真担心我们的油条、油饼和茶叶蛋不够分。

不过，这些小神兽还真的挺遵守秩序的，谁也没有乱抢早点，老老实实坐在那里等着分发。屏蓬、金坨坨、晶晶和香香忙得满头大汗，才把早点发完。现在每只小神兽都一边吃早点，一边兴致勃勃地听课。

“今天我们讲怎样记账。我发给你们每人一个小本子，你们把每一页都写上日期，然后把你们每天花的钱，做什么用了，花了多少记录下来；然后每个月还要做一个分类总结，比如，吃饭花了多少钱，买玩具花了多少钱，买书又花了多少钱……这样，你们就知道自己的钱都去哪里了。管理金钱最重要的一件事就是，必须要把自己收入的一部分，比如十分之一，存起来。

这笔钱是无论如何不能动的。如果能存三分之一就更好了。这样日积月累，这笔积蓄就可以用来投资了。那个时候，钱就可以帮你去挣钱，你就开始踏上致富的道路了……”

我正讲得慷慨激昂，就听见旁边屏蓬对金坨坨嘀咕道：“晓东叔叔讲得真好，好像他自己就是个大富翁似的，哼哼……”

金坨坨也小声说：“嘘！屏蓬，不要把晓东叔叔在咱们的世界里是个穷光蛋作家的事说出去，我们得维护穷鬼先生在神兽空间的光辉形象！”

屏蓬还挺听话，马上答应道：“放心吧，我绝对不会把晓东叔叔微信零钱里最多只有三位数的秘密说出去！”

啊！我当时差点从讲台上摔下去。不过，看小神兽们听得还挺认真的，我只好硬着头皮继续讲。我暗想：屏蓬、金坨坨，等上完课看我怎么收拾你们！

一个小时以后，我想给小神兽们讲的财商基础知识说得差不多了。我紧接着就宣布了一个让所有人都特别意外的消息：我要成立一支“唧筒兵”部队！

小神兽们都不知道“唧筒兵”是什么意思，我刚要解释，就听见屏蓬跳起来喊道：“晓东叔叔，你的大脑袋是不是出问题了啊？你身边有猪财神和金坨坨这两个饭桶难道还不够吗?！还要组建一支饭桶兵部队?！”

这次连一向说话慢条斯理的晶晶都沉不住气了，她在一旁嘀咕着：“坏了坏了，晓东叔叔膨胀啦……”

我听得眼前直发黑。我以后上课的时候，是不是应该把这几个熊孩子给轰得远一点啊？

我生气地纠正小猪屏蓬：“什么饭桶兵！我说的是唧筒兵！唧筒兵在紫禁城的历史上真实存在，是康熙皇帝下令组建的。武英殿这个地方，从康熙帝开始成了印书馆，里面都是珍贵的书籍。这里离金水河也比较近，方便取水，所以从康熙帝开始，皇帝们就在武英殿这里设立了唧筒处，负责防火灭火。

“唧筒兵，就是一群使用唧筒——手动压水机的士兵，这种叫作唧筒的装备，传说在宋朝时就出现了。这两天，我认真观察了神兽空间的环境，发现神兽空间竟然没有消防设施。也许神兽们觉得自己会呼风唤雨，所以根本不怕火灾。可是紫禁城是一座木结构宫殿建筑群，历史上发生过很多次大火灾，就连最大的太和殿都被烧毁重建过好几次。我们今天就要给神兽空间建

【金水河】

金水河有两条，在故宫里的是内金水河，在天安门外还有一条外金水河。金水河最早的源头在玉泉山，沿途经过紫竹院湖、什刹海、太液池、护城河，这才流到了紫禁城。不过，现在大部分的河流都成了地下河。

立一个新的唧筒处，由小石狮子、蚣蝮来组成唧筒兵部队，再合适不过啦！小石狮子就在断虹桥上，随时可以提筒取水，蚣蝮能喷水，这样的组合，一定可以及时扑灭初起的火灾。”

“啊！太棒了。”小神兽们一起鼓掌。不过，八哥鸟又发出了不同的声音：“我想请问穷鬼先生，建立一支唧筒兵部队，得花多少钱啊?！我们穷鬼小分队能负担得起吗？而且，投入这么多钱，究竟值不值得啊?”

我点头称赞：“好！八哥鸟已经学会思考投入和产出的问题了。你们要知道，紫禁城里的一砖一瓦都是价值连城的宝贝。一旦发生火灾，那损失可不是用金钱能算得清的。至于资金嘛，我们肯定负担不起，所以我已经联合了龙龟爷爷和银行家椒图，申请了一笔专项资金，用来维持唧筒处的开销。我们穷鬼小分队已经投入了启动资金，作为回报，神兽空间允许我们使用这支部队的力量做更多的事情，比如进行图书制作和销售，还有建筑施工，这些工作都是能挣钱的。所以长期来看，唧筒兵部队是完全可以养活自己的。”

晶晶点点头，慢悠悠地说：“这下我明白了，晓东叔叔的计划是借神兽空间的‘鸡’给我们‘生蛋’！”

我笑了，看来晶晶听懂了我的计划。我继续解释：“晶晶说得对，做什么事情都要有计划！我其实早就考虑给神兽空间组建一支消防部队了。神兽们虽然可以喷水，但是还需要有一支训练有素的消防队伍。我在组建唧筒兵部队之前就跟椒图和龙龟爷爷讨论过，神兽们都太懒散了，谁也不愿意做管理和训练的事情。所以，知道我愿意训练一支唧筒兵部队，椒图和龙龟爷爷都特别高兴！他们都大力支持！”

屏蓬摇头晃脑地说：“这下猪财神放心了，原来是有人给这些小神兽开工资，猪战神指挥他们去挣钱！咱们赚大啦！”

我赶紧纠正他：“这可不是占便宜的计划！我们这是共同出资，共同受益。唧筒兵部队创造的利润，也是要按照投资比例和椒图银行与龙龟爷爷分享的。天上掉馅饼的事情，在哪里都不会发生。不过，唧筒兵有了工资，还可以帮咱们做很多事，我们就等于有了一大批不用花钱的工人啦！咱们挣的钱不多，如果不用于投资，只是放在椒图银行，那利息其实很少。建立唧筒兵部队以后，我们的钱就可以用来投资，进入流通领域，让小神兽们为我们工作，让资金尽快升值。这样我们就可以快速积累财富啦！”

香香手上拿着画板和画笔，一边随手画着插画，一边发表意见：“我也听明白了，骑凤仙租房子做生意还得雇工人，需要支付人力成本！爸爸有椒图和龙龟爷爷的支持，唧筒兵的工资由他们承担，我们的成本压力就没有那么大啦！”

我继续宣布一个重要的任命：“屏蓬，你不是老说自己是天蓬元帅吗？这支唧筒兵部队从现在开始就交给你训练了。你要每天进行队列训练和消防

演习，还要按照图纸，打造出灭火用的唧筒才行。”

屏蓬瞪圆了四只小眼睛，激动地问：“真的吗？天蓬元帅要走马上任啦？”

这时候，旁边忽然有人拉我的衣服，我回头一看，是小铜狮子。他兴奋地说：“穷鬼先生，我也要当一个光荣的唧筒兵，听天蓬元帅的指挥！”

我点点头说：“当然可以。”

屏蓬凑过来对小铜狮子说：“小铜狮子，加入唧筒兵部队可以，不过万一着火了，你可不要跳进河里去取水！”

“为什么呢？”小铜狮子满脸困惑地看着小猪屏蓬。

“因为你是铜做的，比石头沉啊！一跳进水里立刻沉底了，别人想找都找不到你。你不想永远蹲在河底数癞蛤蟆吧？”

“不想！”小铜狮子哇的一声就哭了，“癞蛤蟆太可怕了，满身都是大包，我妈妈说癞蛤蟆有毒……”

晶晶和香香都以为屏蓬欺负小铜狮子，立刻冲过来揪住屏蓬的耳朵。屏蓬赶紧解释：“我吓唬你的，金水河里根本就没有癞蛤蟆，顶多有几条怪鱼……”

屏蓬的玩笑话却让我的心头一动，一个好玩的主意突然从我的脑子里跳了出来……

寻找理想的合作伙伴

晓东叔叔花样真多，这一次又组建起这么大个队伍。

为了巨额的门票费，只好组建队伍一起挣钱了，人多力量大嘛。

你不是说挣到的钱，还要分给龙龟爷爷和椒图吗？这是为什么啊？

我们以前赚到的钱不足以支付这么大的唧筒兵队伍的开支，所以要拉龙龟爷爷和椒图他们合伙啊。哪些人可以成为合作伙伴呢？首要前提是人品好。人品好的前提下，能跟你优势互补或者能增强你能力的人，都是你理想的合作伙伴。你看龙龟爷爷和椒图不仅德高望重、一呼百应，还很有钱，更重要的是他们两个都很善良，愿意神兽空间有更好的发展。这就是最好的合作伙伴了。

第22章 把金水河变成海洋馆

我一把拉过小猪屏蓬，掀起他的耳朵，小声对他说了几句话。小猪屏蓬眼前一亮，赶紧对晶晶伸出一只小胖手："晶晶姐姐，快把你的《海错图》借给我用一下，咱们去金水河搞事情！"

哎！我怎么也没想到，一个好创意，到了屏蓬的嘴里就变成"搞事情"了。

晶晶警惕地看着小猪屏蓬说："那本书可是很珍贵的，给你看看可以，不过你可不能把猪口水滴在上面！"

屏蓬两个头使劲点。晶晶从随身的小包里掏出了那本《海错图》。她还特意用一张塑料纸把书包起来，唯恐把书弄脏了。

小猪屏蓬接过书，转身就跑，晶晶急得直喊：“哎呀！屏蓬，你拿着书乱跑什么呀？”

小猪屏蓬一口气跑到了金水桥上，伸手把书举到河面上，吓得晶晶大喊：“你别把书掉水里了！”

屏蓬当然不会把书掉进水里，他要执行我交给他的那个任务。我也很期待我的想法能变成现实，我和几个孩子，还有一大群小神兽，全都跑到了金水河边。只见屏蓬一边在半空中轻轻翻动那本《海错图》，一边念出了一段神兽召唤咒：“千星闪耀灵光现，万圣亲临鬼神惊，昆仑永泰通仙境，降落凡尘百万兵！”

奇迹出现了，只见《海错图》的书页里发出一片耀眼的金光，无数小鱼小虾从书页里噼里啪啦地掉落下来。它们一离开《海错图》，瞬间就变大了，

【金水桥】

金水桥分内金水桥和外金水桥。内金水桥位于太和门广场前的内金水河上，是五座并列的汉白玉石桥。正中间的那座桥叫御路桥，最宽也最长，古时只有皇帝才能走；御路桥左右两边的桥要短一些，窄一些，叫作王公桥，是皇族王爷走的；最外面两座桥，更短一点，更窄一点，叫作品级桥，准许三品以上的大臣走。外金水河上面一共有七座金水桥，更宽更大，七座桥中间的五座桥，对应着天安门的五个大门，都是精雕细刻的汉白玉桥，最外面的两座桥是给低等级官员和普通士兵走的，叫作公生桥。

然后扑通扑通地掉进了水里！

我们看得清清楚楚，它们的长相和《海错图》里画的一模一样，有大螃蟹、大对虾、眼睛长一边的比目鱼……金坨坨忽然大叫一声："呀！人鱼！"

果然，一个长着鱼尾巴的秃头老爷爷跳出了水面，还朝我们招手呢！香香、晶晶、金坨坨都看呆了，小猪屏蓬得意地喊着："看，我把金水河变成海洋馆啦！哼哼……咱们可以卖票收钱啦！"

晶晶忽然反应过来："哎呀！屏蓬，这个创意虽然好，但是咱们并没有租下金水河啊！你只是往里面放了好多奇怪的水生动物而已，神兽们不需要买门票，自己跳进河里就能看了！说不定还会顺便吃掉几条鱼……"

屏蓬一听就着急了："啊?！……坏啦！哼哼……猪财神怎么忘了这件事啦?！"

我赶紧走过去安慰孩子们说："别着急，屏蓬、金坨坨，你们和唧筒兵小神兽们守在河边，如果有神兽要到河里游泳，你们就说金水河要施工，清理河道，暂时不能下河。我马上带着钱去找龙龟爷爷和椒图，用最快的速度把金水河租下来。这样咱们就可以名正言顺地卖票啦！"

八哥鸟大声喊："好！赶快行动吧！"我赶紧回武英殿去取支票，晶晶和香香跟在我后面跑，八哥鸟在我头顶上飞，而屏蓬开始眉飞色舞地给人鱼爷爷和小神兽们讲《小猪屏蓬爆笑日记》……

我拿着支票一路狂奔来到了太和殿，龙龟爷爷听说我们要租金水河，而且是整条河，包括金水桥，感觉非常意外：“金水河租了有什么用？又不能开饭馆和酒吧……”

晶晶和香香赶紧给龙龟爷爷捶背，一边捶一边说：“对您没什么用，对我们穷鬼小分队可就有用啦！您就便宜点把金水河租给我们吧！反正我们也用不了多少天，等时空之门打开，我们就走了，金水河也带不走。”

龙龟爷爷点点头说：“那倒是，既然穷鬼先生有用，别人也没有租，就便宜点租给你们吧，十个金元宝让你们用一个月，怎么样？”

啊！好便宜！龙龟爷爷太给面子了！我赶紧点头表示接受，然后飞快地填好支票，交给龙龟爷爷。香香和晶晶抱住龙龟爷爷，每人在龙龟爷爷的脸上亲了一口。

神兽空间里一切事情都很简单，只要龙龟爷爷同意了，这段时间，金水河和金水桥就是我们的啦！

我带着晶晶和香香赶紧跑回武英殿，香香立刻开始画海洋馆的门票，晶晶叫回来一群小石狮子，他们已经熟练掌握了印刷技术，开始飞快地印制门票。

我开心地搓着手说："看看咱们穷鬼小分队的效率有多高！晶晶，一会你负责去通知屏蓬和金坨坨准备收门票，我这就派蚣蝮他们到紫禁城里到处去卖票！现在咱们的书卖得差不多了，正好可以让蚣蝮们去卖海洋馆的门票！一个银元宝一张票，只能跳进河里参观十分钟，不许超时。而且，一次最多放二十只神兽下河，不能太多……还有还有，告诉神兽们，谁也不许在参观的时候吃鱼！让人鱼爷爷在水下负责监督，如果有神兽偷吃水里的鱼，就罚十个金元宝！"

晶晶点点头答应着："明白了，我这就去通知他们!《海错图》里的鱼都是我们的展品，一条也不许吃！一次只能放二十只神兽下河，太多了游不开……"

我点点头，马上又摇摇头说："不全对，控制游客数量，这叫饥饿营销。和骑凤仙用'曲水流觞'的方式卖酒是一个道理。要让大多数神兽等一下再参观，加强期待感，才能更有吸引力。没有买票的神兽发现这里排大队参观，他们也会产生很强的好奇心的。"

"好嘞！"晶晶答应着，转身往金水河方向跑去了。很快，一大群蚣蝮跑回来，每人领了一沓子海洋馆的门票，蹦蹦跳跳地跑远了。

我这才有工夫拿过一张门票仔细观察。哎哟，我的妈呀，门票上画的竟然是秃脑袋人鱼爷爷的形象——脑门发亮，鱼尾巴还翘着。这视觉冲击力绝对抓人眼球。门票上面还印着一行小字：金水河海洋馆隆重开业！翻过背面一看，我立刻笑喷了，票的背面也有一行小字："只许看，不许吃！违者罚十个金元宝！"

哈哈！看来香香一边画门票一边听着我们说话，顺手就把注意事项给写在票上了。这一条提醒绝对有必要！如果我是神兽，看到这么好看又新奇的鱼，说不定也想吃一条尝尝呢！

我不放心屏蓬和金坨坨这对活宝，安排好一切就赶回了金水河。我远远地就看到很多神兽朝着金水桥跑过去。龙、凤、狮、天马、海马、狎鱼、狻猊、獬豸、斗牛、行什十大脊兽全都到了，还有螭吻、麒麟、仙鹤、聋耳狮，就连骑凤仙、龙龟爷爷和椒图也赶来了。大家都特别好奇我们的海洋馆

到底有什么好东西。

小猪屁蓬和金坨坨大声维持秩序，宣布参观的规则。好在神兽们的素质都很高，每一个都有绅士风度。他们很守规矩地排队等候，晶晶站在桥头负责收门票和清点人数，只要够了二十只神兽，就让他们一起从金水桥上跳下去参观。

海洋馆的鱼太好看了，十分钟根本就看不够，神兽们刚从水里爬上来，立刻又买了一张票，然后再一次排队等着叫号。我们的金水河海洋馆，立刻就成了整个神兽空间生意最火爆的地方，骑凤仙在一旁看着，脸上写满了羡慕。哈哈，看他抓耳挠腮的样子，孩子们简直开心死了。八哥鸟得意扬扬地在天上转圈："呵呵……这次我看某个人还怎么偷我们的创意！"

我们正开心，忽然跳出来一条小龙。他在水面上大声喊道："有人偷吃海洋馆的鱼！是谁这么没有公德，给我站出来！"

产品的定价方法

我们这么低的成本，每人参观十分钟需要一个银元宝，一次二十人，不到一小时就把成本挣回来了。一个银元宝参观一次的价格是不是有点高啊?

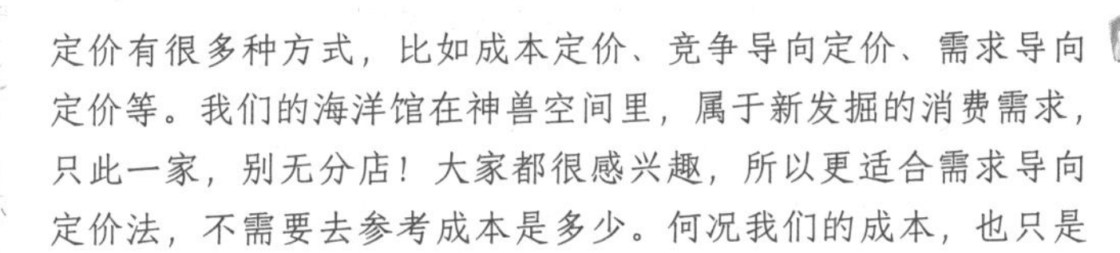

定价有很多种方式，比如成本定价、竞争导向定价、需求导向定价等。我们的海洋馆在神兽空间里，属于新发掘的消费需求，只此一家，别无分店！大家都很感兴趣，所以更适合需求导向定价法，不需要去参考成本是多少。何况我们的成本，也只是取巧了才显得比较少。

哼哼……晓东叔叔，我觉得海洋馆现在只有咱们才能做，我们干脆把价格提到三个金元宝一张门票，行不行?

那可不行！我们还是要通过产品定位锁定我们的目标消费人群，咱们这种观光性质的服务，卖的就是一种新鲜感，适用于所有神兽。定价一个银元宝，我们的目标人群基本上都能付得起。定价过高，反而挣不到钱了！

唉……猪财神好想暴富！但这是不行的。

成本定价法	根据成本加上预估利润进行定价
竞争导向定价法	根据竞争对手的商品价格进行定价
需求导向定价法	根据目标人群的消费意愿进行定价

第23章 《山海经》里的偷鱼贼

小龙这么一喊，金水桥上一下就炸开了锅，神兽们全都义愤填膺地质问，到底谁是偷鱼贼。一直在看热闹的龙龟爷爷赶紧站出来说道："安静！安静！"

龙龟爷爷作为太和殿的守护者和神兽空间的大富翁，很受神兽们尊重。龙龟爷爷一说话，大家很快就安静下来了。龙龟爷爷说："我相信我们紫禁城的神兽们，大家都是有尊严、讲信用的，绝对不会干这种偷鱼吃的勾当！我觉得，说不定有外面的贼混进来了。我建议，让獬豸出动，海马、狎鱼配合，把这个偷鱼贼揪出来！"

"同意！同意！"神兽们齐声喊了起来。獬豸立刻挺身而出，晃晃头上闪闪发光的独角，一头就扎进了金水河。海马和狎鱼这两个水性好的神兽也跟着獬豸跳了下去。在民间传说中，獬豸是专门杀贪官的神兽，抓坏蛋的任务派他去肯定再合适不过了。

唯恐天下不乱的八哥鸟大喊大叫道："这是什么妖怪，吃了熊心吞了豹子胆，连猪财神的海洋馆也敢捣乱?！别忘了，猪财神还有一个脑袋叫猪战神！唧筒兵部队，赶紧行动吧！"

八哥鸟这么一咋呼，确实给小猪屏蓬提了醒，唧筒兵的主力队员，那是太和殿的蚣蝮啊！虽然不是所有的蚣蝮全都加入了唧筒兵部队，但是目前也足有上百只。蚣蝮是传说中龙所生九子之一，最擅长水战了。

于是，小猪屏蓬小胖手一挥，大声喊道："唧筒兵，跟天蓬元帅下水捉拿妖怪！"

说完，小猪屏蓬便"扑通"一声跳进了金水河里。紧跟着，上百只忠实的唧筒兵，像下饺子一样全都跳进了水里。我们赶紧趴在金水河边的汉白玉栏杆上往下看，我发现屏蓬的游泳技术简直是无师自通，他比蚣蝮们游得还快！而且很显然，他在水里看东西也是一清二楚，否则动作不会那么灵活。看来屏蓬这个天蓬元帅，应该是货真价实的。

我隐隐约约地看见，獬豸、海马和狎鱼，正在水下追击一个黑影，转眼间就把那个黑影给包围了。我仔细一看，赶紧大声喊："抓错啦，那是人鱼

爷爷！他不是坏蛋！”

可是獬豸、海马和狎鱼很快就押着人鱼爷爷上岸了。这下麻烦了，我很担心真正的凶兽趁机溜走。不过，我发现一群蚣蝮跟着小猪屏蓬继续顺着金水河去追击了！在他们的前面，一道黑影游得飞快，我们赶紧在岸上沿着金水河跑了起来，真有点替小猪屏蓬担心，不知道这个偷鱼贼会不会很厉害。

忽然，那个黑影被小猪屏蓬和蚣蝮们追得无路可逃，猛然跳出了水面。这下我们都看清了，这家伙长得很奇怪：豹子的身体，老鹰的脑袋，头上还长着犄角！

他长得并不像一条鱼，更像陆地动物，但是在水里游动的速度比鱼还要快，眼看要被小猪屏蓬追上了，他居然嗖的一下，从水里钻到水面上，然后飞上了天空。

小猪屏蓬紧追不舍，只见他把脑袋露出水面，飞快地念出一段咒语：“昆仑在上，大地苍茫，天罗地网，无处遁藏！急急如律令！”

一张金色的渔网突然在空中出现，像一只大手瞬间就把那个怪物给抓住了。鹰头豹身的独角怪兽拼命挣扎，眼看就要把“天罗地网”给挣破。一群小蚣蝮冲上去，七手八脚地拉着金色的大网，把妖怪给拉到金水桥上。小猪屏蓬也得意扬扬地宣布：“妖怪被猪战神抓住啦！”

金水河的汉白玉栏杆旁，可怜的人鱼爷爷还在一边哭一边喊冤：“我不是凶手啊！你们抓错人了……”

獬豸在一边跺着脚生气：“竟然看走眼了，让真的妖怪跑了！”

我赶紧告诉他们：“没跑没跑，凶手已经被抓住了！”我已经知道这个偷鱼吃的妖怪是谁了。我指着在网子里挣扎的怪物对神兽们说：“这家伙叫蛊

雕，是《山海经》里记载的吃人怪兽，想不到他也混进了神兽空间，肯定是他吃了咱们金水河里的鱼！”

獬豸用自己头上的犄角对着大网里的蛊雕瞄了半天，点点头说：“不错！他就是凶手！”獬豸的绝技就是识别善恶，他在水下环境看不清楚，但是上了岸，是不是坏蛋，他能分辨得一清二楚。

龙龟爷爷点点头，慢悠悠地说：“看来我们得对时空之门加强防守了！这个蛊雕什么时候混进神兽空间的，我们竟然都不知道！”

椒图也若有所思地说：“虽然《山海经》世界里的怪兽也经常能穿越到神兽空间，但是通常我们第一时间就会知道他们的到来。如果是安全无害的异兽，我们都当作客人欢迎，但是像这种凶猛的怪兽，绝对是严加防范的，看来我们要提高对时空之门的监管了。”

龙龟爷爷威严地说道：“必须通知神兽空间最强大的巨龙，让他们全天轮流在神兽空间巡视！”

这时候，骑凤仙忽然举着一张门票喊道：“我买了门票，还没排到我呢，鱼就被吃了！现在该怎么办呀？”

他这么一喊，后面排大队的神兽们全都闹腾起来。我赶紧对大家喊：“别急别急！猪财神自然有办法再把金水河装满海洋动物，你们的门票仍然有效。不过，现在金水河的水都被蛊雕给弄臭了，我们需要先清理下河水。

大家先回去，最多两天时间，我们保证恢复海洋馆的参观游览！”

神兽椒图也大声说：“大家放心，我相信穷鬼小分队有这个实力，我椒图银行愿意给他们做担保。如果三天之内不能恢复金水河的海洋馆，我们愿意双倍赔偿大家的票款！”

“好！”神兽们全都鼓起掌来。接着，他们收好自己的门票，全都离开了。

我刚才虽然说了两天的时间，但是并没有想出可以在两天内把整个金水河清理干净的好办法。这事可怎么办呢？我开始发愁了。

小猪屏蓬好像看懂了我的焦虑，他信心十足地说：“晓东叔叔，你别忘了，我除了是猪战神和猪财神，也是天蓬元帅！现在咱们还有一支由一百多只神兽组成的唧筒兵部队，一天的时间，我们就可以把金水河的水清理干净！”

啊？屏蓬真的有这个本事？这个活宝的话，我能相信吗？

投资要有风险意识

咱们的海洋馆，刚开业就被那只讨厌的蛊雕给搅黄了，真是气死我了！

唉，这就是倒霉的“黑天鹅事件”！

什么是“黑天鹅事件”？

“黑天鹅事件”就是意外的灾祸。我们觉得未来一片光明的时候，却出现了意想不到的偏差。本来以为海洋馆会给咱们带来一大笔收入，没想到突然发生这个事情，主要原因还是我们对可能发生的风险缺乏防范。不过，今天的事情，我们也不太可能预计到，《山海经》里的吃人怪兽穿越到神兽空间，就算是龙龟爷爷也想不到。

“黑天鹅事件”，猪财神是第一次听到！

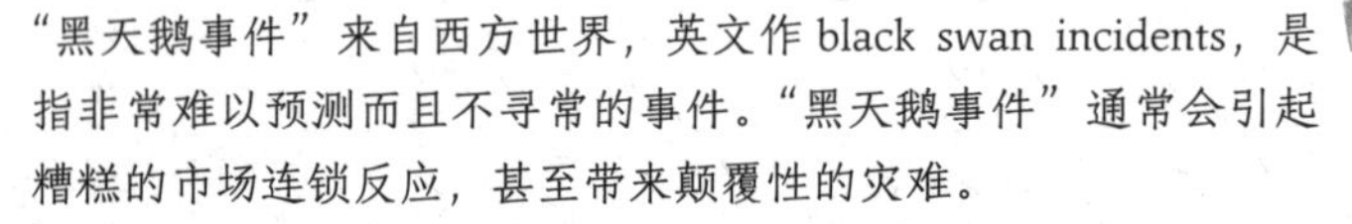

“黑天鹅事件”来自西方世界，英文作 black swan incidents，是指非常难以预测而且不寻常的事件。“黑天鹅事件”通常会引起糟糕的市场连锁反应，甚至带来颠覆性的灾难。

那我们应该怎样防止“黑天鹅事件”发生啊？

“黑天鹅事件”很难防范，我们能做的，是在一个项目的推进过程中，注意控制风险。咱们这一次迅速抓住了蛊雕，说明我们唧筒兵部队的应变能力非常强！风险控制做得越充分，生意和投资就越安全。所以你看，咱们的唧筒兵部队多重要啊！

晓东叔叔，你说天蓬元帅是不是唧筒兵的灵魂领袖？

哈哈哈……肯定是！

事前防范风险 → 事中控制风险 → 事后补救，降低损失

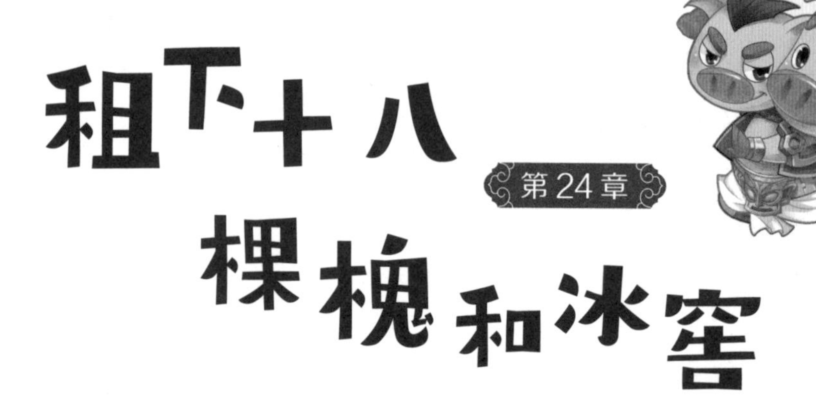

第24章 租下十八棵槐和冰窖

我的担心还没有说出口，屏蓬已经对唧筒兵部队的神兽们发布命令了：“唧筒兵战士们，考验你们的时候到了！一会猪战神要使用水法术，把金水河里的脏水都给吸出来，你们要帮我一起控水，咱们把脏水排出去！”

捂裆狮又跳出来提问题：“猪财神，你打算把脏水排到什么地方去啊？”

“这……”捂裆狮的这个问题，真把小猪屏蓬问住了。他四只小眼睛东张西望，一边看一边自言自语：“金水河的两边，不是广场就是宫殿，都不适合排水，那些脏水该排到哪里去呢？”

捂裆狮挠着脑袋坏笑着说道：“我有个建议，在断虹桥的北面有一片树林，叫作十八棵槐，咱们可以把脏水排放到那里，给大树浇水！”

小猪屏蓬赶紧点头："好主意！就这样愉快地决定了！大家准备给我护法，天蓬元帅要用法术了！"

唧筒兵们立刻行动，在小猪屏蓬的身边围成了一个八卦阵。我不由大吃一惊，屏蓬这家伙不知道什么时候已经对这些蚣蝮和小石狮子们进行了训练，这八卦阵排得有模有样的。看来，天蓬元帅的天赋在小猪屏蓬的身上已经显现了。屏蓬接着念出了一段咒语："甘露灌顶，光明浴身。内外明澈，显我元神。天蓬元帅快显灵！"

金水河上空立刻刮起了一阵龙卷风，从东向西沿着金水河慢慢地朝着断虹桥的方向移动。这龙卷风就像是一个巨大的吸管，把金水河里的水吸到半空中，里面的脏水都留在了龙卷风里，而干净的清水又落回了金水河。就这样，龙卷风从淡蓝色变成了暗绿色，最后彻底变成了黑色，金水河里的脏水都被吸出来了！

我被屏蓬这个法术的威力给惊呆了！不过，我也很担心，不知道屏蓬的

【十八棵槐】

十八棵槐，指的是武英殿东侧、断虹桥北边的一片古老的槐树。据说明代就有了，现存十七棵。传说，唐太宗李世民身边有十八大学士，而槐树又有"公卿大夫树"的美称，明代皇帝就在紫禁城里种下了十八棵大槐树，代表十八大学士，希望自己的朝代人才济济，把国家治理得井井有条。

龙卷风能不能坚持到把脏水运送到目的地。就算小猪屁蓬在神兽空间使用法术的效率很高，但是毕竟他现在的法力实在不高，要不是一百多只蚣蝮和几十只小石狮子组成了八卦阵，把法术的威力扩大了好多倍，龙卷风肯定没有这么稳定。

屁蓬像变魔术一样，两只小胖手使劲张开着，小心翼翼地控制着龙卷风。裹挟着脏水的龙卷风摇摇晃晃地移动着，就像一个喝醉酒的巨人。终于，龙卷风进入十八棵槐的范围。此时小猪屁蓬已经累得满头大汗了，他将两只胳膊放了下来，只听哗啦啦一阵响，十八棵槐的上空像是下了一场暴雨，龙卷风消失了，脏水全都落在了十八棵槐的地面上，把那片林子变成了一个小湖。

小神兽们全都欢呼起来："猪战神厉害！我们成功啦！"

八哥鸟也使劲大喊："一个脑袋是猪财神，另一个脑袋是猪战神！天蓬元帅，我爱你！"

我们都松了一口气，小猪屁蓬使劲擦着脑袋上的汗水，看来是累得够呛。半空中忽然传来一声惨叫："啊?！你们怎么把脏水排到本王的树林里啦？现在十八棵槐都变成大水坑啦！你们赔本王的槐树林！"

我抬头一看，只见骑凤仙从半空中飞了过来，他脸上一副气急败坏的表情。我倒吸一口凉气！没想到，这十八棵槐竟然也是骑凤仙的地盘……

骑凤仙这家伙可真是有钱，在神兽空间里租了这么多地盘。虽然说资源越多，挣钱的机会肯定就越多，但是这些地方的维护成本也很高，如果经营不好，很可能赔钱。我心里有种不祥的预感，说不定这家伙会趁机敲竹杠，利用意外事件狠狠地敲诈我们一笔钱。

唉，那个搞笑的捂裆狮出主意的时候怎么不告诉我们这块地方是有主人的啊！我四下一看，捂裆狮早就不知道躲到哪里去了。

我飞快地思考了一下，然后走到刚刚落地的骑凤仙身边说道："实在抱歉啊骑凤仙，我们不知道十八棵槐是你的地盘。脏水排到这块土地上，估计要不了几天就渗下去了。"

"不行！"骑凤仙不依不饶地喊道，"这大水坑不知道多少天才能消失，脏水太多啦，严重影响本王的开发建设！穷鬼先生，你们必须赔偿本王的损失！"

小猪屏蓬不服气地说："你这块地上什么生意也没有，哪里来的损失啊！"

骑凤仙继续胡搅蛮缠："这是一块风水宝地，现在风水格局被你们给破坏了，本王的损失是肉眼看不见的！"

我拦住小猪屏蓬。我已经打定了主意，马上平静地对骑凤仙说："骑凤仙，我想到一个解决方法。你租这块地花了多少钱，我补给你，这块地你转租给我们穷鬼小分队吧，你看怎么样？”

骑凤仙的两只小眼睛滴溜溜乱转，估计他也没有想好租下这块地到底干什么用，现在成了大水坑，更没法开发做生意了。既然有冤大头愿意接手，干脆就把这块地转租出去。骑凤仙立刻点点头：“可以，你就给本王二十个金元宝吧！”

这时候，行动缓慢的龙龟爷爷在椒图的陪伴下走下断虹桥，正好听见了骑凤仙的报价。龙龟爷爷吃了一惊：“什么？我租给你的时候明明只收了十个金元宝！”

骑凤仙气鼓鼓地说：“这里的平地面积比慈宁宫还大呢，本来本王想改造成更大的弹球赛场的，现在没法弄了，必须得多要点，才能补偿本王的损失吧？”

我装作很为难的样子说：“按说补偿一些也是应该的，不过我可没有那么多钱，十五个金元宝可以吗？”

骑凤仙点点头：“成交！”

我赶紧给骑凤仙开了一张椒图银行的支票，骑凤仙接过支票转身就骑着秃尾巴凤凰飞走了。

小猪屏蓬和其他孩子都很生气，八哥鸟代表大家表达了强烈的不满：“这个骑凤仙，简直是趁火打劫！我们解决了金水河里的危机，他却对我们敲竹杠，良心坏透了！”

小铜狮子也不知道从哪里跳出来的，大喊道：“骑凤仙是坏蛋，打死骑凤仙！”

小猪屏蓬气鼓鼓地说：“骑凤仙真是太过分了！晓东叔叔，你怎么能这样纵容一个坏人？另外，咱们自己怎么收拾这个大水坑啊？现在就算我立刻变成天蓬元帅，也只能干瞪眼！”

我神秘地一笑，说道：“嘿嘿，我自有办法！现在虽然让骑凤仙占了点小便宜，但是很快，我就要让他花十倍的价钱再把这块地给买回去！”

龙龟爷爷和椒图两人对望了一眼，椒图说：“我看出来了，这个穷鬼先生，很有可能真是传说中的颛顼帝之子穷神转世，他的主意可太多了，能从骑凤仙身上挣钱可不简单！”

龙龟爷爷也笑呵呵地说：“他们这个穷鬼小分队总能让我大吃一惊，这次我就等着看好戏了！”

我们的唧筒兵，也就是那一群小蚣蝮和断虹桥上的小石狮子们都围了过来。那个捂着裤裆的小石狮子也出现了，他嬉皮笑脸地说：“哈哈！穷鬼先生、猪财神！我建议咱们做几条小船，让神兽们来这里划船吧，划一个小时一个金元宝！”

屏蓬跳过去在他脑袋上来了一掌，没想到小石狮子不疼不痒，屏蓬倒疼得直甩手："哎呀，脑袋真硬！你这个坏蛋，都是你出的馊主意，把脏水放进十八棵槐！现在还出馊主意，这水坑里能划船吗?！一个石狮子坐上去船就沉底了！"

一只蚣蝮跳过来说："穷鬼先生，干脆我们把所有的蚣蝮都叫过来，一人一口把脏水都喝了吧，然后找个地方再把脏水吐出去！"

我赶紧摆摆手："不行不行，这么脏的水喝到肚子里，要是闹肚子就麻烦了！再说了，我们也实在找不到合适的地方排放这些脏水，紫禁城里寸土寸金，最好的办法还是让水渗到泥土里变成肥料。"

小铜狮子跳出来对我们说："天蓬元帅，我有办法，咱们一起去找石头吧，一起动手把这个大坑给填平了！"

屏蓬刚要下命令，我赶紧拦住他们："别急别急！虽然我们有一百多只唧筒兵，但是也找不到那么多的石头啊！"

椒图在旁边点头说道："我粗算了一下，要填平这个大水坑，没有上千个金元宝估计是不行的，这可是一大笔投资啊！除非等着水自己慢慢渗到地下去，不过那就不知道要等到哪一天了。"

听了椒图的话，所有人都大吃一惊，大家担心地看着我。我淡定地说："我有个完整的计划，让神兽空间里更多的神兽主动来给我们帮忙，还不用花多少钱。你们听我指挥！"

“好！”唧筒兵小神兽们整齐地答应道。我转身对龙龟爷爷说：“龙龟爷爷，在断虹桥北面，是不是有一个冰窨啊？”

龙龟爷爷点点头说：“对啊，是有一个冰窖，一直闲置着没人用。”

我拍手说：“太好啦！您把冰窖也租给我吧！”

龙龟爷爷点点头：“呃，可以，你要有用的话，五个金元宝让你用一个月。”

我二话不说，立刻递给龙龟爷爷一张椒图银行的支票。龙龟爷爷接过去说：“这下我更好奇了，你租下一个没用的冰窖，对填平大水坑有什么帮助啊？”

我还没来得及回答，小猪屏蓬就大声喊道：“啊哈！我懂了！是把水都灌进冰窖里！”

龙龟爷爷吓了一跳：“那可不行！那是古代皇宫存放冰块的地方，冰块是可以吃的，在夏天还可以解暑，放了脏水可就彻底毁掉了！”

【冰窨】

冰窖，位于北京故宫断虹桥北面，隆宗门外，是南北走向的半地下建筑。每座冰窖东西宽约六点四米，南北长约十一米，窖底下沉地面以下约一点五米，可存冰块五千多块。我国从周朝开始，就有冬天采集并储存冰块到夏季使用的技术。

我赶紧解释说："龙龟爷爷，您别听屁蓬胡说八道，我怎么能乱来呢！我们不但不会破坏冰窖，还会让冰窖变成一个聚宝盆，您就等着看好戏吧！"

龙龟爷爷和椒图兴致勃勃地看着我们忙活起来，想不到两位神兽空间的实力派大佬好奇心也很重。我马上把唧筒兵的神兽们分成了两组，一组让屁蓬和晶晶带着去金水河。我让屁蓬继续把《海错图》里的怪鱼都放进金水河里，恢复海洋馆的正常运营。平时的管理任务就交给了晶晶和那一部分神兽。另一组神兽和其他人，就要跟着我执行改造十八棵槐的艰巨任务了。

寻找可利用的资源

晓东叔叔，这下你亏大了，租下没用的十八棵槐，又租了一个谁也不会用的古代冰窖，还不让我把脏水灌进冰窖里，你这回的操作简直是败家行动啊！

屏蓬，你虽然有俩脑子，但是不会好好动脑筋。告诉你吧，很多看起来没用的东西，如果能利用好，结果也能出人意料。关键在于你对资源的利用能力。

晓东叔叔，你说的资源到底是什么啊？

资源包括的范围很大，比如时间、人脉、才能、金钱、原材料等，就是潜在的可利用且能创造收益的事物。再举个例子，我上学时候记的笔记，毕业后用不到了，但是这些笔记对于还在上学的学生来说是很有价值的，我就可以把笔记复印卖给他们来创造收益。所以，利用好自己能支配的资源非常重要，它们可以帮助我们实现自己的目标。

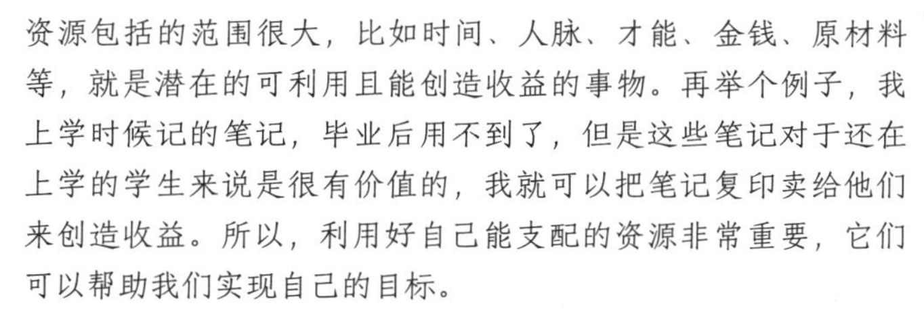

我听明白了。这么说，十八棵槐的大水坑，还有紫禁城的冰窖，对晓东叔叔来说都是有用的资源了。

第25章

高尔夫球场和冰激凌工厂

我先派一群小石狮子去冰窖里打扫卫生，切割干净的冰块。然后，又派几只蚣蝮去采购一些原料。我写了一份详细的采购清单，上面写着奶粉、鸡蛋、奶油、白砂糖，还有一些小纸盒……这些东西买回来都送到冰窖里去。

剩下的人手跟着我制作一整套设备，这套设备的名称叫作“冰激凌生产线”。制作冰激凌生产线并不复杂，我以前看过详细的介绍，现在就按照记忆中的图纸把生产线的所有东西都画出来。如果是每天几十吨的高产量，那么冰激凌的生产线设备是非常昂贵的，但是我们的产量不大，简单的设备就可以了。我对产量要求不高，对我来说，够用就好。

蚣蝮和小石狮子们很能干，很快就把大批原料准备齐了，生产线也搭建完成。这些设备经过认真的清洁和消毒后，立刻就投入了生产。几个小时之后，我们在冰窖里制作的第一批两百多个冰激凌新鲜出炉了！

我刚指挥大家把冰激凌装进一个个小纸盒子里封好，八哥鸟就兴奋地喊着：“卖冰激凌啦！卖冰激凌啦！快告诉我多少钱一个。”

听了八哥鸟的话，小蚣蝮们各自抱起几盒冰激凌做着冲锋的准备，我赶紧拦住他们说：“不卖不卖！这些冰激凌不是商品，是奖品！虽然以后可以卖冰激凌挣钱，但是现在不行，这些冰激凌我有更重要的用处。”

说完，我先拿了两盒冰激凌递给一直在看热闹的龙龟爷爷和椒图。他俩小心翼翼地用小木勺挖了一勺放进嘴里，吧唧吧唧嘴之后，立刻眉开眼笑地说：“真好吃！”

所有的小石狮子和蚣蝮全都流口水了。我说：“现在在场的所有工作人员，每人可以吃一盒冰激凌，不能多拿哟！”

小神兽们就等着这句话呢，立刻每人打开一盒，迫不及待地吃起来。冰窖里传出一片赞不绝口的声音：“好吃！太好吃啦！”

小铜狮子又哭了：“我从来没有吃过这么好吃的东西！比奶油蛋糕还好吃！呜呜呜……”

椒图疑惑地问：“我说穷鬼先生，这么好吃的东西，你不拿来卖钱，难道要白送给大家吃吗？”

“以后可以当作商品卖。不过，现在我需要这个既能快速生产又能吸引大家的东西当奖品，我要用最低的成本、最快的速度把十八棵槐的大水坑填平了。”我一边回答椒图，一边转头对屏蓬说，“屏蓬，我们把蚣蝮分成两组，一组人拿冰激凌，去神兽空间里发放给见到的每一只神兽，并且告诉他们一个

消息——我们在十八棵槐开了一个免费的游乐场，可以玩有奖游戏。让他们自带小石子，打中目标就可以领取好吃的冰激凌！另一组留下待命。”

“好的！”小猪屏蓬答应着并立刻把蚣蝮们分成两组，一组去发冰激凌，做宣传拉人，另一组原地待命。我给留下的蚣蝮每人发了一根小红旗，然后，一起回到了十八棵槐，我让蚣蝮们把那些小旗子插在大水坑的中央。

我得意地说：“嘿嘿！这些小旗子，就是有奖游戏的目标，谁打中了，就奖励一盒冰激凌！”龙龟爷爷和椒图听了一起点头，一副恍然大悟的表情。

不一会工夫，发冰激凌的蚣蝮们就跑了回来，后面跟着一大群天上飞的、地上跑的神兽，他们抱着好多捡来的石子。我赶紧宣布规则，让他们站在路边，向十八棵槐的大水坑里扔石头，石头击中水中的小旗即获胜，获胜者每人可以领取一盒冰激凌。这么远的距离，要打中小旗子可不容易！

不过，在好吃的冰激凌的诱惑下，神兽们特别踊跃。他们纷纷朝大水坑里扔石子。当然啦，大部分都没有打中目标，掉进了水坑里，只有很少的一部分石子击中了小旗。就算打中小旗，石子也还是掉进水坑里了。

那些幸运打中小旗的神兽，立刻手舞足蹈地去领冰激凌吃。勤劳的蚣蝮们现在成了运输兵，源源不断地从冰窖里取冰激凌送过来，而小石狮子们则在冰窖里一刻不停地生产冰激凌。

很快，来玩游戏吃免费冰激凌的神兽们就把“子弹”打光了，他们急忙到处再去找石子。可是，紫禁城里到处都是整整齐齐的建筑，要想找到石子可不容易。于是，神兽们全都各显神通，纷纷用自己的神力离开神兽空间，到外面去找石子。

就这样，不到一天的时间，十八棵槐的大水坑就被填平啦！

一直看热闹的龙龟爷爷和椒图都鼓起掌来：“佩服佩服！真是好办法！”

椒图拿出一把大算盘，噼里啪啦一阵计算。计算之后，椒图说道：“穷鬼先生这一系列操作，成本最多五十个金元宝。仅仅用五十个金元宝，大水坑就变成了平地。这成本，低得不可想象！而且，现在神兽们都知道了冰激凌的美味，以后卖冰激凌还可以源源不断地挣钱呢！”

我得意地点点头说：“还有呢！十八棵槐，我们要改造成一个高尔夫球场！让大家来打高尔夫球，打累了就吃冰激凌。高尔夫球场三天后开业！”

只用了一天的时间，神兽们就把十八棵槐的大水坑给填平了。水坑被填平后，地面比原来还高出一块，坑坑洼洼的，不过这样的地形对于高尔夫球场来说正合适。

只用了两天，小猪屏蓬率领的唧筒兵部队就给十八棵槐的地面铺满了绿油油的草坪。现在，屏蓬对我组建唧筒兵部队的安排佩服得五体投地。如果不是组建了这支生力军，好多事情我们都干不成。在有组织、有计划的行动下，团队作业创造的价值真是很可观啊！

高尔夫球场顺利开业了！

球场里的神兽们开心地挥动球杆，外面排队等候的神兽们一边看热闹，一边吃冰激凌，我们穷鬼小分队收上来的金元宝和银元宝都快没地方放了！专门有一个小队的蚣蝮负责把钱给椒图送去，然后再拿回来一叠存款票据。

我一看收入状况，比我预期的还要好，两三天的工夫不仅回收了成本，还赢利了。我立刻对运送元宝的蚣蝮说：“告诉银行家椒图，这一批元宝是我交给椒图银行的分红，不用给我送存款票据了。”

蚣蝮们答应一声，就带着元宝去找椒图了。小猪屏蓬一听就急了："晓东叔叔，怎么能把咱们挣来的金元宝白白送给椒图啊！"

我耐心地对他解释："因为椒图和龙龟爷爷给我们的唧筒兵部队投资了啊！现在获得了利润，也要给他们分红。这是椒图作为投资人应该得到的被动收入。"

屏蓬听着这个新名词更迷糊了："猪财神听不懂！"

我笑了："简单地说，我们一起合伙做生意，大家都有投入，那么赚了钱之后，大家就都有权分配利润。我们和椒图不一样的地方是，椒图只投入了资金，而我们除了投入资金，还投入了知识、技术和劳动。椒图获得的收入叫作被动收入……"

我们的谈话被骑凤仙给打断了。这家伙骑着自己的秃尾巴凤凰，风风火火地飞到了十八棵槐。一看到我，他就气急败坏地喊道："穷鬼先生，本王强烈要求收购高尔夫球场！"

不等我说话，小猪屏蓬、金坨坨、晶晶、八哥鸟，还有一群蚣蝮和小石狮子全都喊了起来："没门！十八棵槐是我们租下来的，是我们辛辛苦苦改造成高尔夫球场的！"

小铜狮子跳出来指着骑凤仙说道："穷鬼先生已经给了你十五个金元宝，我亲眼看见的！你不能现在又把我们建好的高尔夫球场要回去！"

骑凤仙都快急哭了。他结结巴巴地说："我……我……愿意出一千个……不！一千五百个金元宝收购高尔夫球场！"

他的话一说出口，所有人都惊呆了。当时，我确实对龙龟爷爷和椒图说过，要让骑凤仙花十倍的价钱把十八棵槐买回去，屏蓬和小神兽们还都不信，现在骑凤仙竟然自己主动报出了一百倍的价格！

八哥鸟大叫："骑凤仙疯啦！骑凤仙疯啦！"

晶晶慢悠悠地说："骑凤仙没有疯，他脑子很清醒，现在十八棵槐高尔夫球场每天都可以挣上百个金元宝，花一千五百个金元宝，用不了一个月就能把投资挣回来啦！"

大家这才恍然大悟。不过，我们还是坚决不同意把高尔夫球场卖给骑凤仙。于是，骑凤仙主动把价钱加到了两千个金元宝！现在连屏蓬都明白这个高尔夫球场已经成了摇钱树，所以不管骑凤仙出什么价钱，我的一群小伙伴都坚决不卖！

这时候，椒图和龙龟爷爷也赶来了。他们听了骑凤仙的要求也是连连摇头，觉得我们不同意转让高尔夫球场完全合理。可是，我却做出了一个让所有人意外的决定："骑凤仙，我同意以两千个金元宝的价格，把高尔夫球场转让给你。正好龙龟爷爷和椒图在场见证，我们一手交钱，一手交货！"

什么？所有人都大吃一惊。屏蓬着急地喊了起来："晓东叔叔，你是不

是傻啦？”

我呵呵一笑，然后小声对孩子们说：“咱们又不是永远在神兽空间里待着，回家的时候，这些东西也都是要还给神兽们的。我们的目标是要挣到足够的钱，买时空之门的门票。而且，你们不是也从这些经营活动里，学到很多挣钱的方法了吗？我们的收获已经很大啦，做人不能太贪心！”

听了这话，龙龟爷爷和椒图都对我竖起了大拇指。

我和骑凤仙当着龙龟爷爷和椒图的面做了交接，我得到了两千个金元宝的支票，而骑凤仙再一次获得了十八棵槐的使用权。这几天忙忙碌碌，总算是得到了一大笔收入，购买时空之门的门票，更有保障了。“龙龟爷爷、椒图，咱们去冰窖，我请你们吃冰激凌！”我开心地拉着两个大富豪的手说，同时对屁蓬喊道，“屁蓬，带上唧筒兵部队全体成员，我们来一场冰激凌庆功宴！”

“好呀！”孩子们和小神兽们一起欢呼了起来。小铜狮子喊得最欢：“这下我要吃个痛快啦！”

我们刚要走，骑凤仙忽然抓住了我的胳膊，他吞吞吐吐地说：“穷鬼先生，你能不能把冰激凌工厂也转让给本王呀？”

这次还不等我说话呢，龙龟爷爷就看不过去了：“骑凤仙，你这个家伙，实在太过分了！你总得给穷鬼先生留点产业吧？不能看见什么东西挣钱你都买过去，人家穷鬼先生还要攒钱买时空之门的门票呢！”

骑凤仙的脸都红了，我们在孩子们的欢呼声中向着冰激凌工厂走去。我一边感谢龙龟爷爷替我说话，一边给两位大富豪介绍冰激凌工厂的情况：“其实，咱们的冰激凌工厂也收回成本，开始赢利啦！请椒图先生帮我好好计算一下投入产出，我可以给你们分红啦！”

椒图高兴地点点头说：“我没想到这么快就能得到被动收入，真是意外惊喜！”

龙龟爷爷哈哈大笑：“穷鬼先生和猪财神给我们的惊喜真是接连不断啊，我现在都不愿意在太和殿门口蹲着了，老想过来看看你们在忙什么！真是太有意思了！”

组建挣钱的系统

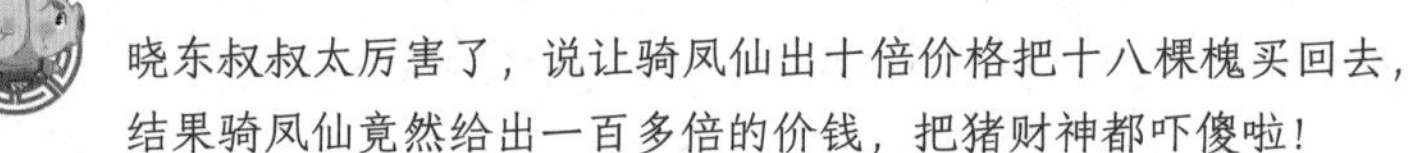

晓东叔叔太厉害了，说让骑凤仙出十倍价格把十八棵槐买回去，结果骑凤仙竟然给出一百多倍的价钱，把猪财神都吓傻啦！

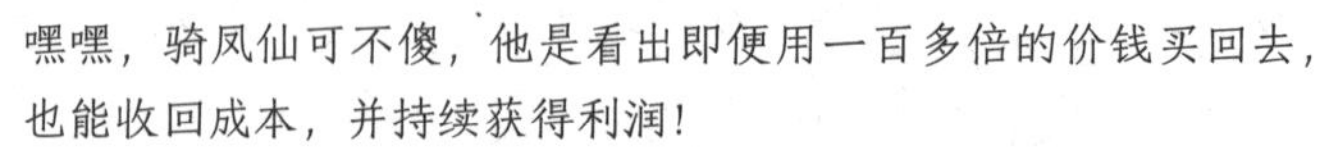

嘿嘿，骑凤仙可不傻，他是看出即便用一百多倍的价钱买回去，也能收回成本，并持续获得利润！

爸爸就是岁数大，知道的比我们多一点而已。我敢打赌，用奖品调动大家的力量改造十八棵槐，一定是他从书上看来的方法！

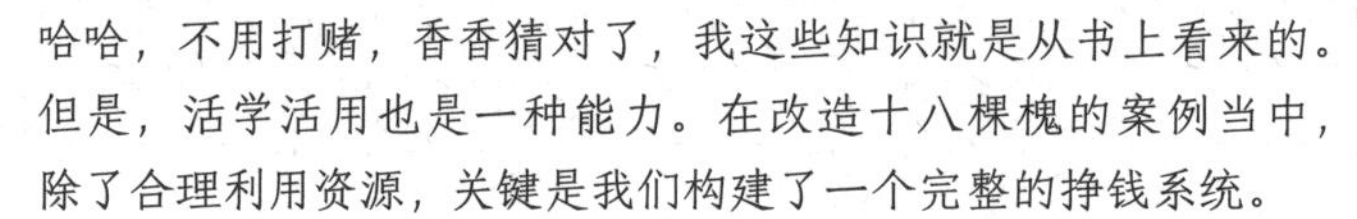

哈哈，不用打赌，香香猜对了，我这些知识就是从书上看来的。但是，活学活用也是一种能力。在改造十八棵槐的案例当中，除了合理利用资源，关键是我们构建了一个完整的挣钱系统。

我听不懂，晓东叔叔，你说的是什么水桶？

是系统！不是水桶！系统的表现形式一般是公司、生产线、职能分工、流程等。比如我们的冰激凌工厂，从原材料的采购、十几道制作工序、出厂的质量检验，到运输分发……这就是一个完整的挣钱系统。这些工作都是由以前懒散的小神兽们完成的。通过赋予他们不同的职责，用管理来控制流程，保证产品的生产和销售稳定，就能持续地产生收入了。这就是一个挣钱系统的作用。

第26章 高尔夫球技术专利

解决十八棵槐的危机，坏事变成好事，我们通过建立一个挣钱系统，一下挣了骑凤仙近两千个金元宝，这个投入产出比简直大得惊人！当时我从骑凤仙手里租下十八棵槐的时候，只投入了十五个金元宝，还把小猪屏蓬心疼得要死。没想到才过了几天，十八棵槐就给我们产出了近两千个金元宝，而且还是骑凤仙哭着喊着非要给我们的。现在孩子们总算是理解了什么叫“低投入，高产出”，而我也用真实的案例，给唧筒兵部队上了一堂生动的财商实践课。

金坨坨一边吃冰激凌一边开心地说：“晓东叔叔，咱们穷鬼小分队应该改名叫富豪小分队了，而且我觉得主要是我给大家带来了好运，因为我的名字就是一坨坨的金子！”

我还没说话呢，屁蓬已经跳出来打击他了：“呵呵，金坨坨，我觉得你的脸皮厚得已经超过猪财神啦！”

我拿出一百多个金元宝，让屁蓬发给我们的唧筒兵，每人一个当奖金。蚣蝮和小石狮子们都开心得跳起来了，这对这群“月光族”和“月透族”来说，绝对是一笔巨款了。就连跟着我们跑来跑去到处打酱油的小铜狮子都得到了一个金元宝的奖励，小铜狮子激动得又哭了。唧筒兵部队的成员，月底还会拿到椒图银行支付的工资，他们的生活水平一定会提升一大截。那些欠债的家伙，也有希望还清债务了。

小猪屁蓬举着一个冰激凌问我：“晓东叔叔，下一步，咱们的赚钱计划是什么？”

我得意地一笑：“继续挣骑凤仙的钱啊！”

小猪屁蓬惊讶得张大了嘴：“什么？还要挣骑凤仙的钱？我们已经把高尔夫球场卖给骑凤仙了，还怎么挣他的钱啊？难道你要把冰激凌工厂也卖给他？猪财神和唧筒兵部队，全都不同意！”

我笑着安慰他：“不是卖冰激凌工厂，是卖高尔夫球！”

卖高尔夫球？屁蓬、金坨坨的兴趣都被提了起来，他们和八哥鸟立刻把我包围了。我赶紧给他们解释：“高尔夫球是一种消耗品，很快就会不够用的，所以咱们现在有两件事要做。第一件事，是派出人手收集被打飞的高尔夫球，这些球可以反复利用，等骑凤仙没球用了，先把这批回收的高尔夫球卖给他。”

金坨坨高兴得直扭屁股：“好呀！把骑凤仙球场打飞的高尔夫球再卖给骑凤仙，真是想想都觉得爽！”

我忍住笑继续说：“第二件事，是扩大高尔夫球的产能。我们要做一个小型的高尔夫球工厂。这可是个专利技术哟，偏偏我研究过这个生产工艺。骑凤仙不掌握核心技术，就算把球做出来了也会一打就裂。咱们可以卖给他新的高尔夫球，照样能挣一大笔钱。”

“好呀！”穷鬼小分队的成员一起欢呼起来。小猪屏蓬和金坨坨立刻带着唧筒兵行动起来。八哥鸟兴奋地到处找球，发现一个就大声喊：“这里有一个，快捡走！”

我们的唧筒兵最大的特点就是能吃能干，半天工夫就把十八棵槐附近角落里被打飞的高尔夫球全部回收了。打高尔夫球的神兽有的力气特别大，能把球从球场直接打进金水河里。所以，屏蓬带着一群蚣蝮跳进了金水河。清理过的金水河，河水清澈见底，他们毫不费力就把掉进河里的高尔夫球也捡光了。

现在骑凤仙就算派人找球，估计连一个也找不到了。

小猪屏蓬和金坨坨带着唧筒兵兴高采烈地抬着几大筐高尔夫球回到武英殿的时候，他们就像一支打了大胜仗的军队，而那些高尔夫球就是他们的战利品。

他们刚要向我展示战利品，就发现骑凤仙已经来武英殿找我们了。骑凤仙一看见屏蓬他们抬着的几大筐高尔夫球，立刻两眼放光，但是马上又气急败坏地朝我喊："穷鬼先生，原来是你让猪财神他们把本王的高尔夫球都给捡走了？"

小猪屏蓬和八哥鸟理直气壮地喊："我们都是在十八棵槐球场外面捡的，还有从金水河里捞的，又不是在你的地盘上拿的！"

骑凤仙气得直翻白眼："就算打飞了也是本王的球啊！本王已经把高尔夫球场买下来了，这球也是本王的……"

我赶紧说："这些球可以还给你，不过你要给捡球的神兽们劳务费。就算你自己组织人手去捡球，不也得给钱吗？"

骑凤仙赶紧点头："可以可以！这个劳务费本王肯定出，穷鬼先生你说多少钱吧！"

我毫不客气地伸出一个巴掌："五十个金元宝，我们有一百个唧筒兵去捡球，两个人才分一个金元宝，不算高。这些球如果重新制作，可不止五十个金元宝。"

骑凤仙咬咬牙，出了一张五十个金元宝的支票，把高尔夫球全都拿走了。

骑凤仙离开以后，我马上指挥唧筒兵成员在武英殿的院子里加紧制作新的高尔夫球。我们已经把武英殿的后院改成了高尔夫球工厂。我们要加紧生产了，因为高尔夫球再结实，天天打来打去，早晚都是会损坏的；就算骑凤仙尽量节约地使用这些高尔夫球，也总有用完的一天。

果然，没过两天，骑凤仙又来啦！他一见到我就郁闷地说：“穷鬼先生，神兽们的力气实在太大了，高尔夫球全被他们给打坏了！你的高尔夫球是怎么做的？本王我试验了很多种材料，用了很多方法做出来的球还是一打就裂。这样下去，再过几天我的球场就没有球可用了……”

我淡定地说：“哦！没球用，我可以卖给你啊！保证价格便宜，质量过硬！”

骑凤仙叹了口气：“干脆，你把制作高尔夫球的技术也卖给本王吧！我知道你们早晚有一天会离开神兽空间的，你们要是走了，我上哪里买高尔夫球去啊！”

我做出一副恍然大悟的样子说：“哦，也对……那，你愿意花多少钱买我的技术呢？”

骑凤仙伸出一个手指：“一百个金元宝！”

我还没回答呢，小猪屏蓬就赶紧拦住："不行！不行！一百个金元宝太少啦！"

八哥鸟的嘴也很快："骑凤仙，你这是打发要饭的吗？高尔夫球场，现在每天最少都能挣几十个金元宝，你花一百个金元宝就想买我们的发明专利，门都没有！"

骑凤仙听了屏蓬和八哥鸟的话，一张脸立刻变成了苦瓜相。我使劲忍住笑说道："孩子们说得有道理啊！骑凤仙，您可是神兽空间数一数二的大富豪，西餐厅、酒吧、按摩院、弹球赛场和高尔夫球场……全都是挣钱的机器啊，买个专利怎么能这么小家子气呢！"

骑凤仙的脸变得更苦了："本王的生意场开得越多，工资成本和管理成本也越高。本王现在每天都发愁，根本忙不过来啊！"

八哥鸟在一旁敲边鼓："谁让你看到好生意就想据为己有呢！"

骑凤仙被屏蓬和八哥鸟你一言我一语说得直冒汗，就像个被审讯的犯人。最后，还是我拉回了主题："这样吧，骑凤仙，五百个金元宝，我就把制作高尔夫球的专利技术卖给你。一口价，不打折！"

骑凤仙立刻发出一声惨叫："穷鬼先生，你这是抢钱啊！我刚刚花了两千个金元宝买了高尔夫球场，现在你又要五百个金元宝，我快破产啦！"

我两手一摊："我没有逼你买专利啊，你可以过几天就来我的高尔夫球工厂买新球啊，省得我的唧筒兵部队每天闲着没事干，我还得给他们开工资。”

骑凤仙咬咬牙说：“不行，本王必须把专利技术买下来！要是有人再开一个高尔夫球场，跟本王抢生意就麻烦了。本王买断了高尔夫球的生产技术，他们就算开了新球场也没有球可用！五百个金元宝，本王认了！”

我立刻对骑凤仙竖起了大拇指。骑凤仙两手颤抖着递给我一张五百个金元宝的支票，心疼得都快哭了！

骑凤仙走了以后，我立刻召集唧筒兵成员，准备再给他们发奖金。没想到，无论是蚣蝮们，还是小石狮子们，谁都不肯再要钱。捂裆狮跳出来，捂着自己的裤裆代表大家发言："穷鬼先生，您提前给我们发的奖金已经很多啦！我们不好意思再要钱了。再说了，月底我们还有工资呢！我们记住您讲课的内容了，挣到的钱，一定要拿出一部分存起来，要不我们很快就会再次变成穷光蛋！您是我们见过的最会挣钱的人！我们想把手里的钱都交给您帮我们管理和投资，这样，我们也可以变成小富翁啦！"

"好！"我特别开心地对他们说，"你们有了存钱的意识，我给你们讲过的财商课就没有白讲，我太有成就感啦！既然你们这么相信我，我就接受你们的委托，正好我刚刚想到了一个新创意，那绝对是一笔好生意！"

互补品和替代品

晓东叔叔，你这几招组合拳，简直让猪财神看得眼花缭乱啊！哈哈！骑凤仙有了高尔夫球场，却没有高尔夫球，简直笑死猪财神了！

我这可不是故意坑他，是他自己不懂得互补品和替代品的概念。

什么叫互补品和替代品？猪财神不懂，快给我讲讲吧！

比如说你要打乒乓球，你不能只买个乒乓球拍吧？你还需要买几个乒乓球。这种缺一不可的产品就是互补品。类似的还有鞋和袜子、电脑和耳机、铅笔和橡皮、钢笔和墨水等。至于替代品，就是可以相互替代的，有一定的竞争性质。比如米和面、猪肉和牛肉、钢笔和签字笔等。

原来如此，我明白了，高尔夫球杆和高尔夫球就是互补品，没有球只有球杆，他们就没法打高尔夫球了。这次骑凤仙交的学费有点贵，哈哈！

晓东叔叔，你说屏蓬的两个脑袋是互补品还是替代品呢？

呃……这个问题还真把我问住了！

哈哈，晓东叔叔也有被难住的时候。

图书在版编目（CIP）数据

大闹金水河 / 郭晓东著 ； 屏蓬工作室绘. — 成都：天地出版社, 2023.7
（小猪屏蓬故宫财商笔记）
ISBN 978-7-5455-7475-3

Ⅰ.①大… Ⅱ.①郭… ②屏… Ⅲ.①财务管理—儿童读物Ⅳ.①TS976.15-49

中国国家版本馆CIP数据核字(2023)第027992号

XIAOZHU PINGPENG GUGONG CAISHANG BIJI DA NAO JINSHUIHE
小猪屏蓬故宫财商笔记·大闹金水河

出品人 陈小雨 杨 政
监 制 陈 德 凌朝阳
作 者 郭晓东
绘 者 屏蓬工作室
责任编辑 王继娟
责任校对 张月静
美术编辑 李今妍 曾小璐
排 版 金锋工作室
责任印制 刘 元

出版发行 天地出版社
（成都市锦江区三色路238号 邮政编码：610023）
（北京市方庄芳群园3区3号 邮政编码：100078）
网 址 http://www.tiandiph.com
电子邮箱 tianditg@163.com
经 销 新华文轩出版传媒股份有限公司

印 刷 河北尚唐印刷包装有限公司
版 次 2023年7月第1版
印 次 2023年7月第1次印刷
开 本 889mm × 1194mm 1/24
印 张 21（全4册）
字 数 308千字（全4册）
定 价 140.00元（全4册）
书 号 ISBN 978-7-5455-7475-3

咨询电话：（028）86361282（总编室）
购书热线：（010）67693207（市场部）

小猪屏蓬

故宫财商笔记

智斗骑凤仙

郭晓东 著 屏蓬工作室 绘

天地出版社 | TIANDI PRESS

螭吻
麒麟
捂裆狮
甪端
铜鹤
负跪吉象
蚣蝮
跑龙

故宫神兽
椒图
龙龟
龙
凤
狮
天马
海马
狎鱼
狻猊
獬豸
斗牛
行什

龙龟爷爷

一种可聚财、辟邪的神兽，故宫神兽空间里的三大富豪之一。

骑凤仙

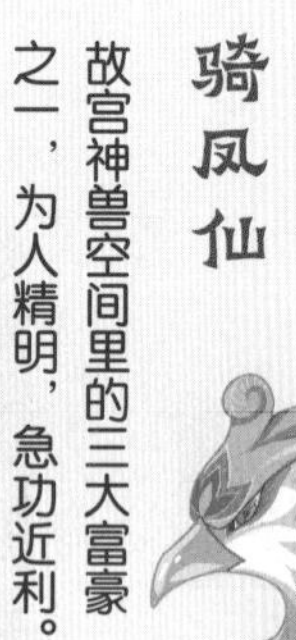

故宫神兽空间里的三大富豪之一，为人精明，急功近利。

椒图

故宫神兽中的『门兽』，又是故宫神兽空间里的银行家、三大富豪之一，其螺壳是可以储藏财宝的『魔法空间』。

捂裆狮

断虹桥上石狮子之一，传说是道光皇帝皇长子死后转世，总是一只手捂着自己的下身。

蚣蝮

龙九子之一，生性喜水，负责故宫三大殿的排水工作。

角色介绍

晓东叔叔

保持着一颗童心的儿童文学作家，追求与众不同的创作思路。

屏蓬

八岁的猪头小男孩，一个来自《山海经》世界的神兽，天蓬元帅的前身。

金坨坨

小名金针菇，八岁小男孩，晓东叔叔同事的儿子，小猪屏蓬的欢喜冤家。

八哥鸟

晓东叔叔家里养的一只会说话的宠物鸟，是个搞笑的话痨。

香香

九岁小女孩，晓东叔叔的女儿，聪明伶俐，长相漂亮，爱画画。

晶晶

九岁小女孩，晓东叔叔同事的女儿，性格沉稳，不急不躁，说话很慢。

目录

第27章

神兽卡牌被骑凤仙盗版了

听到穷鬼先生要帮蚣蝮和小石狮子们挣钱，一大群小神兽立刻欢呼起来。蚣蝮和小石狮子因为个头小，数量多，又没有巨龙那样破开时空的实力，可以说是整个神兽空间地位最低、挣钱最少的弱势群体。很少有人关心他们的生活，现在他们总算看到希望了。

晶晶刚从金水河海洋馆下班回来，正好看到小神兽们在欢呼，她和几个小伙伴悄悄围到我跟前。香香说：“爸，咱们的门票钱攒够了吗？咱们要是帮助小神兽们，会不会自己没精力挣钱了呀？”

金坨坨也担心地说：“要是咱们回不了家可就惨了，我都想我妈了……”

八哥鸟也在我肩膀上嘀咕："先救自己要紧啊！穷鬼先生！"

我们旁边忽然挤进来一个圆溜溜、亮光光的小脑袋，是小铜狮子，他喊道："你们不要走啊！要走带我一起走吧！"

我笑了："小铜狮子，我们可不能把你带走，否则你爸爸妈妈会着急的。"接着，我又对孩子们说："你们不用担心，回家的钱，我们已经攒得差不多了，咱们挣太多神兽空间的钱也没有意义。我们的《小猪屁蓬爆笑日记》虽然最近卖得少了，但已经有超过一半的神兽都买过了，咱们靠这个赚了一大笔钱。再加上海洋馆的收入、转让高尔夫球场的收入，我们现在已经是资产几千个金元宝的富豪小分队了。另外，我的新项目估计还能挣一大笔钱。所以，现在我们要为唧筒兵部队的这些小伙伴们筹划未来了，他们给咱们的帮助太大了，必须回报他们。"

孩子们听了都觉得很有道理。小猪屁蓬哼哼着问我："晓东叔叔，你的新项目是什么呢？怎么给小神兽回报啊？哼哼……"

我对香香一笑，香香立刻从兜里掏出来一沓子卡牌，满脸兴奋地说："看，我新画的十大脊兽卡牌！我还准备把所有的故宫神兽都画上去。这些卡牌可以做各种游戏，也可以当作收藏品攒起来！"

几个小脑袋赶紧凑过去看。啊！果然是十大脊兽卡通形象。他们全身流光溢彩，闪闪发光，看起来真是漂亮啊！小铜狮子又把圆圆的脑袋挤到了最前面："啊！太酷了！能给我玩玩吗？"

香香说："现在还不行。这是用各种颜料手绘的，纸太软，很容易被撕破。等咱们印刷在结实的卡纸上，成为卡牌，才可以玩。"

"哦！你们来了以后，我吃到了好多没吃过的东西，还玩了好多没玩过的东西，真是太有意思了。"小铜狮子紧紧地盯着香香手里的卡牌。看来，这些卡牌对小神兽真的很有吸引力。

"好了，现在咱们赶紧去印刷吧。"我说，"香香，你加把劲，继续画更多的故宫神兽，咱们争取尽快让卡牌上市销售！从卡牌项目开始，我要让小石狮子和蚣蝮们正式成为我们穷鬼小分队的股东，每个项目获得利润以后，他们都可以获得分红！"

"好嘞！"大家欢呼着，立刻忙碌起来。蚣蝮和小石狮子们本来就很勤奋，经过这段时间印刷和推销书、修建高尔夫球场、建冰激凌生产线的锻炼，他们已经变成合格的熟练工人了。这次卡牌项目里有他们的股份，大家的干劲更足了。过去他们是打零工的，没有稳定的工资收入，更没有奖金。自从加入了唧筒兵部队，他们有了稳定的工资收入，还有机会拿到奖金。现在他们又升级了，都变成了股东，而股东是可以按照持股的比例拿到分红收入的。

神兽们默契合作，有运送纸张的，有校对颜色的，有印刷的，有装订的，还有四处去做广告宣传的，忙得不可开交。

三天过去了，第一批十大脊兽卡牌算是做好了。可是一看卡牌盒，大家都傻眼了，封面上印的竟然是骑凤仙！

我郁闷地问："香香，你怎么在封面上画个骑凤仙啊？"

香香回答说："我觉得骑凤仙很搞笑啊！尤其是他亏了钱以后，那表情实在是太有感染力了！而且，骑凤仙总是站在十大脊兽的前面，所以我就把他当封面了！"

我想了想说："我担心骑凤仙会跟咱们要肖像权使用费……先这样用吧！我估计，在神兽空间没有肖像权的问题。咱们先卖一批再说。"

蚣蝮和小石狮子们每人领了几盒卡牌，然后呐喊着向紫禁城神兽空间的各个角落飞奔而去。他们一边跑，还一边喊着小猪屏蓬教给他们的口号："神兽小卡牌，玩出大智慧！"

半天时间过去了，蚣蝮和小石狮子们也陆陆续续回来了，卡牌全都卖光了！

香香设计的卡牌不仅有神兽们威风凛凛的画像，还标注了神兽的身份、特点和战斗力。神兽们买到后互相交换，卡牌已经成为神兽空间里流行的"社交名片"。

卖卡牌的时候，蚣蝮和小石狮子们还教神兽买家们怎么玩卡牌。卡牌的几种玩法都是对抗性的，玩的时候，需要猜测其他人的想法，需要一些策略。这种不需要特定游戏场地、斗智斗勇的游戏，让神兽们体会到了无穷乐趣。神兽们三五成群，热火朝天地玩卡牌，赢了的神兽得意扬扬，到处炫耀；输了的神兽气急败坏，求着再多玩几次。随着卡牌游戏的流行，蚣蝮和小石狮子们带出去的卡牌很快就卖光了，好多神兽跟着蚣蝮和小石狮子们跑到武英殿印刷厂买卡牌。

现在武英殿里已经忙不过来了。为了安静写作和研究，我又去找龙龟爷爷，把故宫里另一个做书的宫殿——文华殿，以及有名的文渊阁整个大院子给租了下来。

小猪屏蓬带着唧筒兵部队的小神兽们在武英殿继续加班加点地印制卡

【文华殿】

文华殿始建于明初，与武英殿东西遥对。曾一度作为"太子视事之所"，明清两代殿试阅卷也在文华殿进行。明代设有"文华殿大学士"一职，以辅导太子读书，清代文华殿大学士的职责变为辅助皇帝管理政务，统辖百官，权限较明代大为扩展。

【文渊阁】

文渊阁，位于文华殿后方，为清宫藏书楼。乾隆三十八年（1773）乾隆皇帝下诏编纂《四库全书》，次年下诏兴建藏书楼，于乾隆四十一年（1776）建成文渊阁，用于存贮《四库全书》。

牌，香香自己在一个角落里继续认真地画故宫神兽卡牌；金坨坨负责分发做好的卡牌，指挥神兽们分区销售卡牌，同时兼做收钱和记账的工作；晶晶还是负责海洋馆的经营，八哥鸟负责传送消息。所有人都忙得连轴转，连吃饭都顾不上。

好在目前小神兽们都已经训练有素，大家齐心合力，就算出现问题也都可以及时解决。

意想不到的事情再一次发生了。这天早上，我正在文华殿里写写画画，八哥鸟忽然飞进来，大呼小叫着报告了一个坏消息："不得了了！骑凤仙盗版了我们的神兽卡牌！"

"什么？骑凤仙这么快就把我们的卡牌给盗版了？"我吓了一跳。门外传来一阵急促的脚步声，小猪屏蓬、金坨坨、香香和小铜狮子跑了进来。小铜狮子气鼓鼓地跳起来，把一副卡牌放在了我面前的桌子上，这副卡牌一看就不是我们的作品，封面虽然也是骑凤仙，但是画得歪七扭八的，特别难看。打开包装再看里面，我的鼻子差点气歪了，里面的神兽虽然也能看出是十大脊兽，但是那模样和癞蛤蟆差不多，标准的假冒伪劣产品！

小猪屏蓬气鼓鼓地说：“这个骑凤仙，真是个奸商，盗版不说，还画得这么难看！”

香香说：“也不用太紧张吧，这样的劣质产品，对咱们肯定不会有影响，谁会买这么难看的卡牌呀？”

小猪屏蓬着急地说：“香香姐姐你想错了！骑凤仙的盗版卡牌，比咱们的正版卡牌卖得还好呢！咱们的卡牌一个银元宝两盒，骑凤仙的盗版卡牌，一个铜钱就可以买一盒！因此，那些手头不太宽裕的小神兽，就都买骑凤仙的盗版卡牌了。骑凤仙的卡牌虽然很难看，但是便宜呀，花相同的钱可以买更多，买得多可以玩更长的时间呀！现在大家都把咱们的好卡牌给收藏起来了，只玩骑凤仙的劣质卡牌！神兽们玩卡牌时，都不在乎卡牌的质量。”

香香听了小猪屏蓬的话惊呆了，我理解一个精益求精的美术设计者，听到这样残酷的现实，内心受到的打击有多沉重。但是很遗憾，无论是在人类社会，还是在神兽空间，这种现象都经常出现。并不是好的产品、美的产品就一定能在市场上获得最大的市场份额。不美但便宜的产品，往往能占有更大的市场。

我耐心地给孩子们解释这种现象出现的原因：“我以前看过一个劣币驱

逐良币的故事。那个故事讲的是古代一个国家的钱，面值一样，但是使用的材质不一样。比如都是一百的面值，一种是用银做的，材料值钱；另一种是用铜做的，材料不值钱。结果，很快市面上就见不到用银制作的钱币了，只剩下铜做的钱币到处流通。因为无论谁得到了用银做的一百块钱都会收藏起来……现在，咱们的卡牌就是良币，被骑凤仙的劣币给驱逐了！”

小猪屏蓬生气地说：“早知道这些神兽审美这么差，要求这么低，咱们就做劣质的卡牌了！”

我安慰他们说：“你们不要着急，这种盗版的情况肯定是会出现的，只是早晚的差别。我们已经喝了卡牌市场的头汤，剩下低利润的生意就让骑凤仙去做吧。我已经想好了下一个挣钱的项目，你们看，这是什么？"

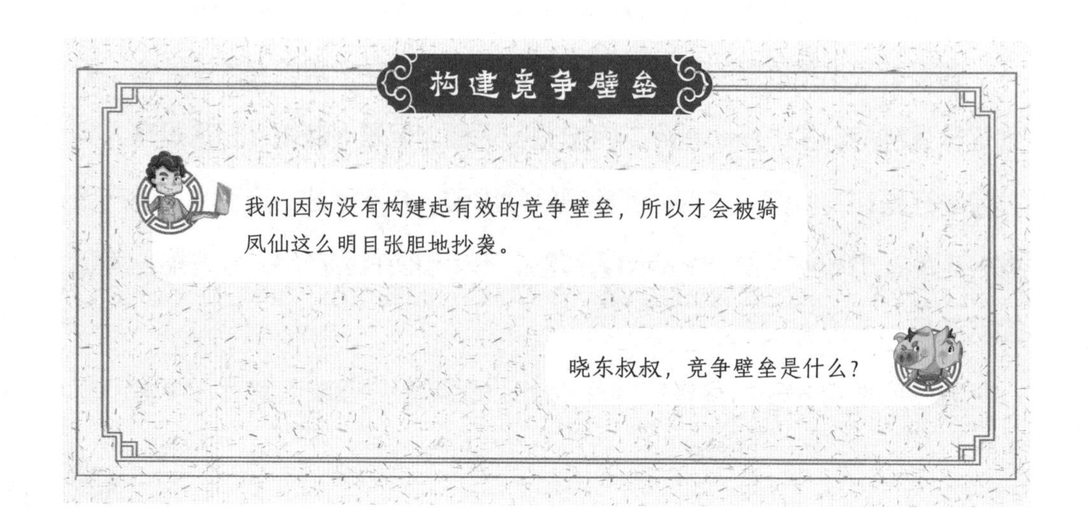

用你打妖怪的例子来说。你的法力多高，会多少种咒语，这是你的战斗力，也就是你的竞争壁垒。妖怪遇到了你，它会评估你的战斗力，如果它觉得打不过你，就会赶紧逃跑。所以你的竞争壁垒越高，你就越能在竞争中获胜，同时竞争者就会越少。

那是，我可是猪战神，谁敢打我的主意？

那你试试用猪财神的脑袋想一想，我们的神兽卡牌为什么没有竞争壁垒呢？

啊？这……

我们的神兽卡牌对生产技术要求不高，很多人都能印制，生产速度也非常快，所以用大量低质廉价产品抢我们的用户并不难；同时我们的卡牌也不是知名品牌，没有粉丝买单。所以基本上就没有什么竞争壁垒了。

哎呀，刚才我猪财神的脑袋打了个盹，就让你给说出来了。晓东叔叔，你最近进步很快呀！

论脸皮厚度你肯定天下第一，而且你还比别人多一张脸，我可不理你。

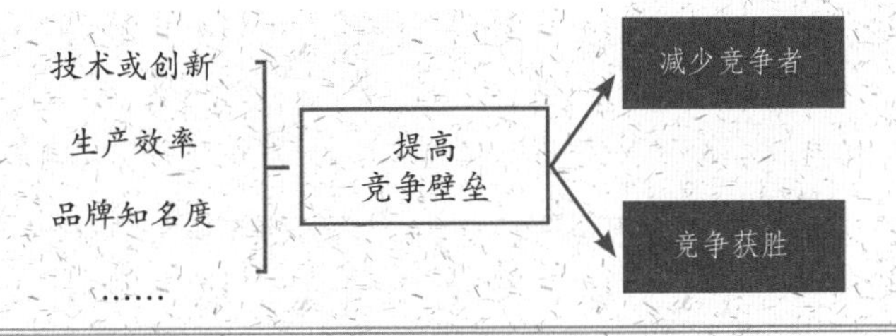

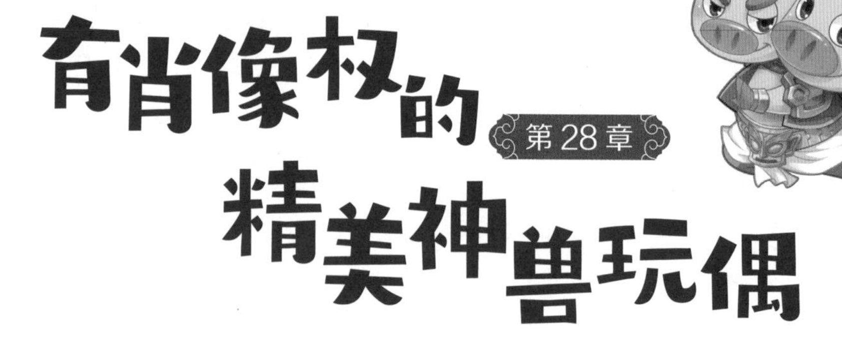

第28章 有肖像权的精美神兽玩偶

在孩子们期盼的目光下，我拿出了一个盒子，里面都是泥捏的小玩偶。屏蓬的两个脑袋凑过来一看，立刻喊了起来："啊！故宫神兽，还有《山海经》中的异兽！太好玩了！"

八哥鸟生气地说道："穷鬼先生，这就是您的不对了，情况这么紧急，您还有心思捏泥人玩呢？"

我得意地微笑着，也不回答。香香看着这些玩偶，恍然大悟："我知道了！爸爸是想做神兽玩偶！对不对？"

我点点头说："没错！卡牌一开始销售，我就立刻开始准备玩偶产品了。这个产品具有一定工艺水平和观赏价值，存放的时间也会更长久，用户定位更高端一些，骑凤仙仿制的难度也更大……”

我还没有说完，小猪屏蓬就不甘心地说道：“晓东叔叔，就这样放弃卡牌，实在太可惜了，猪战神不甘心！哼哼……”

我叹了口气说：“没办法，其实在人类社会不也是一样嘛。很多人为了获取利益，制作劣质儿童产品，在挤占市场的同时，还毁掉了孩子的审美。屏蓬，你马上通知咱们的销售人员，用成本价销售卡牌。我们的价格降到和仿冒品差不多了，大家自然会选择我们的产品。”

金坨坨吃惊地说：“晓东叔叔，这样咱们不是白忙活了吗？而且，就算咱们不要利润了，成本价还是比骑凤仙劣质产品的售价高很多呀！”

我摇了摇头说：“不用担心，卡牌这样的产品，在神兽空间只能流行一段时间，就像之前的弹球、高尔夫球……你们有没有发现，开始的时候来玩的神兽很多，随着新鲜感的消退，消费这些产品的神兽越来越少了。”

香香听了使劲点头：“对啊对啊！我听晶晶说，海洋馆的门票也卖得越来越少了，神兽们不像一开始那样好奇兴奋了。”

我继续解释：“我们第一批产品已经获得了利润，现在就是甩卖库存换成现金。就算没有骑凤仙捣乱，卡牌也不会销售很长时间，销量肯定会快速下降的。等我们的神兽玩偶产品上市，神兽们看到自己的形象变成了精美的玩偶，一定会很开心的！”

香香听了有点担心："爸爸，我们要是制作神兽玩偶，成本肯定比卡牌高很多，如果骑凤仙再捏一堆丑八怪来卖，咱们损失就更大了！"

我理解香香的担心。我点点头，解释说："你能想到市场风险，说明你考虑问题更深入了。不过，不用担心，这次我做了更充分的准备。其实在卡牌刚做出来的时候，我就请了龙龟爷爷和银行家椒图出面，跟神兽们签订了肖像权的使用授权协议。我们给神兽们一笔授权费，用他们的形象做成各种玩具，但只能我们一家使用。有了这个授权协议，骑凤仙如果模仿咱们做神兽形象的玩偶，就是侵权，不仅要下架商品，还得赔偿咱们的损失！"

小猪屏蓬大吃一惊："这样也行？"

我拿起桌子上的一沓子协议书，对着孩子们展示："我们已经有授权书了！"

小猪屏蓬立刻喊道："晓东叔叔，既然已经有了授权书，那我们是不是可以让骑凤仙立刻停止卖卡牌？"

我笑着提醒他："理论上是可以的，但是我不想阻止骑凤仙。他忙着卖那些没有多少利润的卡牌，我们才能专心制作玩偶啊。"

八哥鸟叫道："啊、啊、啊，太好了！"

香香眨着眼睛表示担心："爸爸，紫禁城神兽空间有这么多神兽，你得花多少钱购买他们的肖像权啊！"

香香就是比较细心，我笑着解释道："其实紫禁城的神兽绝大多数都是龙，因此不是很多，也就几十种而已。我们只需买十大脊兽，以及龙龟爷爷、椒图、螭吻、甪端、麒麟、负跪吉象和蚣蝮这些有特点的神兽的肖像权就可以了！每个神兽给五十个金元宝，一千多个金元宝就够了！如果骑凤仙使用这些神兽的形象做玩偶，我们就可以向龙龟爷爷和椒图投诉，要求骑凤仙赔偿我们的损失！到时就算是现在的盗版卡牌，骑凤仙也别想再卖了。"

小猪屏蓬都听呆了，他兴奋地说："厉害了！骑凤仙绝对想不到肖像权的问题！……晓东叔叔，那你有没有把我也做成玩偶啊？"

"当然有了！"我从另一个盒子里捏起一个泥玩偶，是一个俩脑袋的猪，看着跟小猪屏蓬一模一样！

小猪屏蓬欢呼一声："哈！太棒了，那我的肖像权使用费呢？我有两个脑袋！所以得给我双份吧……"

我的鼻子差点被小猪屏蓬气歪了："你的肖像权使用费用猫粮顶替了！

【负跪吉象】

在故宫御花园北侧承光门内，为铜鎏金材质。这对大象不但跪着，而且前后腿跪的方向相反，取"富贵吉祥"（负跪吉象）的谐音。

因为你作为一只猪，这几年吃了我太多的猫粮！是时候给我回报了！”

小猪屁蓬立刻闭嘴，不敢再跟我要肖像权使用费了。香香又自言自语地说：“真没想到这些神兽竟然也懂肖像权……”

我笑了：“我给龙龟爷爷和椒图讲明白其中的道理，他们马上就同意了。他俩最先签了授权书，其他神兽自然也没有意见了。卡牌只是一个过渡产品，印刷品很容易被仿制。做卡牌也是我们对市场的一个测试，结果证明神兽们喜欢以自己形象制作的产品。玩偶是更高端的产品形式，成本更高，风险更大，测试之后，我们就可以放心大胆地生产和销售了！”

这时候，一直趴在桌子上研究神兽玩偶的小铜狮子忽然叫了起来：“穷鬼先生！你干吗要在神兽的肚子下面都刻上‘穷鬼’两个字啊？”

我得意地笑了，说道：“这也是我们的版权保护方式之一呀！打上‘穷鬼’两个字，说明这些神兽玩偶是穷鬼先生设计制作的，算是我的品牌。如果你们没有在玩偶上见到这两个字，那就证明那玩偶是盗版的。玩偶比卡牌的价格更高，适合消费能力高的神兽们，所以我们的神兽玩偶也要做得更精致、更高端，适应这个消费群体的审美和心理特点。”

我说的话，孩子们似懂非懂。不过，他们最近体验了各种商业案例，思维比刚进入神兽空间时活跃了很多。小猪屏蓬开始考虑后面生产过程的问题了。因为他负责领导的唧筒兵部队，是我们主要的生产力。小猪屏蓬担心地问我：“晓东叔叔，你的玩偶什么时候能开始卖啊？这些泥玩偶一个个地捏，得多慢啊！”

我摇摇头说："我们这次要使用新工艺制作玩偶。手工捏的泥玩偶做好了，就用它们制作模具，然后用模具快速批量生产。最后的成品颜色鲜艳，结实耐用，可以长期收藏！而且，我们的神兽玩偶还有隐藏功能。不过现在保密，以后再告诉你们……小猪屏蓬，模具制作过程，需要你用神火给模具雏形加热定型。那样模具会更加坚固耐用。这也是一个技术壁垒，没有神火，想做出坚硬的模具不是一件容易的事。"

小猪屏蓬立刻拍着胸脯说："放心交给我吧，猪战神和猪财神保证完成任务！不过，晓东叔叔，你能不能把隐藏功能先告诉我们啊，你这样把话说一半，猪财神的心里好痒啊！"

听了小猪屏蓬的话，金坨坨、八哥鸟、小铜狮子和香香也一起叫起来。他们都想知道这些神兽玩偶有什么隐藏功能。我忍不住笑了，拿起小猪屏蓬肖像的玩偶，带着孩子们走进了一个黑暗的房间。我把门窗关好，在黑暗中把那个玩偶托在手心上，那个玩偶竟然发出了淡淡的荧光。

孩子们一起惊叫起来。小铜狮子叫道："穷鬼先生，这些神兽玩偶是用夜明珠做的吗?!"

我哈哈大笑："夜明珠我哪用得起啊！这是用了一种荧光粉，是我特意请椒图帮着找来的原材料。这种原料并不贵，增加不了多少成本，但是夜里发光是很神奇的，一定会让神兽们惊喜！这只是其中一个隐藏功能，另外的隐藏功能以后再告诉你们。”

孩子们虽然有些失落，但还是欢呼起来。

从他们的表情就能看出来，大家现在对玩偶产品都信心十足。我也很开心，能有这个机会，让他们体验一下创业、竞争、财富积累，这可关系到他们未来的幸福生活。

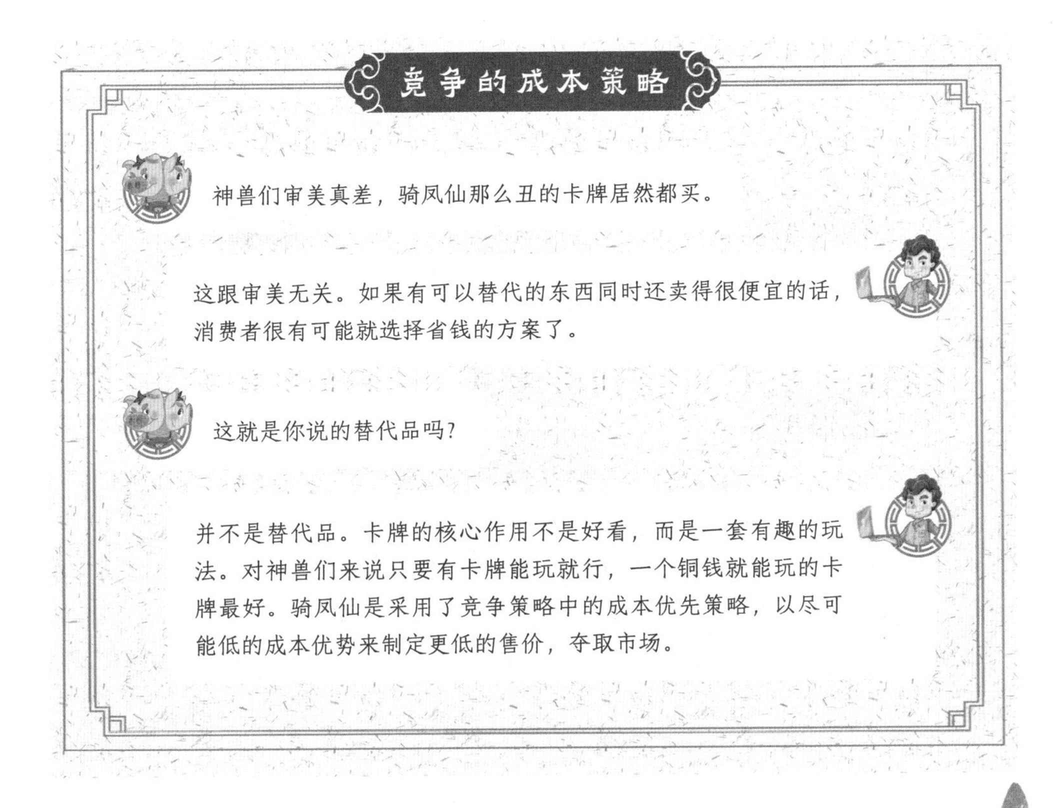

竞争的成本策略

神兽们审美真差，骑凤仙那么丑的卡牌居然都买。

这跟审美无关。如果有可以替代的东西同时还卖得很便宜的话，消费者很有可能就选择省钱的方案了。

这就是你说的替代品吗？

并不是替代品。卡牌的核心作用不是好看，而是一套有趣的玩法。对神兽们来说只要有卡牌能玩就行，一个铜钱就能玩的卡牌最好。骑凤仙是采用了竞争策略中的成本优先策略，以尽可能低的成本优势来制定更低的售价，夺取市场。

神兽们只认低价，实在是没品位！

每个消费者的审美和购买力都不一样，而且要看消费者自身需求。比如一套国际品牌积木售价五百元，但是国产积木只要五十元，一样能玩。如果你的乐趣是搭积木，选择国产积木更划算；但是如果你的乐趣是收藏，那可以选择更贵的高档品牌。

我懂了！所以你才要做一套用于收藏的神兽玩偶避免恶性竞争啊！

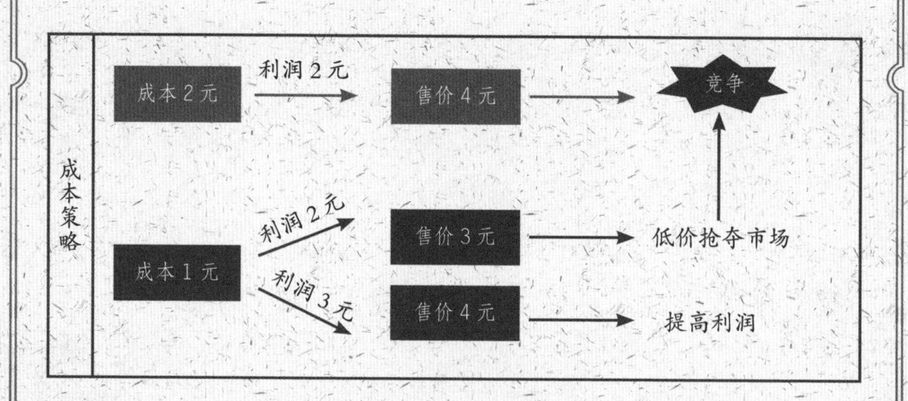

第29章 九龙壁的悬赏令

之后的几天里，我和小猪屏蓬在文华殿忙得一塌糊涂。我不停地让小猪屏蓬召唤神火烧制模具，累得小猪屏蓬呼哧呼哧直喘气。

还别说，我们这些神兽玩偶制作完成以后，个个精致漂亮，看起来活灵活现、栩栩如生。龙龟爷爷和椒图看了样品以后都赞不绝口。

紧接着，就是唧筒兵部队的小神兽们开工了，他们负责批量生产。经过这段时间的训练和实践，小神兽们斗志昂扬，干劲十足。小蚣蝮们组成了一条手工流水生产线，有拿着模具填装原料的，有对神兽玩偶加工塑形并上色的……只要有玩偶从生产线上下来，小石狮子们立刻认真地包装起来，放进早就准备好的包装盒里。一个个精致漂亮的神兽玩偶产品诞生了！

因为蚣蝮和小石狮子们现在不仅仅是我们穷鬼小分队的员工，同时也是我们投资项目的股东，我们的产品上市获得收益以后，他们全都有分红，所以他们干活根本不用监督，自己都会鼓劲干。

紫禁城里的蚣蝮有一千多只，最先参加我们唧筒兵部队的，是太和殿的一百多只。这些蚣蝮最早接受我们的训练，现在已经成了我们最默契的合作伙伴，他们知道穷鬼先生有很多挣钱的办法。这件事，让其他的蚣蝮都羡慕死了，他们也纷纷要求加入唧筒兵部队。可是因为他们来得晚，现在只能做外围的工作，而且暂时不能成为股东。不过，他们的长相给我造成了很大的困扰，我实在分不清他们谁是谁。好在对小猪屏蓬来说，这根本不是问题。我们的天蓬元帅猪财神虽然做事稀里糊涂，但是对于这些长相相似的小神兽们，他竟然能分清其中的每一个。这可能就是小猪屏蓬的天赋之一吧。

第一批神兽玩偶走下生产线以后，小猪屏蓬立刻准备发给外围的蚣蝮们去售卖。我赶紧把他拦住："屏蓬，别着急！这次我们要改变一下销售方式！"

小猪屏蓬好奇地问："怎么变？"

我得意地说："我已经找过龙龟爷爷，把交泰殿租下来当销售玩偶的门店。"

金坨坨奇怪地问："晓东叔叔，为什么要租交泰殿？我记得，交泰殿是存放皇帝玉玺的地方呢！”

“对！”我点点头说，“交泰殿就是存放玉玺的地方，那里有二十五宝玺。就是因为交泰殿的特殊性，我才跟龙龟爷爷商量了半天，租下了它里面的一小块地方，摆上一个柜台销售我们的玩偶。当然，还有一排玻璃柜子，里面展示全套神兽玩偶，让神兽们感受它们的品质。”

小猪屏蓬使劲点头：“我懂了！神兽玩偶和玉玺放在一起，说明咱们的神兽玩偶像玉玺一样珍贵！晓东叔叔，你真会抬高自己的身价！”

我赶紧纠正：“不是抬高我的身价，是抬高玩偶的身价，穷鬼先生又不是商品，没人愿意买我。”

【交泰殿】

交泰殿，位于故宫南北中轴线上，在乾清宫和坤宁宫之间。交泰殿是千秋节（皇后生日）或其他重大节日皇后接受朝贺的地方。清代乾隆皇帝把象征皇权的二十五方宝玺收存于此，遂为储印场所。

【二十五宝玺】

二十五宝玺是清代乾隆皇帝指定的代表国家政权的二十五方御用国宝的总称。乾隆以前，御宝一般没有规定确切的数目，且使用混乱。针对这种情况，乾隆皇帝将宝玺总数定为二十五方，并详细规定了各自的使用范围。二十五宝玺质地有银镀金、玉、旃檀木，印纽型制各异，总体雕制精美，也是具有重要历史价值的典章文物。

香香开心地说："爸爸这么多好主意，如果可以卖的话，我相信骑凤仙肯定会把你买走！我觉得在交泰殿卖玩偶还有一个好处，就是二十五宝玺上雕刻的全部是龙，别的神兽没有机会出现在宝玺上。而我们的玩偶给每个神兽都雕刻出了漂亮的造型，而且底座下面也像宝玺一样刻着字！"

八哥鸟嘎嘎笑着说："可惜刻的都是'穷鬼'，哈哈……"

香香解释说："不对不对，八哥鸟别捣乱！我们的神兽玩偶底座上刻的是他们的名字，那些字都是我亲手雕刻的！穷鬼作为'字号'和品牌，刻在一个隐蔽的地方，不仔细找不会发现。我们的神兽玩偶装进盒子里，和皇帝宝玺一样，其实也是印章！"

说到这里，小猪屏蓬忽然又想起我之前说过的隐藏功能，于是赶紧问道："晓东叔叔，你上次说的还有其他隐藏功能，现在能说了吗？"

我果断摇头："不能！因为我还没有设计好那个产品。不过也快了，用不了多久你们就会知道了！"

小猪屏蓬不甘心，还想继续追问，这时候小铜狮子连滚带爬地跑进来了。他一进来就大呼小叫地喊："穷鬼先生！有个好消息！"

"什么好消息啊？"

小铜狮子说："你有机会得到一大笔奖金！九龙壁的小白龙发布了一个悬赏令！完成任务者给三百个金元宝！"

我好奇地问：“干什么活给这么一大笔奖金啊？估计难度不小……”

小铜狮子说：“确实挺难的。我看神兽们谁也做不到，只有穷鬼先生能做到。”

金坨坨着急地说：“哎呀，小铜狮子，你快急死人了。你就赶紧说吧，到底是什么任务。”

小铜狮子说：“是给小白龙换肚子！”

“什么？换肚子？”我们都愣住了，不明白是什么意思。我想了好一会，才猜到小铜狮子说的意思，赶紧问小铜狮子：“是不是要换一块砖？把木头的砖换成瓷砖？”

小铜狮子使劲点头：“对对对！穷鬼先生知道得真多，一下就猜到了！”

小猪屏蓬和几个小伙伴还是一头雾水，我向他们解释：“九龙壁上的小白龙，肚子上有一块与众不同的砖，是用木头雕刻的。这里有个故事。传说当年修建九龙壁的时候，一位工匠在验收的前一天不小心打碎了一块瓷砖，就是小白龙肚子上的。要烧制新的瓷砖根本来不及，所以工匠们就冒着

【九龙壁】

九龙壁，位于故宫宁寿宫区皇极门外，是一座背倚宫墙而建的单面琉璃影壁，为乾隆三十七年改建宁寿宫时烧制建造。故宫九龙壁与山西大同九龙壁、北京北海公园九龙壁合称“中国三大九龙壁”。

杀头的危险，用金丝楠木雕刻了一块木砖，刷上颜色后替代了那块瓷砖。结果没被发现，顺利通过了验收。过了好多年，因为木砖破损，这件事才被发现……可是，小白龙为什么要换掉这块砖呢?”

小铜狮子奶声奶气地回答：“因为小白龙已经不能忍受游客们的指指点点了！在那个平行世界里，每天无数的游客来参观故宫，每次到九龙壁的时候，导游都要指着小白龙的肚子对游客们说：‘快看！这里有一块假瓷砖……’所以，小白龙每天下班回到神兽空间都唉声叹气的。”

原来是这么回事啊！大家恍然大悟。神兽们虽然都有自己的本事，但是换瓷砖这件事，确实有难度。大家都盯着我，我点点头说：“这件事好办。屏蓬，我用泥做一块砖，香香姐姐上好颜色以后，你用神火烧一下，很快就能做成瓷砖，保证天衣无缝。”

“好嘞！”小猪屏蓬点头答应。没想到小猪屏蓬的神火咒能发挥这么多作用。要是没有这只会法术的猪，好多问题我还真解决不了。

我们准备好做瓷砖的材料，穷鬼小分队成员立刻行动，来到了九龙壁。

小白龙听说我们能给他换瓷砖，高兴得上蹿下跳。我摘下那块木头雕刻的假砖，量好尺寸，三下五除二就做了一块泥砖。然后香香飞快地给泥砖涂上了颜色，小猪屏蓬用神火一烧，泥砖立刻就变成了一块完美的瓷砖。我把瓷砖交给了小白龙。

小白龙一看，跟自己身体上的瓷砖一模一样，开心极了，连声道谢。他决定马上把这块砖给换了。小白龙收起新瓷砖，给我们开了一张三百个金元宝的支票。看来九龙壁的这些龙很有钱啊！

我灵机一动，对小白龙说道："小白龙，你换下来的那块木头砖，能送给我收藏吗？"

小白龙满不在乎地说："那块破木头，我早就烦它了，你喜欢就送给你吧！"

我笑着点点头，说："谢谢了，我会好好收藏的！"

回到文渊阁，我立刻把小白龙肚子上那块木头砖小心翼翼地装进了一个盒子。八哥鸟问道："这块假砖头有什么好，干吗要收藏起来？"

香香说："传说这块砖是金丝楠木做的，作为历史文物，肯定特别值钱！"

我笑道："这块砖确实是文物，很值钱。不过，香香只说对了一半。我收起这块砖，不是为了卖钱，而是我猜小白龙很快就会来找我们，要把这块砖再换回去！"

"为什么啊？"孩子们全都大吃一惊。

我淡定地说："我先问你们一个问题，九龙壁上有九条龙，最吸引游客的是哪条龙？"

孩子们整齐地回答："肯定是那条小白龙啊！"

我又问："那小白龙为什么会吸引大家呢？"

小猪屏蓬抢答道："因为他肚子上有一块假砖头！"

我使劲点头："对啊！就是因为小白龙的肚子上有这块假砖，大家才对他感兴趣。之前，小白龙只看到了事情不好的一面，觉得假砖是他的缺陷，却没有意识到这件事积极的一面。正是这块假砖，才让他成为九龙壁上最引人注目的一条龙。所以，小白龙换掉这块砖的做法是不明智的。我估计很快他就会发现，大家对他没兴趣了。那个时候，他就会想念这块木头砖了。"

孩子们听了都恍然大悟，觉得我说的非常有道理。

时间过得好快，第三天下午，故宫神兽们下班回家的时候，小白龙急急忙忙地跑到文渊阁来找我："呃……穷鬼先生，请你把那块木头砖还给我吧……"

孩子们全都忍不住笑了。小猪屏蓬还对我伸出了大拇指，佩服我料事如神。我赶紧把那块金丝楠木做的假瓷砖抱了出来。八哥鸟最坏，他想验证一下小白龙要回假砖的原因，故意大惊小怪地问道："这才换了三天，干吗又换回去啊？我们辛辛苦苦给你做了新瓷砖，赏金我们可不能退给你！"

小白龙赶紧摇头："我不是来要钱的，说好的报酬就应该是你们的。不过，这砖我得拿回去，因为……过去导游跟游客们介绍我肚子上有块假砖的时候，游客们凑过来仔细看后会大呼小叫地说：‘啊！真是一块假砖！这条龙真特别！……’可是现在，他们看过后都说：‘这不就是一块普通的瓷砖吗？导游真是胡说，这条龙跟其他的龙不是一样吗……’唉，我这才明白，我把自己身上最吸引人的故事给抹掉了，我变成了一条普通的龙，我可真傻……”

我哈哈大笑：“对！看来你已经明白了。我们每个人都有不同于其他人的地方，可能是优点，也可能是缺点，不过有些看起来像是瑕疵的东西，也可能就是我们的特点。所以，我们应该珍惜自己拥有的一切！”

小白龙使劲点头，然后抱着那块自己曾经最讨厌的木头砖开心地飞走了。

竞争的差异化策略

小白龙之所以吸引大家，是因为他具有和别的龙不一样的地方。我们的神兽玩偶也是一样的道理。

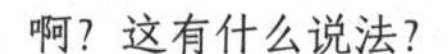

啊？这有什么说法？

我猜猜看……小白龙因为他的独特性备受青睐，我们的神兽玩偶不仅造型精致，有独家肖像权，还有一个夜里发光的隐藏功能，和小白龙一样具有很强的独特性！

对！晶晶分析得有道理。在竞争策略中这叫作“差异化策略”，意思就是跟别人不一样，有特色的就可以避开直接竞争，取得优势。产品的差异化，可以从产品定位、目标人群、形象和服务等方面来实现。这要求有比较强的创新能力。

能举个例子吗？

嗯，比如香皂有很多品牌，功能也差不多，想实现差异化，有人提高了香皂的杀菌功能，有人改善了香皂的味道，等等。

那我有两个脑袋算不算差异化？

当然算了！就是因为你长得特殊，我才专门给你写故事！所以，如果我们想在竞争中脱颖而出，具有独特性非常重要。

第30章 神奇的煮汤石

经过积极准备，神兽玩偶终于在交泰殿亮相了。这次神兽玩偶首发，我们采用了限购策略：每次仅放二十位顾客进交泰殿挑选商品，而且每个人只能选购一个玩偶。神兽玩偶的价格可不便宜：十大脊兽普通款，单价五个银元宝；用龙龟爷爷和椒图形象制作的“夜光豪华版”，单价一个金元宝。虽说价格很贵，但因为每天只卖出二十套十大脊兽普通款和十个龙龟、十个椒图豪华款，孩子们都觉得我定价太低了。

交泰殿前的小广场上早就立起了大大的神兽玩偶广告牌，宣布十点准时发售的消息。可是，天刚亮，交泰殿门口就排起了长队。慈宁宫前的麒麟美滋滋地蹲在第一的位置，排在他后面的小神兽们羡慕地说：“人家麒麟就是动作快，排在第一！”

麒麟迫不及待地说：“穷鬼先生，我是第一个支持你们神兽玩偶的，下一批一定要有麒麟玩偶啊！把我的形象做得帅点！”

我开心地点头答应。因为玩偶这种商品是第一次在神兽空间里出现，神兽们都觉得很新鲜。小猪屏蓬和金坨坨带着唧筒兵部队的一群小神兽，在三大殿周围一边跑一边喊：

“首批经典神兽玩偶，每人限购一个！

“产量有限，首发当天只有两百二十个！先到先得！”

其实，现在排队的神兽，就已经远远不止

两百二十个。不到八点半，神兽们已经强烈要求提前开卖了。

交泰殿西次间的大自鸣钟九点钟报时的时候，我们就提前放进了第一批二十位神兽进入交泰殿。香香和晶晶今天担任导购，为神兽们讲解神兽玩偶的特点。小猪屏蓬的喊声由远及近："龙龟爷爷来啦！"

我抬头一看，金坨坨和小猪屏蓬一左一右搀着

龙龟爷爷走进了交泰殿。龙龟爷爷笑着问我："穷鬼先生，我听说，龙龟玩偶是第一批两个豪华版之一？"

我赶紧回答："没错！第一批的豪华版就算只有一个，也得是大家喜欢的龙龟爷爷！"龙龟爷爷眉开眼笑。旁边椒图也挤了进来："哎哟，我说穷鬼先生，听说我和龙龟爷爷是一样的待遇，也是首发豪华版，能不能先卖给我们俩啊？"

外面的小神兽们全都抻着脖子往里看。虽然龙龟爷爷和椒图是神兽空间最受尊重的两位大人物，但是如果先卖给他们两个，今天的豪华限量版一下就少了两个，其他神兽们可不答应！

我赶紧安慰大家说："大家不用担心，龙龟爷爷和椒图作为我们的投资人，享有特殊份额，不影响今天的销售数量！"

晶晶和香香捧着两个限量版玩偶给椒图和龙龟爷爷送了过来。小猪屏蓬和金坨坨还特意用桌布挡住光，让龙龟爷爷看自己形象的玩偶在暗处闪闪发光。龙龟爷爷和椒图心满意足地掏出金元宝付款，我刚想谦让，小猪屏蓬就接了过来："谢谢龙龟爷爷！谢谢椒图！"

不到一个小时，首日份额的神兽玩偶就销售一空了！

小猪屏蓬和金坨坨对还在排队的神兽们说："今天的玩偶卖光啦！明天一早继续发售！"没买到玩偶的神兽们一起发出了失望的叫嚷声。

第二天，天刚蒙蒙亮，我们还在睡觉，就听见八哥鸟大喊："不好啦！神兽们为了抢购玩偶，半夜就开始排队啦！"我们出来一看，交泰殿外面果然排起了长龙，比昨天还长一倍！

晶晶慢条斯理地问我："晓东叔叔，你说买到稀缺玩偶的神兽，会不会以好几倍的价格转手卖给别人啊？"

我马上点头："会的！你说的这种情况一定会出现。虽然我们没有挣到这份溢价，但是我们的商品价值受到市场认可，后面肯定会供不应求。"

银行家椒图不知道从哪里冒了出来，他满脸兴奋地对我说："穷鬼先生，我对你真是越来越佩服，你太会做生意了！这个玩法真奇妙，越琢磨越有意思！"我赶紧摆摆手说："您过奖了！这些方法其实都不是我想出来的，是我从另一个世界照搬来的呀……"

椒图说："嗯，就算不是你想出来的，能运用得这么好，也是非常难得的。我现在有个难题想请你帮忙解决。"

我赶紧点头："只要是我能做到的，一定尽力！"

椒图接着说："神兽空间里的神兽们虽然住在一起，但是并不擅长合作。他们都太有个性了，喜欢我行我素。我发现，那些调皮捣蛋的蚣蝮和小石狮子们自从加入了你的唧筒兵部队，都变得特别能干活，他们可以齐心合力把大水坑改造成高尔夫球场，可以一起做出图书、卡牌和玩偶，金水河海洋馆也经营得井井有条……我听说，你竟然给那些小家伙都送了股份？”

“对啊！”我点点头说，“训练是肯定的，但是奖励也是必须到位的。我们唧筒兵部队除了工资奖金，还有分红，所以他们干起活来劲头十足。蚣蝮和小石狮子们以前都是月光族，挣到一点钱，很快就全都花光了。我教他们把一部分收入存起来。但是，存下来的钱升值空间很小，我就让他们投资我们的项目，这样他们就从打工者变成了股东。他们知道每当项目挣钱以后，他们都能得到自己的一份奖励和分红，工作的热情就变高了！”

“厉害厉害！”椒图竖起了大拇指，“我想让你帮忙的事情，就是让神兽空间的神兽们，都能像蚣蝮和小石狮子们那样团结起来，齐心合力地做一件事情，这样我们的神兽空间才能变得更好。”

我点点头说：“我懂了，不过我要好好想一下，该怎么说服他们进行合作。这件事恐怕不是一下子就能实现的，我们需要循序渐进地引导……”

第二天一大早，我向龙龟爷爷借了一块“金砖”，就是太和殿里换下来的一块有残缺的地砖。我又跟十大脊兽的早餐店借了一口大锅。我带着这两样东西来到了文渊阁北面的御膳房，然后派出所有蚣蝮和小石狮子去紫禁城各处发布消息，说穷鬼先生要煮一锅石头汤，欢迎大家来品尝。

听说有好吃的，小猪屁蓬什么都不想干了，一直跟在我屁股后面打听：“晓东叔叔，石头汤是什么东西？”我只能告诉他：“现在保密！你很快就会知道的。”小猪屏蓬急得抓耳挠腮。

那些蚣蝮和小石狮子们，现在对我绝对是言听计从，因为他们知道，穷鬼先生做什么事，都一定会赚很多钱，就算当时没有挣到钱，之后也会有巨大收获。其实，不只是唧筒兵部队的成员，整个神兽空间的神兽都知道穷鬼先生的创新能力了。

而且我听八哥鸟说，神兽们都知道穷鬼先生和大富豪龙龟爷爷，还有银行家椒图是好朋友。每次穷鬼先生和骑凤仙进行商战，最后都是骑凤仙吃亏，穷鬼先生胜利，所以穷鬼先生简直就是一个传奇人物。现在神兽们听说穷鬼先生要熬一锅“石头汤”，都很好奇，大小神兽们立刻赶来看热闹了。

御膳房外面天上地上到处都是神兽，就连墙头上都蹲满了看热闹的神兽。

我当着大家的面把那块刷洗干净的“金砖”放进锅里，然后让唧筒兵部队的小神兽们帮忙装了一大锅水。我们点火，就开始煮这块石头。水很快就烧开了，我用大勺子盛了一勺汤，吹了半天热气，装模作样地尝了一小口，

【御膳房】

御膳房是清代掌管宫内备办饮食以及典礼筵宴所用酒席等事务的机构，隶属内务府。故宫有许多膳房，分布于大大小小的宫院里。专门为皇帝服务的御膳房，故宫内有两处：一在景运门外（珍宝馆东南），叫外御膳房，又称御菜膳房；一在养心殿东南侧，叫内御膳房，又称养心殿御膳房。

吧唧吧唧嘴说："需要加点作料！"

我还没发话呢，十大脊兽的神龙老大哥立刻发话了："天马，去咱们的餐厅，给穷鬼先生拿点花椒、大料、胡椒粉！"

"好嘞！"天马答应一声就飞走了，不一会就拿着各种作料回来了。我说声谢谢，接过作料扔进锅里，搅了搅，然后又尝了一口说："嗯，有点清淡，再来点肉就好了！"

一旁看热闹的耷耳狮听了，赶紧说："我在坤宁宫新开了一家拉面馆，我去拿点牛肉来！"耷耳狮转身就走，我赶紧大声喊："耷耳狮，顺便再带点酱油！""好嘞！"耷耳狮答应着跑了，不一会就带回来一大块牛肉和一瓶酱油。我把牛肉扔进锅里，加了点酱油，又尝了一口汤说："再来点蘑菇提提

【耷耳狮】

乾清门前摆放的一对鎏金铜狮，眼睛半闭半睁，耳朵是耷拉下来的。将狮子铸成这种造型是寓意后妃禁止干预朝廷政治。

【坤宁宫】

坤宁宫，位于故宫中轴线上，交泰殿北，御花园南，是内廷后三宫之一。始建于明永乐十八年。明代是皇后寝宫，清顺治十二年（1655）改建后，为萨满教祭神的主要场所。但清代皇帝大婚时要在这里举行典礼，之后皇后会另住其他宫殿。康熙皇帝、同治皇帝、光绪皇帝都在此举办大婚仪式，溥仪结婚也是在这里举办的婚礼。

鲜就更棒了！”

浑身闪亮的负蜣吉象赶紧说：“我在御花园的养性斋种了好多鲜蘑菇，我帮你拿点来！”

于是，我的石头汤里又多了很多鲜嫩的小蘑菇！

我又装模作样地盛了一勺汤，尝了一口，吧唧吧唧嘴说：“嗯，有点意思了，如果再有点葱花、香菜和香油就更完美了！”

行什听了，立刻跳起来说：“我们早点铺有的是，我去拿来用！”行什不一会就飞回来了，左手拿着一大碗葱花和香菜，右手拿着一小瓶香油。我又毫不客气地把这些作料加进了正在熬制的石头汤里。

这一次，我满意地点点头说：“我的石头汤熬好了！现在大家排好队，每人盛一小碗尝尝鲜吧！”

【御花园】

御花园，位于故宫中轴线上，始建于明永乐十八年。明代称宫后苑，清代称御花园。御花园原为帝王后妃休息、游赏而建，也有祭祀、颐养、藏书、读书等用途。

【养性斋】

养性斋，位于御花园西南，始建于明代。养性斋和御花园东南的绛雪轩，一西一东、一凹一凸互相对应。明代称乐志斋，清代改叫养性斋，末代皇帝溥仪的英文教师庄士敦曾在此居住。

神兽们自觉地排队喝汤。最先喝到石头汤的是龙龟爷爷，他笑眯眯地说："这是我喝过的最好喝的汤！"

椒图也赞不绝口："绝了！这石头汤的味道真不错！"

喝到石头汤的神兽们全都不住地点头，没喝着的急得抓耳挠腮。大家都觉得穷鬼先生很神奇，用一块"金砖"就能熬出这么好喝的汤。

忽然，骑凤仙不知道从哪里蹦出来，气急败坏地大声喊："你们都上当了，这个穷鬼先生就是个骗子！这块石头根本就没有味道，不可能熬出好喝的汤来！你们尝到的香味，都是牛肉、蘑菇和作料的味道！"

"啊?！"所有神兽都恍然大悟。因为这汤确实就是香菇牛肉汤的味道，根本没有石头的味！

大家全都惊讶地看着我和骑凤仙，等着听我解释。谁也想不到，我根本就不解释，反而点头承认了。

我对大家说："没错！骑凤仙说的完全正确。其实，我做这'石头汤'，不过是为了向大家证明一个道理：大家齐心合力做出来的东西，才是真正的好东西。如果我们总是自己做自己的，没有任何合作和交流，神兽空间就会变得很单调，很无聊。重要的是，很多了不起的事情，都是需要大家齐心合力才能做成的。比如我们最近出版的新书《小猪屁蓬爆笑日记》，还有神兽卡牌和神兽玩偶，这些大家喜欢的东西，都不是一个人能做得出来的。唧筒兵部队的一百多只蚣蝮和三十多只小石狮子们一起工作了好多天才有这些劳动成果。还有上次十八棵槐的大水坑，也是神兽们齐心合力才填平的。”

听了我的话，神兽们先是全都安静了下来，然后就开始热烈地讨论起来。

骑凤仙气得大喊：“大家不要上他的当，他就是个大忽悠！”

这次还没等我说话，八哥鸟就叫了起来：“我们忽悠什么了？我们做的汤是免费的，没有跟大家要一个铜钱啊！我们还忙活了半天呢！我们用自己挣钱的时间，给大家说明一个道理，怎么就是骗子了？”

骑凤仙还想说什么，可是又找不到破绽。这时银行家椒图开口了：“大家不要误会，其实是我邀请穷鬼先生来做这件事的。我就是希望大家能够团结起来，更多地进行合作。大家只有经常交流和沟通，才能让我们的神兽空间变得更美好！”

龙龟爷爷带头鼓起掌来：“椒图和穷鬼先生做得好！神兽们个个都了不起，如果我们再团结起来，力量会更加强大，我们能让神兽空间变得更美好！”

神兽们也纷纷点头称赞：“穷鬼先生的石头汤让我们很受启发，以后有为神兽空间做贡献的机会，我们一定齐心合力搞起来！”

“合作确实是一件好玩的事情！”……

骑凤仙发现自己的挑拨没起到任何作用，赶紧趁乱溜走了。我又向神兽们表达了感谢，大家才散了。不过我发现，耷耳狮没有走，他站在不远处看

着我们。

八哥鸟警惕地问：“耷耳狮，你是不是想跟我们要牛肉和酱油的钱啊?”

耷耳狮赶紧摇摇大爪子：“不是不是，我想请穷鬼先生给我指点一下，让我面馆的生意好起来……”

合作与分享

大家合作的感觉真好。

我们很多时候不在意跟他人的合作，总是自己做自己的。我们不知道跟他人合作，能给自己带来更大的快乐。

是啊，你一点酱油，我一点香菜，大家都拿出自己的东西，就能做出一锅好汤！

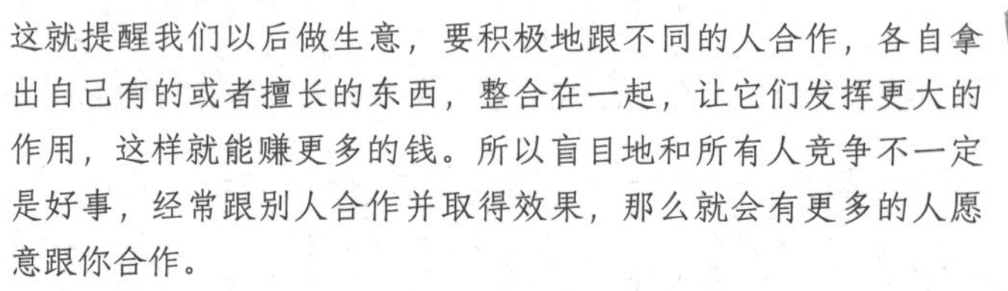

这就提醒我们以后做生意，要积极地跟不同的人合作，各自拿出自己有的或者擅长的东西，整合在一起，让它们发挥更大的作用，这样就能赚更多的钱。所以盲目地和所有人竞争不一定是好事，经常跟别人合作并取得效果，那么就会有更多的人愿意跟你合作。

我明白，分享与合作也是一种资源整合！大家一起合作，可以创造更大的价值。

第31章 坤宁宫的耷耳狮拉面馆

看着耷耳狮老实憨厚的样子，我们都觉得有点不好意思了。其实，刚刚我们也像八哥鸟一样，以小人之心度君子之腹了。耷耳狮现在蔫头耷脑的样子，确实很可怜。

我赶紧关心地问他："你的面馆生意不好吗？"

耷耳狮的耳朵耷拉得更厉害了，像哈巴狗的一样："唉！从开始就不怎么挣钱。我租下坤宁宫，租金还挺贵的。以前坤宁宫人气很旺，我租下这个地方，希望大家都能来吃牛肉面。没想到事与愿违，生意一点都不好，我的面馆每天没有几个客人，冷冷清清的，再这样下去，我注定要把本钱都赔光了……"耷耳狮说着都快哭了。

小猪屏蓬跳过来安慰他说："聋耳狮，你别着急，穷鬼先生经常教育我们，只要思想不滑坡，办法总比困难多！穷鬼先生肯定有办法帮你把生意做好的！"

我也笑着对聋耳狮说："你先带我们去坤宁宫看看，你平时怎么做生意还正常做，我们先观察一下，找找生意不好的原因。"

"好嘞！"聋耳狮马上就开心了，他转身带着我们往北面的坤宁宫跑去。

刚到坤宁宫附近，我们就闻到了一股煮肉的味道。说实在的，这味道可不怎么好闻。

来到聋耳狮的面馆，我们看到几个客人正在吃面。虽然是吃午饭的时间，可大多数的座位都还空着。聋耳狮张罗起来，我们就在旁边观望。我忽然看到了一个熟悉的身影，正是龙龟爷爷。聋耳狮赶紧盛了一大碗面条，然后客气地问道："龙龟爷爷，您要加荷包蛋和牛肉吗？"

龙龟爷爷摇摇头说："岁数大了，不吃太油腻的东西了。肉汤浇面，再来点葱花就行了！"

"好嘞！"聋耳狮答应一声，赶紧给龙龟爷爷放了葱花。

我问聋耳狮："面条里加荷包蛋和牛肉，要加钱吗？"

聋耳狮点点头："要加一点钱，加一个荷包蛋一个铜钱，加一份牛肉五个铜钱。"

我摇了摇头，说：“耷耳狮，像你这样问客人，怎么能挣到钱呢？”

“啊？我犯了什么错误？”耷耳狮紧张地在围裙上使劲擦两只手，不知道什么地方做错了。

我笑着说：“你没做错什么，就是问话没有技巧。你先休息一下，我们来帮你卖面条。”

说完，我马上给几个小家伙分派任务：“香香，你帮耷耳狮去做一个大招牌，上面就写‘穷鬼先生专利配方，石头汤拉面，买一碗面送小菜一碟’！”

“好嘞！”香香答应着去准备了。

“金坨坨、屏蓬，你俩多准备一些花椒油和辣椒油，要让周围的空气里都是热油的香味！另外，往炖肉的大锅里多放一些葱、姜、花椒、大料、孜然和胡椒，让肉汤散发出香味来。”

“好嘞！”小猪屏蓬和金坨坨立刻行动起来。这两个小胖子喜欢吃，在家里也经常帮我做饭，所以对加作料这件事很在行。

我继续调兵遣将：“八哥鸟，你和蚣蝮、小石狮子们赶紧去四处拉客人，就说耷耳狮的拉面馆有穷鬼先生的石头汤拉面，吃面送小菜，三天大酬宾！每天的第一百位客人，吃面条免费！”

耷耳狮听着这一系列的指令，眼睛都瞪圆了，耳朵也快立起来了。

我穿上耷耳狮的白围裙，亲自给客人捞面条。我一边捞面，一边吆喝着："我的热面条，烫嘴又烫心！冬天一身汗，夏天一身水！强身健体嘴不臭！"

我一通吆喝，面馆里的气氛一下就热闹了起来。炖肉的香味，再加上新炸的鲜辣椒油和香喷喷的花椒油的味道，无论谁从这里路过都得流口水。附近的神兽们顺着香味自己跑来了，看到香香新写的招牌，马上找位子坐下，等着吃面条了。

四条跑龙从远处飞了过来，刚一落地就大声喊着："我们在**雨花阁**那边都闻到香味了！刚才没赶上穷鬼先生的石头汤，这回新配方牛肉面可算赶上了！老板，快给我们来四碗面条！"

"好嘞！"我一边大声答应着，一边盛了四大碗面条，浇上肉汤，撒上葱花，然后大声问道，"四位龙爷，你们要一个荷包蛋还是两个荷包蛋？要加一份牛肉还是双份牛肉？"

跑龙立刻大声回答："双份的双份的！荷包蛋和牛肉都要双份的！"

【雨花阁】

雨花阁，位于故宫西六宫的西侧，慈宁宫以北，是一座藏传佛教的密宗佛堂，也是故宫中最大的一处佛堂，建于清乾隆十四年（1749）。雨花阁是故宫里唯一的金顶建筑，四条脊上各立一条铜鎏金行龙，俗称"跑龙"。

聋耳狮在旁边听着，惊得下巴都快掉下来了：“太高明了！直接问加一份还是加两份，这样顾客怎么选择都得加钱了……”

“好嘞！”小猪屏蓬大声答应着，飞快地给面里加荷包蛋、牛肉。我看到他一边加，一边不忘了往自己的两张嘴里塞……

我赶紧大声嘱咐：“金坨坨，别忘了给四位龙爷端四盘猪头肉，小店赠送！”

“来了！”金坨坨一边答应着，一边飞快地盛了四盘猪头肉，用托盘端着屁颠屁颠地给四条跑龙端上去。

一条跑龙摇着脑袋朝四周闻着：“这香味是辣椒油吗？”

“新炸的辣椒油！”我边回答边喊，“屁蓬，快给龙爷这桌盛一大碗辣椒油！”

“好嘞！”小猪屁蓬和金坨坨不停地端面条，送小菜，送辣椒油。

外面的客人越来越多，面馆很快就坐满了。最后连带回客人的蚣蝮和小石狮子们也来帮忙煮面条了。

捂裆狮一手捂着裤裆，一手端着辣椒油，我赶紧拦住他小声说道：“你这个姿势上菜，吃面的客人揍你我可不管！”

捂裆狮尴尬地笑着说：“呵……呵……呵，多年的老毛病了，还真不好改……”

旁边的耷耳狮都看呆了。本来狮子的眼睛就往外凸，现在感觉他的眼珠子都快掉出来了。更让他吃惊的还在后面呢！

只见龙龟爷爷慢悠悠地端着半碗没吃完的面条走过来，耷耳狮紧张地说：“龙龟爷爷，您吃完放桌子上就行了，我来收拾。”

龙龟爷爷摇摇头：“那啥，我还没吃完呢！给我加一份牛肉和一个荷包蛋，再多来点辣椒油，行吗？”

“好嘞！您快坐下吧，盛好了我给您端过去！”耷耳狮大声答应着，接过龙龟爷爷的面，加了荷包蛋，加了牛肉，还加了一大勺辣椒油。我又小声提醒道：“多加点葱花和香菜！”

“好嘞！”耷耳狮也学会了我们一边吆喝一边干活的架势，面馆里的气氛越来越热烈。

旁边金坨坨屁颠屁颠地端着一盘黄瓜条和几瓣剥好皮的大蒜，给龙龟爷爷送过去了。小胖子还不忘补充了一句：“龙龟爷爷您慢用，这盘黄瓜和大蒜是小店赠送的！”

“谢谢了！”龙龟爷爷一边笑眯眯地点头，一边拿着筷子稀里呼噜地往嘴里猛划拉，半碗面条、一个荷包蛋和一份牛肉就着大蒜全吃干净了，连面汤都喝得一滴不剩，最后还不忘吃掉那盘黄瓜。龙龟爷爷放下空碗，擦擦脑门上的汗，满意地说：“今天的面条吃得真爽！”

小猪屏蓬赶紧说：“龙龟爷爷，那您晚上再来，晚饭穷鬼先生肯定还有新花样！”

“好！好！”龙龟爷爷把两个银元宝放在桌子上，笑眯眯地走出去了。耷耳狮在旁边一边看一边擦汗，嘴里不停念叨着：“开眼了，厉害厉害！穷鬼先生真是做生意的行家啊！”

一直忙到下午，神兽们才不上门了。不过，有好多神兽得到的消息晚，

准备晚上再来吃面条。龙龟爷爷估计晚上也会再来。

聋耳狮一算账就哭了。我们以为是白送的东西太多，赔钱了，心里都一阵紧张。

没想到聋耳狮一边抹眼泪一边说："赚了，赚了！我第一次赚这么多钱。虽然穷鬼先生送的小菜多，但是客人们额外付钱消费的荷包蛋和牛肉也多了好几倍；龙龟爷爷那样有钱的客人还打赏了好多小费……没想到卖面条也能发大财！穷鬼先生，我代表全家感谢你！"

我笑了："刚才表演的都是开餐馆的小技巧，希望你能活学活用。再给你一个建议，晚餐你可以加上饺子，什么猪肉大葱馅、牛肉韭菜馅、羊肉茴香馅、虾仁三鲜馅……一定要多做几种，满足更多客人的口味。另外，你还可以卖白酒，不要特别贵的，就要好喝便宜的。口号我都给你想好了：'饺子就酒，越吃越有！'你这种中低档的餐馆，走的是大众路线，要味道鲜美，价格实惠！和骑凤仙的西餐厅、酒吧要拉开距离，你只要做出特色，不愁没有回头客！"

说完，我们回头一看，蚣蝮和小石狮子们都自己煮了面，正趴在桌子上吃面条呢！

那个捂裆狮一边吃一边说："我爱吃饺子！吃加大虾仁的那种最过瘾了！"小神兽们吃完了，全都自觉地把银元宝和铜钱放在桌子上，蹦蹦跳跳地跑出去了。

聋耳狮一边点头一边拿小本记录，什么新的小菜，吆喝叫卖的方法，招呼客人的技巧，还有要采购的原料……我也不和他打招呼，和小伙伴们悄悄地离开了坤宁宫。我要赶紧回文华殿继续研究新产品了。

路上，我听见金坨坨小声问小猪屏蓬：“猪财神，你说晓东叔叔在神兽空间这么会挣钱，为什么在咱们的世界里，微信钱包里总是最多只有三位数的零钱呢？”

我假装没听见，继续偷听两个小胖子的对话。小猪屏蓬挠着脑袋说：“这个问题猪财神也想知道答案。”

香香立刻就给出了答案：“这还不简单？神兽们还不知道这些人类世界的商业秘诀。在人类社会里，这些秘密大家早都知道了，我爸爸的这些赚钱办法都是跟人家学的，这次总算是有机会派上用场了……”

营销的价格策略

屏蓬，你低着脑袋在想什么？

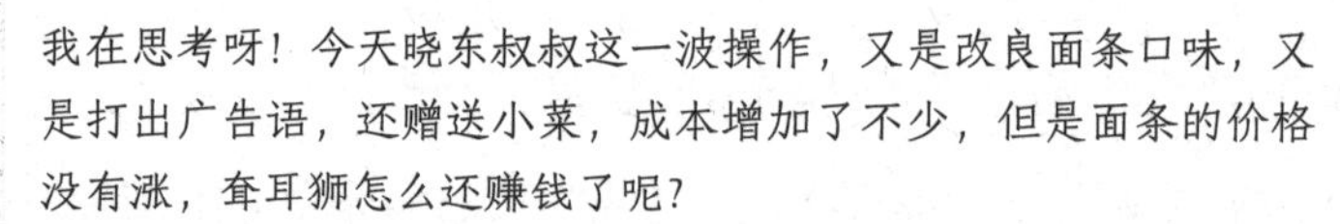

我在思考呀！今天晓东叔叔这一波操作，又是改良面条口味，又是打出广告语，还赠送小菜，成本增加了不少，但是面条的价格没有涨，耷耳狮怎么还赚钱了呢？

你能关注到成本问题真是大有进步！你应该也见过网购的时候包邮、买一送一等，这些方法看着好像亏钱，但实际上都是商家的组合定价策略。对拉面馆来说，用美味低价、加免费小菜快速吸引客人，好像挣的钱少了，但是很多客人都选择了加荷包蛋和牛肉，这些实际价格并不便宜；而且店里人气大涨，收入肯定会增加。

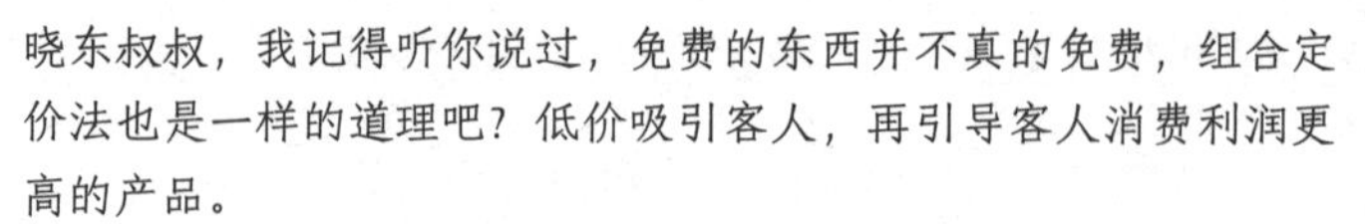

晓东叔叔，我记得听你说过，免费的东西并不真的免费，组合定价法也是一样的道理吧？低价吸引客人，再引导客人消费利润更高的产品。

你说得对！我再考考你，如果采用组合定价，一般组合的产品是互补品还是替代品呢？

我觉得是互补品！产品互补更方便进行组合！

说得对！猪财神越来越聪明了。

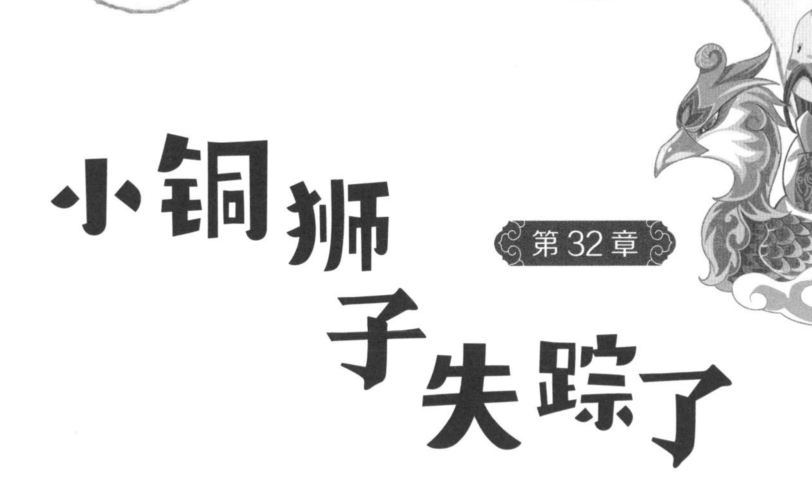

第32章 小铜狮子失踪了

从坤宁宫回到文华殿后，我就一头钻进文渊阁继续搞产品开发了。除了香香要帮助我画一些图纸，小猪屏蓬、金坨坨和八哥鸟这些捣蛋鬼都不许进来。我担心他们泄露了我们的商业秘密。

小猪屏蓬很郁闷，只好和晶晶、金坨坨、八哥鸟在文华殿的院子里聊天。晶晶忽然慢悠悠地说道："哎呀！好像好久没有看见小铜狮子了！刚才我们又是卖石头汤，又是帮耷耳狮卖面条，都没有看到他。每次这个小跟屁虫都是哪里有热闹就跟到哪里，这么久看不见他，很不正常啊！"

金坨坨听了，一惊一乍地叫了起来："哎呀，小铜狮子不会是掉进金水河里了吧？他最喜欢去海洋馆，之前我们都是用绳子拴着他顺到河里去，过

一会再提上来，他不会自己跳进去了吧?！”

几个小伙伴越想越担心，于是决定立刻去金水河里找找。他们从文华殿出来，顺着金水河一路向西往武英殿方向走，一边走一边喊着小铜狮子，可是根本就没有动静。小猪屏蓬干脆跳进了金水河里查看，可是在水里并没有发现小铜狮子。

他们又跑到了太和门，发现小铜狮子也没在，就去问小铜狮子的爸爸妈妈。

小铜狮子的爸爸气鼓鼓的不说话。小铜狮子的妈妈叹了口气说：“那孩子最近跟着你们跑，想法变得越来越多了。今天他跟他爸爸要钱，说要做生意挣钱，还说要像穷鬼先生和骑凤仙那样，租个宫殿住。他说他已经调查好了，觉得**中和殿**最适合我们一家三口住。那里离爸爸妈妈上班的地方近，就在太和殿后面。作为故宫三大殿之一，中和殿很神气，但是又不像太和殿那么贵……可是，就算中和殿比较小，租金也不便宜啊！我和他爸爸除了在太和门站岗，什么都不会，哪里来的钱啊！”

【中和殿】

中和殿，位于故宫中轴线上，在太和殿、保和殿之间，是故宫外朝三大殿之一，始建于明永乐十八年。中和殿是皇帝去太和殿参加大典之前休息的地方，也是接受执事官员朝拜的地方。

猪战神听明白了："原来小铜狮子是和爸爸吵架了……"

小铜狮子的妈妈继续说："小铜狮子说我们没有钱，可以去椒图银行取，椒图给穷鬼先生发了好多支票呢！不管是租宫殿还是买原料，拿支票就行。"

小猪屏蓬听得直叹气："唉！小铜狮子太单纯了，他不知道穷鬼先生是把很多金元宝都交给了椒图，椒图才给穷鬼先生支票的。没有资产存进银行，银行怎么会白给你钱呢？"

小铜狮子的妈妈郁闷地说："没办法，穷鬼先生的事情我们也不知道该怎么解释，结果小铜狮子越说越委屈，最后说爸爸妈妈都是大笨蛋。他爸爸一生气，就打了他一巴掌。小铜狮子挨了一巴掌，一扭头就不知道跑哪里去了！"

原来是这么回事啊——小铜狮子一家因为钱的问题吵架了。小猪屏蓬对小铜狮子的爸爸和妈妈说："你们不要担心，我们去把小铜狮子找回来。你们租房挣钱的事，包在猪财神身上了，我一定想办法让你们挣到钱，然后租一座大宫殿住进去！"

八哥鸟忽然叫起来："真笨，猪战神的鼻子不是比狗的还灵吗？赶紧顺着气味去找吧！"

小猪屏蓬一拍脑袋："对啊，我怎么忘了这件事，我的鼻子可是比狗鼻子还灵呢！而且我有两个鼻子，绝对能找到小铜狮子！"

于是，小猪屁蓬趴在小铜狮子妈妈的爪子上闻了闻，记住了小铜狮子的味道，然后立刻开始东闻西嗅找起来。

小铜狮子离开好长时间了，所以留在地上和空气里的味道已经不多了。小猪屁蓬和小伙伴们在紫禁城的神兽空间里转了一大圈，天都快黑了，还是没有找到小铜狮子。最后，他们走到乾清宫的时候，忽然听到了隐隐约约的哭声……

小猪屁蓬奇怪地问："咦？这哭声是从哪里传出来的？"

八哥鸟现在已经快看不清东西了，但是他的耳朵还很灵敏："我听着怎么像是从山洞里发出的声音啊？"

金坨坨说："别胡说了，故宫里哪里来的山洞啊？"

晶晶慢悠悠地说："还别说，故宫里真有个洞，不过不是山洞，而是叫**老虎洞**，就在乾清宫的**丹陛**下面！"

说着，晶晶就朝着乾清宫巨大的石头台阶侧面跑了过去。小伙伴们跟过去一看，哎哟，还真的有一个小门，打开门就看到一个黑漆漆的通道，哭声就是从这个通道里传出来的。

金坨坨战战兢兢地抓着晶晶的衣服，说："这里不会有鬼吧？"

晶晶白了金坨坨一眼："你觉得鬼敢在到处是神兽的地方待着吗？"

金坨坨红了脸，不过他的嘴还是很硬："就是因为害怕神兽，鬼才藏进洞里呀！”

话音刚落，黑漆漆的洞里窜出来一个黑影，一下就把金坨坨扑倒了，金坨坨吓得惨叫一声：“真的有鬼啊！……”

小伙伴们也吓了一跳。仔细一看，扑倒金坨坨的正是他们四处寻找的小铜狮子。小铜狮子的脸上还带着泪痕，但是看到金坨坨大呼小叫的样子，竟然一边抹眼泪一边笑了。

看到小铜狮子好好的，大家都松了一口气。

小猪屏蓬指着小铜狮子说：“你这个小坏蛋，为什么要藏在老虎洞里？找了你好半天，我们都快急死了！”

小铜狮子感动地说：“还是猪财神对我最好了，我爸爸不给我钱还打我，我再也不回那个家了！别人都有钱，就他没有钱。我要自己努力挣钱，然后

【老虎洞】

老虎洞在乾清宫前的丹陛御道下，是一条贯穿乾清宫内庭东西的通道，约有十米长。乾清宫门前的台阶是皇帝和一些有身份的人走的，普通太监和宫女如果要横穿乾清宫院落时，就从丹陛下面的老虎洞通道通行。而且，老虎洞还可以在下大雨的时候排出积水。

【丹陛】

丹陛又称陛阶石，是古代宫殿门前台阶中间镶嵌的那块长方形的大石头，上面通常雕刻有龙凤祥云等图案。

租一座大宫殿住进去！”

伙伴们都被小铜狮子的话逗笑了。晶晶说：“小铜狮子，挣钱不是一件容易的事，也不是每个人天生都懂得怎样挣钱。就算是穷鬼先生，也不是每次都成功。上次他卖咒语书，就没有卖出去，浪费了不少时间和资金。”

小铜狮子眨巴着眼睛说：“那龙龟爷爷、骑凤仙和椒图为什么能当大富翁？他们的钱都从哪里来的？穷鬼先生为什么有那么多挣钱的好点子？我爸爸为什么除了看门什么都不会？”

晶晶耐心地说：“龙龟爷爷、椒图和骑凤仙都有自己获得财富的方法。穷鬼先生来自另外一个世界，他看过很多书，见识很广，因此知道很多挣钱的办法，而且这些办法，在神兽空间正好特别好用。肯定也有适合你爸爸的挣钱方法，只不过暂时没有找到。你想挣钱，为什么不找穷鬼先生好好聊聊呢？你看你的好朋友——那些断虹桥上的小石狮子，还有那些太和殿的蚣蝮，都跟着穷鬼先生挣了好多钱了，你为什么不一起学习呢？”

小铜狮子郁闷地说：“你们组建唧筒兵部队的时候，我跟着凑了会热闹，后来觉得太辛苦，就跑去玩了……开冰激凌工厂的时候，我也没干活，扔石子砍小旗去了……所以这段时间，其他神兽都从穷鬼先生那里领到了奖金，而我没有……”

金坨坨说：“那就不能怪别人了！晓东叔叔说过，只有付出劳动才能获得财富！现在原本有些懒散的小伙伴，都挣了好几个金元宝了，做什么事情都得坚持才行啊！”

听了这话，小铜狮子又哭起来了：“我错过了好多机会啊……”

小猪屏蓬赶紧安慰他：“小铜狮子，哭是解决不了问题的，你现在就跟我们回去，找穷鬼先生给你出主意好不好？今天中午，穷鬼先生刚刚给坤宁宫的耷耳狮设计了牛肉面馆的经营方案，当时就让他的生意好了很多。耷耳狮也是看门的狮子，他能做到的，你们一家一定也能做到。你爸爸妈妈的块头和力气，可比耷耳狮大多了。”

“对呀！”小铜狮子终于开心了，“我爸爸妈妈力气可大了，连紫禁城的龙都打不过我爸爸！如果打架也能挣钱，我爸爸肯定是大富翁……”

晶晶对小铜狮子说：“就算是打架，也要动脑筋的。自古以来，有很多弱小的军队打赢强大的军队的例子。咱们快去找穷鬼先生想办法吧！”

“好嘞！”小铜狮子跳起来跟小伙伴们一起往文华殿跑。他们路过太和门的时候，小铜狮子去见了他的爸爸妈妈，他们也不用担心了。

故宫神兽 第33章 大富翁桌游

回到文华殿，小猪屏蓬赶紧把小铜狮子的事情告诉了我。我想了想说道：“有办法了，就让小铜狮子一家给我们的新产品当广告代言人吧！”

“什么新产品？”孩子们立刻好奇地问我。上次我做神兽玩偶的时候就卖了个关子，还有别的隐藏功能一直没有告诉他们，小猪屏蓬和金坨坨都急坏了。

我从身后拿出一张巨大的地图放在桌子上，准备给他们揭开谜底。小猪屏蓬、金坨坨和晶晶趴在桌子上仔细一看，小猪屏蓬叫道：“这不是故宫的地图吗？可是怎么看起来又像是一个棋盘？”

“说对了！”我开心地使劲点头，“这就是一个棋盘，是我准备的故宫神兽大富翁桌游的棋盘！”

“啊？故宫神兽大富翁桌游？听起来很霸气的样子……这就是你说的那个关于神兽玩偶的其他隐藏功能？”

“对！”我又点点头，“这副桌游，集合了卡牌、神兽玩偶和故宫的宫殿元素，神兽玩偶另外的隐藏功能就是可以当作棋子，宫殿就是棋盘的格，玩家每经过一个宫殿，就会获得一张神秘卡牌，然后根据卡牌上的文字提示，确定他应该前进、后退、打工挣钱，还是和伙伴做生意……”

金坨坨大呼小叫地说：“啊！这不跟咱们的经历一模一样吗？”

“当然了！”我得意地说，“我就是从咱们的经历当中受到了启发，决定把我们的神兽卡牌、神兽玩偶做成更好玩的游戏产品。除了能销售赚钱，还可以教给神兽们很多获得财富和管理财富的方法！”

小铜狮子激动得说话都结巴了，他终于找到了插话的机会：“穷鬼先生，你是准备让我们全家给这套故宫神兽大富翁桌游当广告代言人吗？”

“你愿意吗？”我笑着问，“铜狮子本来就是特别威武的神兽，会有很多玩家选择铜狮子做棋子的，玩偶里太和门的铜狮子也是很稀缺的。你们一家人做代言很合适。你的爸爸妈妈每天守护在太和门外面，背对太和殿，面对金水桥，站在故宫里最显眼的位置；太和门广场又是故宫里最大的广场，你们在那里做广告的话，神兽想看不见都难。”

小铜狮子高兴得跳了起来："穷鬼先生，当广告代言人，是不是可以挣很多钱啊？"

我还没来得及说话，小猪屁蓬就替我抢答："当然了！在我们的世界里，只有大明星才能给产品做广告，他们挣钱可多了！这说明穷鬼先生认为你们一家是紫禁城神兽空间的大明星！肯定得付给你们一大笔钱的。"

"好棒！"小铜狮子激动地来了一个后空翻，"那我应该怎么做啊？"

我信心十足地说："我给你们设计了一套神兽战舞！你们全家带着所有的小石狮子，在太和门广场跳舞，一边跳一边喊口号：'要致富，先修路；要提智，玩卡牌！神兽桌游玩得好，你也能当大富豪！'"

在场的人全都惊呆了。金坨坨嘟囔着："晓东叔叔这个口号对耳朵不太友好啊！不知道你设计的'神兽战舞'会不会也是一段尬舞啊？……"

几天后，故宫神兽大富翁桌游隆重上市了。整个神兽空间都沸腾了起来，神兽们没想到自己收藏的玩偶竟然还有隐藏功能——当棋子！有了"故宫神兽大富翁桌游"，神兽们就可以用自己手里的神兽玩偶当棋子玩了。

更让大家兴奋的是，至尊版的故宫神兽大富翁桌游附带四种珍稀神兽玩偶：甪端、麒麟、椒图和太和门铜狮子！这四种神兽外形都很霸气、精致，而且光彩照人，在玩偶里都被设计为最稀缺的品种。所以，这套带稀有棋子的桌游卖二十个金元宝也会买者踊跃。不过，至尊版的故宫神兽大富翁桌游数量非常少，有钱也不一定能买到。

大部分桌游产品都是豪华版的，豪华版的棋子以十大脊兽为主，虽然也比较稀有，但是价格就便宜得多了，五个金元宝一副。

为了让更多的神兽能买得起神兽桌游，我还设计了一种普通版的桌游，只有卡牌和棋盘，没有棋子，只要三个金元宝就可以买到。这样用自己手里的神兽玩偶当棋子，也一样可以玩得开心！孩子们都没有想到，我在设计卡牌和玩偶的时候，就已经在为桌游做准备了。小猪屏蓬气鼓鼓地说："神兽玩偶可以当棋子这个秘密，晓东叔叔隐瞒了我们这么久，真是太过分了！"

一大早，故宫神兽大富翁桌游的首发仪式开始了。唧筒兵部队的所有成员一起来到了太和门广场，大家一起跳起了我设计的神兽战舞。就像金坨坨预料的那样，神兽战舞确实是一种标准的尬舞，既像我们东北的大秧歌，又像印度的扭脖子舞。做这个动作对小猪屏蓬来说实在是太难了，因为他的短脖子上长了两个脑袋，能扭动的空间实在太小了，扭不好两个脑袋就撞在一起了……

好在我们唧筒兵部队的小神兽们特别给力，蚣蝮们用小短腿紧张地踩着鼓点，小石狮子们动作整齐划一，一看就是经过了一番认真训练。那些神兽从来没有见过这样的舞蹈，一个个眼睛都直了！现场气氛热烈，热度都爆表了！

全场的核心还得看领舞的铜狮子一家。太和门铜狮子本来就是故宫里个头最大的狮子，也是除了甪端，块头最大的神兽。他们一边跳舞，一边喊着口号——要致富，先修路；要提智，玩卡牌！神兽桌游玩得好，你也能当大富豪！

最后，首发仪式的高潮来了，太和门广场的地面上出现了一幅巨大的故宫地图！

这是我们的唧筒兵部队中的蚣蝮用自己的魔法实现的，广场地面上出现了亮闪闪的宫殿图案和名字。小铜狮子爸爸、甪端、椒图、麒麟都充当了棋子，上演了一场大型桌游表演赛！大家都没有想到一向神秘的甪端也现身了，他虽然把自己变得和其他神兽个头差不多，但还是成了全场的焦点。

太和门铜狮子，就是小铜狮子的爸爸，也成了今天首发仪式上最亮眼的大明星。他动作潇洒，虎虎生风；嗓音洪亮，震天动地。神兽们都被首发仪式的热烈气氛给感染了。首发仪式结束的时候，一千套桌游立刻被抢购一空，热烈的场面连龙龟爷爷和银行家椒图都惊呆了……

小猪屁蓬和金坨坨、香香、晶晶负责卖桌游收钱。现在，桌游已经都被抢购完了，金元宝和支票在他们面前堆成了一座小山，这下真的发财了！

还有很多神兽排了半天队却没有买到桌游，他们很不满意。最后我们商量出一个办法：按顺序发号，先收定金，等新的桌游生产出来，马上就给他们送货。穷鬼小分队的所有成员都顾不上休息，赶紧现场制作号牌，发号牌，收定金……

银行家椒图主动过来帮忙，先帮我们把那些金元宝收进他的螺壳金库里，给我们换成支票，然后又帮助我们维持秩序。

椒图一边忙碌一边啧啧称赞："你们穷鬼小分队……不对，应该叫富豪小分队，实在是太能挣钱了！穷鬼先生，你可真让我开眼！我现在越来越佩服龙龟爷爷了，他是最早看出你们潜力的！"

我赶紧谦虚地说："过奖过奖，主要是猪财神给我们带来了好运气！"

八哥鸟蹲在小猪屁蓬的脑袋上大声喊："我也给你们出了不少好主意！"

我赶紧说："对对，穷鬼小分队和唧筒兵部队的每一个成员都有贡献！

成功是大家一起努力的结果！”

小猪屏蓬理直气壮地说：“穷鬼先生，猪财神给你带来了这么好的财运，你是不是该给我们发奖金了？”

金坨坨和八哥鸟一起喊起来：“奖金！奖金！我们要奖金！”

晶晶和香香着急地说：“不能着急分钱！咱们还不知道通过时空之门回家，要交多少钱呢！”

我还没说话，旁边的龙龟爷爷搭茬了：“你们挣了这么多钱，我估计过时空之门好几个来回都够了！穷鬼先生，我觉得你可以给大家发点奖金，好好奖励奖励孩子们！”

我赶紧点头：“好！龙龟爷爷都发话了，今天就发奖金！”

“好棒！”孩子们和小神兽们一起欢呼了起来。

营销的广告策略

广告打得好，收益少不了！

总结得不错，希望下次你能自己想出广告怎么打。

啊？这个难度有点大，猪财神要好好想想。

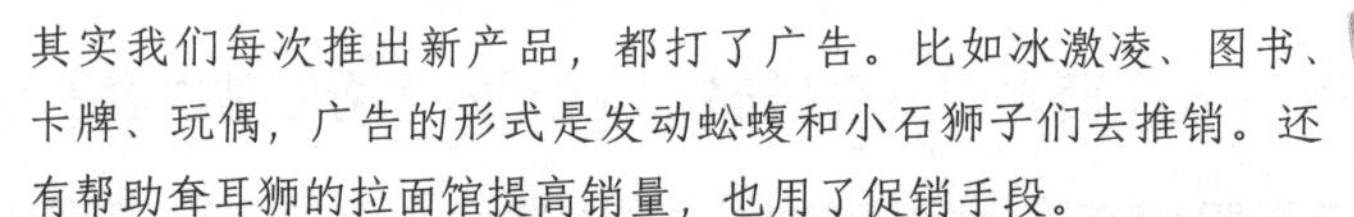

其实我们每次推出新产品，都打了广告。比如冰激凌、图书、卡牌、玩偶，广告的形式是发动蚣蝮和小石狮子们去推销。还有帮助耷耳狮的拉面馆提高销量，也用了促销手段。

晓东叔叔，那为什么这次故宫桌游的首发仪式这么成功呢？一下就让咱们挣了一大笔钱，哼哼……

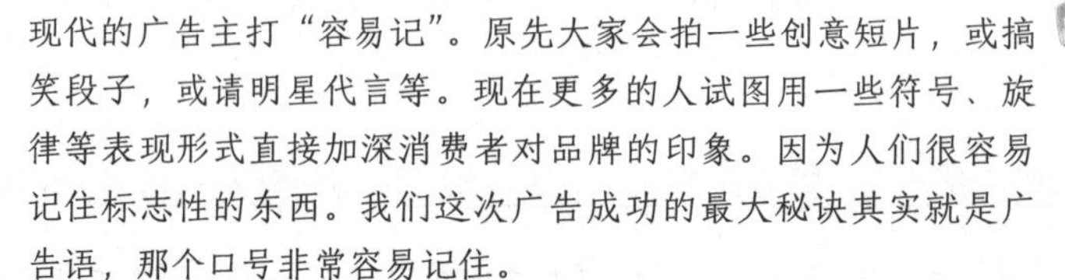

现代的广告主打“容易记”。原先大家会拍一些创意短片，或搞笑段子，或请明星代言等。现在更多的人试图用一些符号、旋律等表现形式直接加深消费者对品牌的印象。因为人们很容易记住标志性的东西。我们这次广告成功的最大秘诀其实就是广告语，那个口号非常容易记住。

哈哈！要致富，先修路；要提智，玩卡牌……

广告方式	目的
描述产品	让人了解产品
明星代言	加强信任感
上口的旋律	让人记住产品

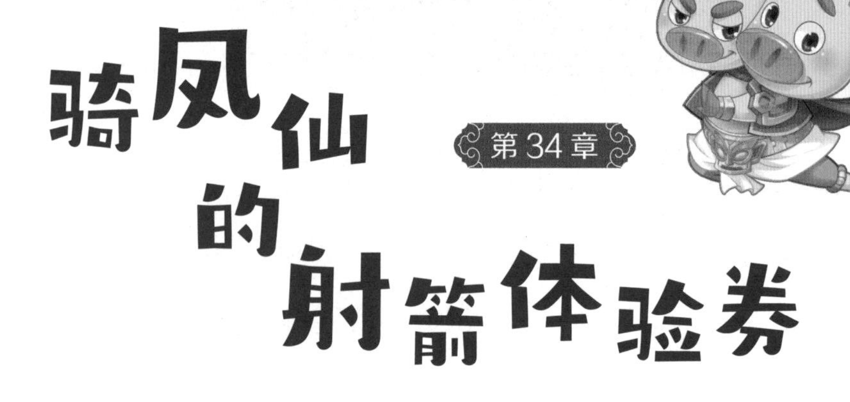

第34章 骑凤仙的射箭体验券

给大家发奖金，我们商量好标准，就可以请椒图帮着分发了。椒图很乐意干这种数钱的工作，而且这也是他最擅长的事情，无论收钱还是发钱，他做起来绝对不会出错。

龙龟爷爷从旁边走过来，笑呵呵地对我说："穷鬼先生，我很关心你们准备怎样处理越来越多的财富，毕竟现在你们的财富，买时空之门的门票，已经绰绰有余了。"

我赶紧回答："龙龟爷爷，其实我早就跟孩子们说了，神兽空间的这些钱，我们不准备带走。除了购买时空之门的门票，我们会把钱全部留下来，然后成立一个基金组织，帮助那些有需要的神兽。"

龙龟爷爷点点头说："哦？我从来没有见过你们这样的穿越者，这么能挣钱，却不打算把钱带走……既然这样，干吗还要花这么大的心思挣钱呢？"

我不好意思地笑了："我过去掌握的都是书本上的知识，在我生活的世界里，会挣钱的人实在太多了，我根本没有机会尝试。但在神兽空间，神兽们并不了解这些挣钱的小窍门，所以我就特别想验证一下，我也没想到能挣到这么多钱。所以，我并不打算，也不应该把这些本来就属于神兽空间的财富带走。而且，我发现神兽空间里也有很多小神兽过得并不富裕，我想教给他们一些方法，让他们也能过得好一些！"

龙龟爷爷赞许地说："好极了，穷鬼先生，我果然没有看错你们！我看你把蚣蝮和那些调皮捣蛋的小石狮子们训练得非常好！现在其他的小神兽都羡慕他们呢！如果你能为这些小神兽做更多好事，解决他们的贫困问题，我相信这些小神兽都会记住你这位穷鬼先生的！"

我诚恳地回答："其实我们能获得财富，也多亏了这些小神兽。如果没有蚣蝮和小石狮子们，我们好多计划都实行不了。这也是我要把财富都留下来的原因之一。蚣蝮和小石狮子们都持有股份，不仅有了稳定的收入，还可以做更多事情。"

我和龙龟爷爷正聊着天，突然听见小猪屏蓬和金坨坨嘀咕："金针菇，晓东叔叔要把挣来的钱全都还给神兽们，你不觉得心疼吗？"

金坨坨耸耸肩膀："有什么可心疼的啊，钱本来也不是咱们的。我第一次参加穿越，已经觉得很开心了！又跟着晓东叔叔体验了一把白手起家当富豪的感觉，这是花钱都买不来的经历，干吗一定要把神兽空间的钱带走啊！"

香香也点头说："我也不在乎钱，这次穿越真的很开心！你看看小铜狮子一家，挣钱多难啊，就像我爸爸在家里的时候，每天早起晚睡，辛苦码字写故事，也挣不到多少钱。如果咱们能让这些神兽过得更好，我觉得比自己当富豪更开心！"

晶晶捏着小猪屏蓬的耳朵说："小猪屏蓬，你不应该叫猪财神，你应该叫猪财迷！"小猪屏蓬不好意思地把耳朵从晶晶的手里挣脱出来。

八哥鸟趴在小猪屏蓬的脑袋上小声说："猪财神，我也觉得这样咱们太亏了！如果钱都不带走，咱们干脆好好挥霍一下吧！体验一下当大富翁的感觉，你觉得怎么样？"

小猪屏蓬悄悄点头："你的想法和猪财神不谋而合！晚上领了奖金，明天我们就好好开心一下！"

这时候，小猪屏蓬的背后忽然传来了久违且熟悉的声音："嘿嘿！猪财神，本王知道一个好玩的游戏，可以让你好好体验一把当大富豪的感觉！"

小猪屏蓬回头一看，说话的原来是骑凤仙。

八哥鸟警惕地问道："骑凤仙，你个大坏蛋，又来干吗？"

骑凤仙也不生气，摆摆手说："本王从来都是给你们送钱的，怎么会是坏蛋呢？"

小猪屏蓬也用怀疑的眼神看着他问："那你到底来干吗？你每次出现，不是买场地，就是卖场地。这次是想买我们的神兽大富翁桌游吗？晓东叔叔说了，那是自主知识产权，我们不卖！哼哼……"

骑凤仙笑了："唉！本王已经看出来了，穷鬼先生这个人鬼点子太多了，两三天就能做出一个令人意想不到的新产品，本王虽然比大多数神兽有钱，可也买不过来这么多好东西。所以本王已经放弃购买你们的产品了！你们一出新作品、新玩具，神兽们立刻就把旧玩具抛弃了。现在弹球已经没多少人玩了，按摩房也没几个人去了，高尔夫球也没几个人打了……前几天，他们还都忙着排队买玩偶，明天开始，估计全都玩神兽大富翁桌游了……"

听起来骑凤仙是在抱怨，但那酸溜溜的语气，其实是在拍马屁，八哥鸟听了飘飘然，小猪屏蓬也觉得心情很好。这时候，小猪屏蓬忽然发现，骑凤仙在有意无意地摆弄一个精致小巧的东西。仔细一看，原来是一把十字弩。

小猪屏蓬问道："骑凤仙，你手里拿的是什么好东西？"

骑凤仙笑嘻嘻地说："这个吗？一把十字弩啊，本王准备去箭亭玩射箭游戏！既然创新我玩不转，那我就玩玩中国传统的射箭游戏！"

小猪屏蓬好奇地问："箭亭？我看到过，那里好像没有弓箭，也没有靶

子，你拿着弩，去箭亭射什么呢？”

骑凤仙得意地说：“本王把箭亭给租了下来，并花钱改造了一下，准备了各种长弓和精致的十字弩，当然也设置了箭靶子。本王准备让神兽们在那里玩射箭，很便宜，一个银元宝可以射十支箭！大家可以玩各种射箭游戏！”

这时候，金坨坨也发现了骑凤仙手里的十字弩，他大叫着跳过来说：“啊！听起来很好玩的样子！我也想射箭！我还从来没有射过箭呢！”

八哥鸟小声地提醒小猪屏蓬说：“猪财神，骑凤仙这家伙很狡猾，当心上他的当……”

骑凤仙从袖子里像变魔术一样抽出两张纸，递给小猪屏蓬和金坨坨，说：“这是两张一百金元宝的体验券，结账的时候可以当钱用。猪财神如果光临箭亭，可以给本王带来好运气，所以我可是诚意满满地邀请你们！别人本王可舍不得给。”说完了，骑凤仙转身骑着火凤凰飞走了。

小猪屏蓬笑了：“哈哈，一个银元宝射十支箭，一百个金元宝，可以射一万支箭，金坨坨，咱俩射一天也射不完啊！这有什么可上当的，骑凤仙这

【箭亭】

箭亭，位于故宫东部景运门外、奉先殿南一片开阔的平地上，是清代皇帝及其子孙练习骑马射箭的地方。

根本就是在给咱们送礼物！”

金坨坨犹豫地说：“屏蓬，我也觉得八哥鸟提醒得有道理。骑凤仙这家伙跟咱们一直是竞争关系，而且每次都是他吃亏，晓东叔叔胜利。他不会趁机报复咱们吧？”

小猪屏蓬大大咧咧地说：“我觉得不可能！咱们又没花钱，他给了咱们优惠券，怎么报复咱们啊？再说了，晓东叔叔不是一直都说，推销新产品的时候要做促销活动吗？我觉得你想多了，这个优惠券，肯定就是骑凤仙的促销活动！”

说完，小猪屏蓬拉起金坨坨就往箭亭的方向跑，一边跑还一边喊：“我已经等不及了！咱们赶紧去玩射箭吧！金坨坨，你不用担心，就算骑凤仙的体验券不够用，我这里也有好多钱，足够咱们开开心心地玩了！”

金坨坨挠挠脑袋还想说什么，小猪屏蓬已经拉着他跑出了好远：“金坨坨，你快看，箭亭到了！噢，骑凤仙把气氛搞得很不错呀！”

箭亭周围彩旗飘飘，远处竖着一排箭靶，天空中还有很多氢气球，估计也是箭靶子。已经有好多神兽在排队了。小猪屏蓬和金坨坨发现，这里有很多漂亮的长弓，立起来比他俩的个头还要高出一大截，小猪屏蓬和金坨坨看着自己的小胳膊，摇了摇脑袋，估计那些漂亮的长弓肯定是拉不开了。

骑凤仙看见小猪屏蓬和金坨坨来了，立刻蹦蹦跳跳地跑过来欢迎：“哈哈！猪财神，你果然赏光了！这边请！本王给你们留了两把顶级的十字弩！”

认识价值链

哼哼，看来骑凤仙知道挣钱的能力比不过我们了。

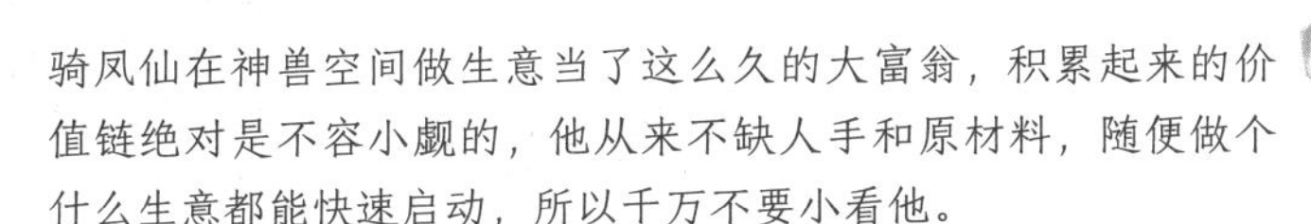

骑凤仙在神兽空间做生意当了这么久的大富翁，积累起来的价值链绝对是不容小觑的，他从来不缺人手和原材料，随便做个什么生意都能快速启动，所以千万不要小看他。

价值我知道，晓东叔叔你说的价值链又是什么东西啊?

劳动产生价值，价值组合成价值链。我在挣钱的系统里提到过，系统中有各种各样的分工，比如研发、采购、生产、销售、运输、服务等，这些分工互不相同又相互关联，价值链也就是这些分工串起来的链条，可以理解为全部分工的总和。竞争的核心其实就是比拼价值链，这一点我们其实跟他差得很远。

哼，就算骑凤仙的积累深厚，还不是得乖乖认输。

我们的挣钱思路他以前都没见过，这导致他的竞争战略决策失效。如果以后我们没有新点子了，可就说不好谁更能挣钱了。

第35章

猪财神上当了

小猪屏蓬和金坨坨跑过去一看，啊！这两把十字弩做得好精致。扳机做得像手枪扳机，只要端平瞄准，轻轻一扣，就可以发射弩箭了。弩机上还雕刻着龙凤图案，都是用金丝和银丝镶嵌装饰的，一看造价就很高。

再看那些弩箭，所有的弩箭都是平头的。骑凤仙想得还挺周到，这样可以避免误伤。不过，因为这些弓和十字弩都是真家伙，所以射出去的箭力度还是非常大的，就算没有金属箭头，射中身体还是很可怕。

骑凤仙雇了很多小神兽，穿着盔甲在箭亭的周围做防护，避免有神兽误闯进来。

小猪屏蓬和金坨坨正研究怎么给弩弓上箭，就听见旁边嗖嗖嗖几声响，回头一看，好家伙，这不是三身人按摩师吗？只见他六条胳膊拿着三张长弓，一次射出三支箭，而且射出的三支箭同时射中靶心，真是厉害啊！金坨坨说：“啊！三身人真是天生的神射手啊！猪战神，虽然你有两个脑袋，但是只有两只胳膊，不能同时射箭吧？”

小猪屏蓬生气地说：“怎么不能？我也可以左右开弓！”说完，小猪屏蓬左右手同时举起两把十字弩，啪啪两声，同时潇洒地射出两支弩箭。可是，周围却没有传出叫好声。猪战神的箭不知道飞到哪里去了！

这时九龙壁那边走过来两个高大的身影，背上各自插着一支箭，正是龙龟爷爷和椒图。龙龟爷爷一边走一边喘：“谁这么没准头啊！在箭亭射箭，居然射到九龙壁去了？这也太离谱了吧！”

小猪屏蓬跑过去道歉：“唉！龙龟爷爷，对不起！我第一次射箭，完全不会用……”

椒图把自己螺壳和龙龟爷爷背壳上的箭拔下来，笑呵呵地说：“多亏我俩的壳都够硬，要不然会被你射个半死，那样猪财神非得赔一大笔钱不可！哈哈哈……”

小猪屏蓬赶紧拍拍胸脯说：“虽然二位没受伤，猪财神也得赔偿精神损失费。我请你们二位射箭吧，所有花费都由猪财神买单！”

金坨坨在后面拉住小猪屏蓬，小声提醒：“屏蓬，咱有那么多钱吗？”

小猪屏蓬小声回答：“在大富翁面前，别给咱们穷鬼小分队丢脸！咱们有两张骑凤仙给的优惠券，而且，晓东叔叔让我给小神兽们发奖金，支票都在我手里呢……咱们肯定请得起！”

金坨坨吓了一跳，担心地说：“啊?！你这不是挪用公款吗?”

小猪屏蓬摆摆手：“射箭能花几个钱，你总是乱担心！”

龙龟爷爷和椒图哈哈大笑：“难得猪财神请客，好嘞，那我们就不客气了！”

龙龟爷爷和椒图随即走进场地，每人挑选了一把又大又长的弓，弯弓搭箭，嗖嗖嗖就连续射出几支箭。小猪屏蓬和金坨坨都看傻眼了！别看龙龟爷爷说话慢、走路慢，这射箭可一点都不慢。一支支羽箭带着风声，几乎都命中了靶心。椒图虽然稍微慢一点，但是也箭不虚发，全都中了红心。骑凤仙在旁边使劲鼓掌叫好："射得好！射得妙！两位都是神射手啊！"

小猪屏蓬和金坨坨摩拳擦掌拼命上箭，这十字弩射击时特别爽，但是上箭很费劲。骑凤仙凑过来小声问："猪财神，本王叫人帮你上好箭吧！这样你专心练射箭就好了。"

骑凤仙这个服务可真是雪中送炭，小猪屏蓬和金坨坨都开心得跳了起来。有人帮忙上箭，射起来当然就更爽了。小猪屏蓬和金坨坨惊讶地发现，帮他们上箭的，竟然是老熟人——脊兽行什！怪不得最近看不见行什，原来被骑凤仙给拉来当服务生了。

不知不觉地，小猪屏蓬和金坨坨已经射出了几百支箭；射完靶子又射气球，越玩越开心。

最后，骑凤仙又拿出两把连弩。这种连弩更神奇，一次可以上好几支箭，扣动一下扳机就能同时射出，像机关枪一样。这种连弩，小猪屁蓬从来没有见过。小猪屁蓬和金坨坨开心极了，一口气又射出去好多支弩箭。

这时候，帮小猪屁蓬上箭的行什，趁着骑凤仙不注意，悄悄对小猪屁蓬说："猪财神小心，有圈套！"

小猪屁蓬听了这话，吓了一跳："啊？难道骑凤仙还敢坑我们吗？"小猪屁蓬还没反应过来，就听见龙龟爷爷和椒图对骑凤仙说："老板啊，我们不玩了，给我们结账吧！"

骑凤仙赶紧说："不用不用，今天猪财神请客！本王都听见了！您二位慢走，有空常来玩！"说着，骑凤仙连推带拉，面带笑容地把两位大富豪给送走了。小猪屁蓬的心里咯噔一下，感觉骑凤仙肯定在使坏。

小猪屁蓬叫道："骑凤仙，我们也不玩了，给我们结账吧！"

"哎！来了！"骑凤仙屁颠屁颠地跑过来，递给小猪屁蓬一张账单。小猪屁蓬一看就晕了，这是一张长长的账单，上面写着："弩箭两千八百支，长箭两千两百支，长弓租用费一百个金元宝乘二，弩弓租用费一百个金元宝乘二，连弩租用费三百个金元宝乘二，员工服务费两百五十个金元宝，场地占用费两百五十个金元宝，神兽空间建设税三百个金元宝，总计一千八百五十个金元宝！"

骑凤仙坏坏地说："您是猪财神，本王特意给您打了一个八折，所以大约是一千四百八十个金元宝！对了，本王送给了你们两百金元宝的优惠券，所以猪财神只要给本王一千两百八十个金元宝就行了！"小猪屏蓬和金坨坨眼前一黑，差点昏过去，果然是个圈套！

八哥鸟扇着翅膀大呼小叫："猪财神上当了！猪财神上当了！"

小猪屏蓬生气地说："你不是说一个银元宝射十支箭吗？现在怎么这么多钱？"

金坨坨说："小猪屏蓬，咱们果然上当了。虽然之前骑凤仙说了箭是一个银元宝射十支，但是没想到这只是最小的一部分开支。其他的费用骑凤仙都没说，我们也没问。咱们还大方地请龙龟爷爷和椒图射箭，现在真变成冤大头了！"

看着骑凤仙那得意扬扬的脸，小猪屏蓬真想一箭把他钉在箭靶子上！小猪屏蓬掏出兜里的支票数了数，发现怎么数也数不清，这才想起来猪财神根本不识数。他只好把支票递给金坨坨，金坨坨认真数了两遍，长出一口气说："还好还好，还富余几个金元宝……"

小猪屏蓬把支票扔给骑凤仙，气鼓鼓地说道："哼，敢陷害猪财神，你会后悔的！"

骑凤仙嬉皮笑脸，得意扬扬地说："本王怎么敢陷害猪财神呢！您现在

可是神兽空间最有名的财神爷！谢谢猪财神赏光！”

小猪屁蓬和金坨坨气呼呼地回到了文渊阁。那个时候，我和香香、晶晶正在清理账目。我看到小猪屁蓬和金坨坨回来了，叫住他：“小猪屁蓬，你跑哪里玩去了？我让你给小神兽们发奖金，他们还都等着呢！”

小猪屁蓬垂头丧气地走到我面前，忽然转过身，把屁股撅起来对着我说：“晓东叔叔，你打我屁股吧！我把奖金都拿去射箭玩了，花了一千多个金元宝……”

“什么?!”我大吃一惊。香香和晶晶都跳了起来：“玩射箭也能花一千多个金元宝?!”

八哥鸟气愤地大喊：“猪财神和金针菇被骑凤仙用两张体验券给骗了。本来以为射箭花不了多少钱，结果射完了才知道，每一项服务都特别贵！”

金坨坨委屈地说：“本来就算上当也花不了这么多，谁知正好赶上龙龟爷爷和椒图也去射箭，屁蓬就说请客。骑凤仙这家伙肯定是设计好了消费陷阱，等着我们上当的……”

香香和晶晶都急得直跺脚，八哥鸟在一旁敲边鼓：“唉！猪财神，我一开始就提醒你小心，别上骑凤仙的当，你偏不听！被人家坑了吧！”

金坨坨低着脑袋说：“晓东叔叔，我没有拦住小猪屁蓬，还跟他一起上当，我也有责任，您也打我屁股吧！”

我接过金坨坨递过来的账单，看得满脸黑线，看来骑凤仙真是处心积虑要坑小猪屏蓬和金坨坨。我苦笑一下说：“打你们屁股管什么用，没想到我训练了你们这么长时间，你们还是不会管理金钱。这样的话，挣多少钱也会败光的！”

八哥鸟又在旁边落井下石：“猪财神、金坨坨，你们要知道，靠运气挣来的钱，一定会靠实力输回去的！”

小猪屏蓬和金坨坨一共三张脸，都红了。小猪屏蓬不服气地说：“晓东叔叔，我承认我没动脑筋，上了骑凤仙的当。可是这个骑凤仙太可恶了，他绝对是故意坑我们的。这个射箭游戏，根本就是一个圈套！”

我说：“生活里本来就有各种陷阱，吃亏了一定要先从自己身上找原因。如果你们有正确的理财观念和消费观念，不草率消费，就算有消费陷阱也不会轻易掉进去。屏蓬，你这已经是第二次了，上次你和金坨坨的奖金就很快花光了，这次你还挪用公款，罪加一等！你们俩不但没有奖金，还要想办法挣钱把损失补回来，否则就一直留在神兽空间吧，不用跟我们回家了！”

听了这话，小猪屏蓬和金坨坨都傻眼了……

避开消费陷阱

晓东叔叔，虽然你说生活里到处都是陷阱，可是骑凤仙的陷阱，根本防不胜防啊！

你还是没有好好记住我给你讲过的案例。骑凤仙的消费陷阱，并没有玩出什么花样。通常消费陷阱都是捆绑消费，或者是打着免费和优惠的旗号让你上钩。你觉得两张体验券可以获得很大优惠，占了便宜，却没有想到，一旦消费，按他的游戏规则，不知不觉就超支了。在没有警惕的情况下，你可能会比正常消费付出更大的代价。

谁说不是啊！谁能想到，正好龙龟爷爷和椒图也去射箭，猪财神我脑袋一热，就说帮他们结账，因此消费得更多了……

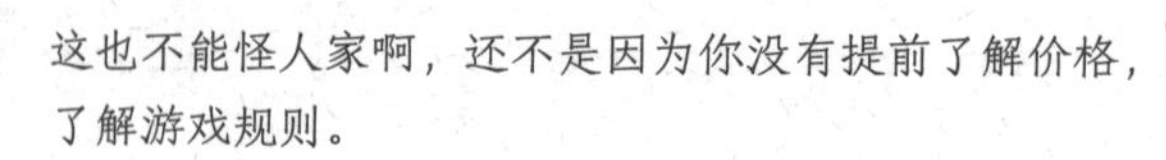

这也不能怪人家啊，还不是因为你没有提前了解价格，了解游戏规则。

我以后消费一定提前搞清楚所有商品或服务的价格！

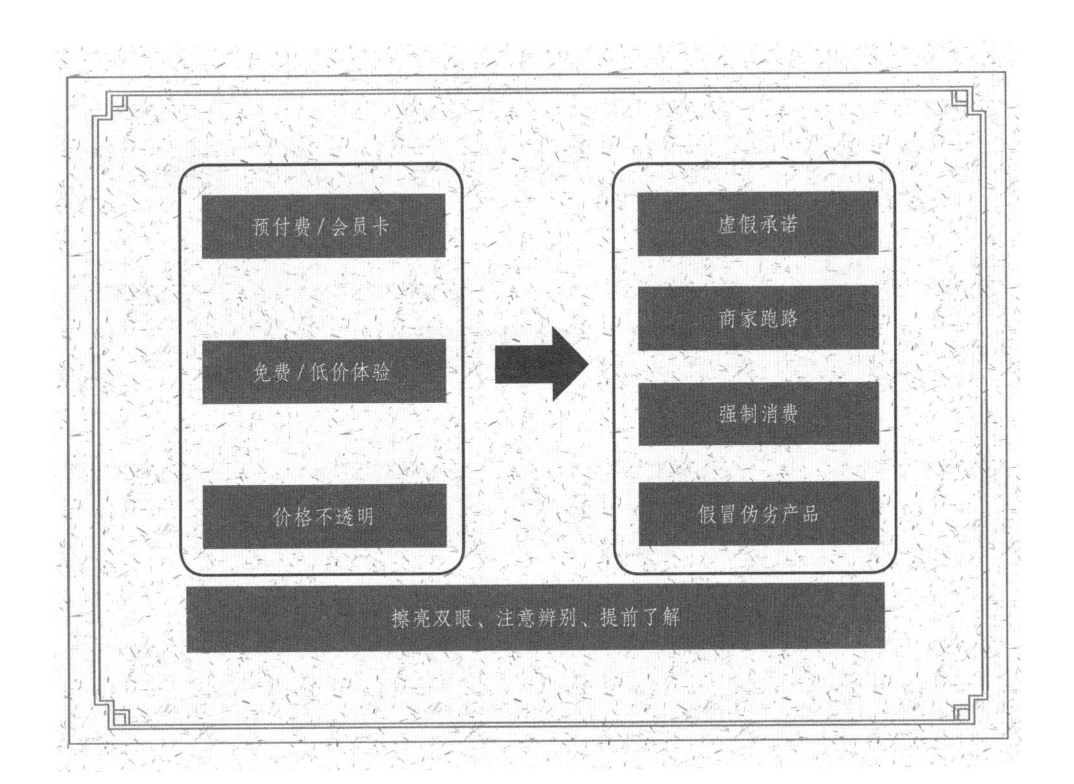
预付费 / 会员卡
免费 / 低价体验
价格不透明
虚假承诺
商家跑路
强制消费
假冒伪劣产品
擦亮双眼、注意辨别、提前了解

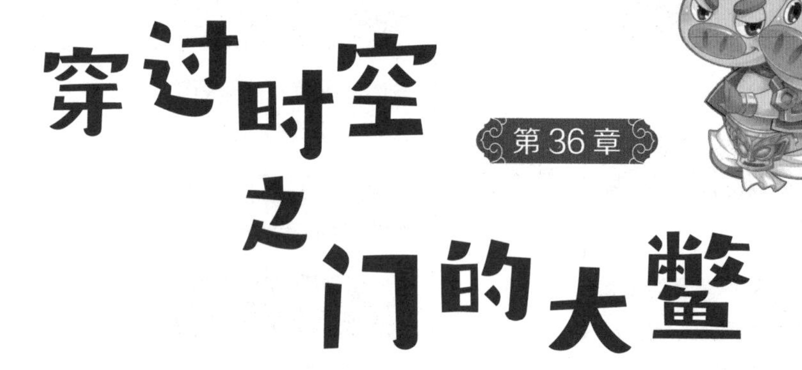

第36章 穿过时空之门的大鳖

射箭事件后，我罚小猪屁蓬和金坨坨每人写一份检查。检查写不完，他们就不能出去玩，我派八哥鸟看着他们，谁敢出去八哥鸟就大声报告。

我想让他俩冷静冷静，好好反省一下。我偷偷观察，发现小猪屁蓬这家伙还是一如既往地不识数，字也没有学会几个，是金坨坨这个作文高手在努力帮他写检查。

金坨坨愁眉苦脸地写着双份检查，晶晶忽然飞快地跑了过来。这个小姑娘除了说话慢，其他动作都很快。

她慢悠悠地向我们通报："不好了，不好了！情况紧急！人鱼爷爷在金水河里发现了一只超级大鳖！"

“什么?!”小猪屏蓬一下跳了起来，“大鳖？会不会是个妖怪？晓东叔叔，快让猪战神出去打妖怪吧！”

金坨坨挠挠脑袋问：“大鳖是什么东西?”

我告诉他：“大鳖俗称王八，长得像乌龟。”

金坨坨恍然大悟：“哦！知道了！”

我问晶晶：“大鳖也不是什么很稀奇的东西，这么紧张干吗?”

晶晶慢悠悠地说：“人鱼爷爷说，那家伙是从时空之门穿越过来的，估计活了上千年，虽然没有成精，但是肚子里很可能有**鳖宝**！”

金坨坨好奇地问：“鳖宝是什么怪物?”

晶晶有点着急，但是说话仍然很慢：“鳖宝……就是鳖宝了！跟你们解释不清楚，反正是种非常重要的东西！人鱼爷爷说，一定不能让鳖宝落在坏人的手里！所以，我才赶紧跑回来找晓东叔叔的！”

小猪屏蓬拉起金坨坨拔腿就跑，一边跑一边喊：“我们将功补过的机会来了！晓东叔叔，你放心吧，我们一定立刻抓住那只大鳖！”

【鳖宝】

传说中的一种灵物，藏在鳖的肚子里，极其罕见。据说得到鳖宝就可以轻易找到埋藏在地下的金银珠宝等财富。

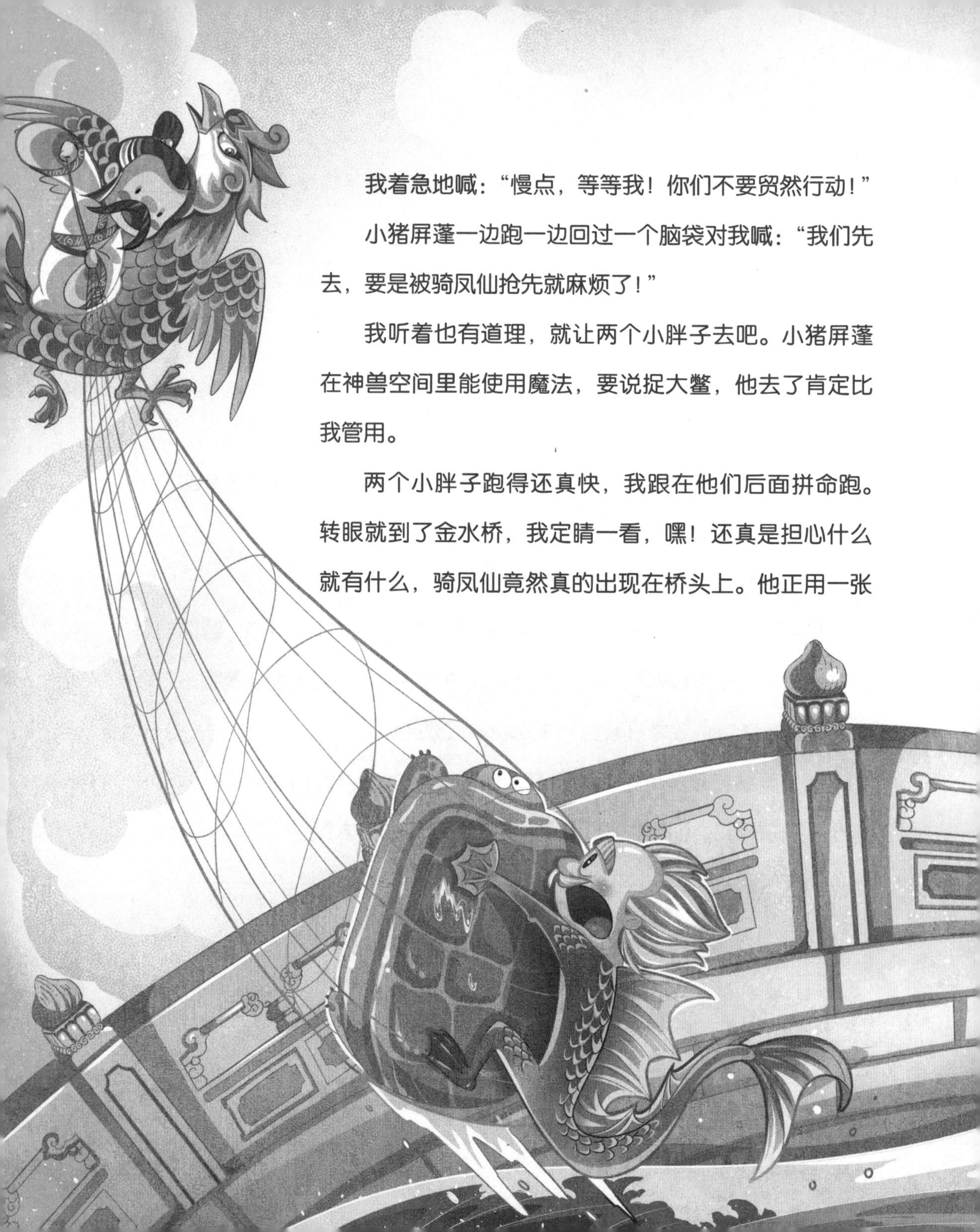

我着急地喊："慢点，等等我！你们不要贸然行动！"

小猪屏蓬一边跑一边回过一个脑袋对我喊："我们先去，要是被骑凤仙抢先就麻烦了！"

我听着也有道理，就让两个小胖子去吧。小猪屏蓬在神兽空间里能使用魔法，要说捉大鳖，他去了肯定比我管用。

两个小胖子跑得还真快，我跟在他们后面拼命跑。转眼就到了金水桥，我定睛一看，嘿！还真是担心什么就有什么，骑凤仙竟然真的出现在桥头上。他正用一张

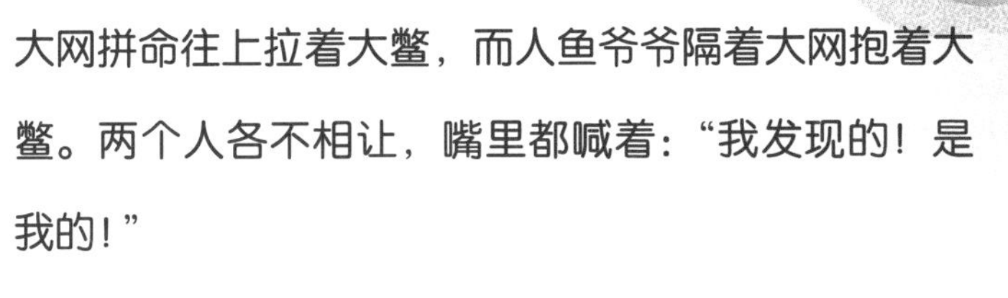

大网拼命往上拉着大鳖，而人鱼爷爷隔着大网抱着大鳖。两个人各不相让，嘴里都喊着：“我发现的！是我的！”

骑凤仙因为有只秃尾巴凤凰帮忙，所以力气更大，眼看大鳖就要被拉上桥了。小猪屏蓬大喝一声：“骑凤仙，这是我们租下的金水河，这大鳖是猪财神放养在海洋馆的，你这是在别人家里抢东西！”

骑凤仙愣了一下：“猪财神，你别逗了，大鳖是从时空之门穿越来的。本王跟踪它好久了，它被我追得无路可逃，才跳进金水河的！”

人鱼爷爷气得大喊：“这大鳖从时空之门出来，直接就掉进了金水河里！这是我们的海洋馆，你不能把我们的大鳖抓走！”

我终于气喘吁吁地跑到了金水桥边。这时候大鳖已经被拉到了桥上，但是骑凤仙和人鱼爷爷谁也不松手。我盯着那只大鳖仔细看，这么大的鳖，肯定是几百上千年的灵兽。我的脑子里立刻回想起关于千年大鳖的各种传说。

这时候，龙龟爷爷和椒图出现了。小猪屏蓬赶紧喊道：“龙龟爷爷，快来评评理，骑凤仙要抢我们金水河里的大鳖！”

龙龟爷爷慢悠悠地说：“理论上，神兽空间的所有生灵都属于神兽空间，大鳖突然出现在神兽空间，自然也属于神兽空间。现在既然你们双方争执不下，我们就采用拍卖的方式来决定这只大鳖的归属权吧！拍卖得到的钱由椒图管理，算是紫禁城神兽空间的共同财产！”

骑凤仙眼珠一转说道：“本王同意！”

人鱼爷爷急得都快哭了：“这本来就是我们穷鬼小分队先发现的，为什么要拍卖啊？”

我们都很感动，人鱼爷爷已经把自己当作我们穷鬼小分队的成员了，坚决维护我们的利益，尽管他并不知道这只大鳖有什么用。

我低头想了想，然后说道：“我同意龙龟爷爷的意见，咱们就来拍卖大鳖吧！不过，我希望椒图也能参与竞拍，毕竟这只大鳖太特殊了，它可能影响到整个神兽空间的利益！”

听了这话，除了骑凤仙，在场的人都大吃一惊。他们肯定想不到，这么一只鳖，竟然能影响到整个神兽空间的利益！可是我知道，如果这只大鳖的肚子里真有传说的那种宝贝，那它对整个神兽空间的影响绝对不小。骑凤仙这么想抢走这只大鳖，多半也是知道那个传说的。

可是，椒图摊开两手说：“我不能参加竞拍。虽然我负责管理神兽空间所有神兽存在银行的钱，我可以用那些钱投资一些商业项目，但我不能用那些钱来买一件价值不确定的东西。投资这只大鳖风险很大，万一有损失，我没法跟我的客户们交代。我不能用椒图银行的信誉冒险啊！”

我的心里莫名有点紧张，椒图不帮忙的话，我真的没有把握竞拍成功。骑凤仙可是神兽空间有名的大富豪之一。但是为了神兽空间的利益，我下定了决心。我转头对晶晶说：“晶晶，你回去找香香，把咱们所有的支票都拿来，我们不能让大鳖落在骑凤仙的手里！”

“好嘞！”晶晶转身就跑了。

小猪屏蓬和金坨坨满脸疑惑，就连龙龟爷爷和椒图也变得有点紧张，不知道为什么我一定要跟骑凤仙争夺这只大鳖。

小猪屏蓬和金坨坨还对着骑凤仙怒目而视，我笑着对他们说：“你们正好学习一下拍卖。”

这时候，唧筒兵部队的小神兽们都闻讯赶来看热闹了。蚣蝮和螭吻很快就搭起了一个小台子，还给龙龟爷爷拿来了一把木头小锤子，这是拍卖时需要用的东西。那只被抓住的大鳖，现在老老实实地趴在地上，已经放弃逃跑了。

龙龟爷爷郑重其事地喊道："大鳖拍卖会，现在开始！因为这个大鳖的肚子里很可能有一个神秘的宝贝，所以底价要定得高一些。我宣布起拍价为一千个金元宝！每手加价五十个金元宝！"

啊？我们听了全都吓一跳。龙龟爷爷下手挺狠啊，直接把起拍价定这么高。看来虽然龙龟爷爷和椒图不知道大鳖的肚子里有什么宝贝，但是商业经验让他们一下就提高了竞争的门槛。估计他们也想趁机给椒图银行增加一大笔收入吧。我不由得心里感叹：姜还是老的辣！

没想到，让大家吃惊的状况接踵而至。龙龟爷爷的话音刚落，骑凤仙立刻喊道："一千一百个金元宝！"

拍卖的流程

晓东叔叔，拍卖这种形式看起来挺刺激啊！

拍卖是一种交易形式，“玩的就是心跳”，绝对紧张又刺激。

快给我们讲讲拍卖应该怎么玩。

咱们马上要进行的就是增价喽。

这个骑凤仙真可恶，总是给我们捣乱！

没办法，咱们只能拼一拼了。好在咱们现在也有点实力了。正好你们也学习一下，了解一下拍卖的基本流程。

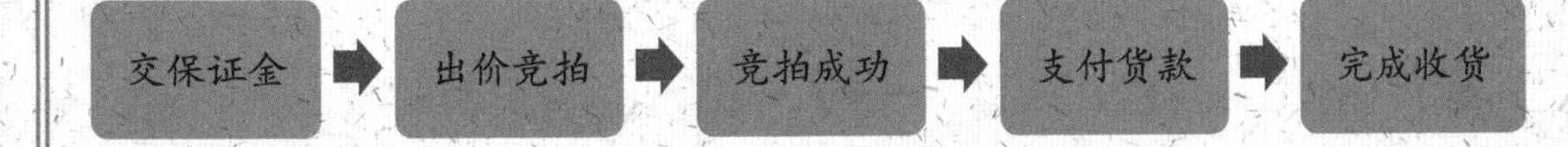

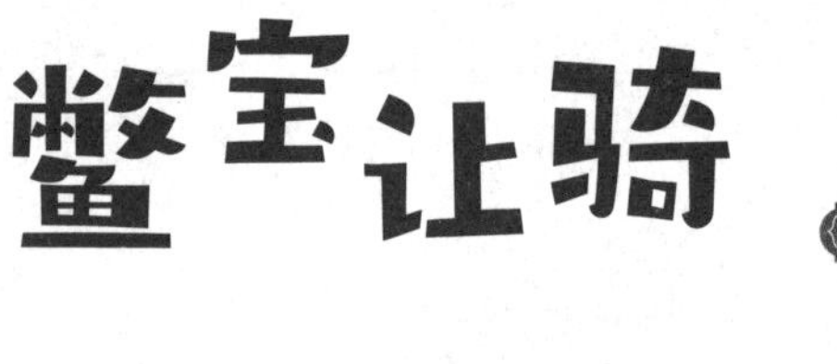

第37章 鳖宝让骑凤仙发疯了

骑凤仙毫不犹豫地加价，我也立刻跟上：“一千两百个金元宝！”我要尽最大努力把这只大鳖拍下来，等龙龟爷爷和椒图知道真相以后，一定不会让我白白花掉这笔钱的。

“一千五百个金元宝！”

“一千八百个金元宝！”

……

空气里的紧张气氛，让神兽们和几个孩子都喘不过气来了。这竞争实在太激烈了，就像打仗一样。我的额头也在不停地冒汗。价格不停地攀升，很快就到了八千个金元宝。小猪屏蓬都看傻了眼，两个下巴都快掉下来了。

最近骑凤仙已经投资了很多产业，还能拿出这么多钱，真是有点不可思议。当然了，大家也想不到穷鬼先生现在也这么有钱，要知道我们刚到神兽空间也没有多少天。但我们最近在图书、卡牌、玩偶和桌游这些产品上，确实没少挣钱。

香香不知道什么时候已经到了，她担心地拉拉我的手，小声说："爸，咱们只有八千两百个金元宝了！要不是小猪屏蓬乱花钱，咱们都快攒够一万个金元宝了……"

我听了心里一阵难过。骑凤仙好像也听到香香说的话了，这家伙立刻喊道："八千三百个金元宝！"

天啊！这个骑凤仙真是太可恨了！看来，他是认准了这只大鳖肚子里有宝贝！我只是从书上看到过有关鳖宝的传说，而骑凤仙毕竟是个神仙，他很可能已经看到了大鳖身体里确实有这种宝贝，所以才会如此坚持争夺这只大鳖。

怎么办？我在犹豫要不要跟椒图借钱，转念一想，干脆换个方案吧！我们保留资金也很重要，毕竟我们需要钱买时空之门的门票。另外，我还有很多计划没有实施。骑凤仙得到鳖宝又能怎么样？他如果胡来，我相信龙龟爷爷和椒图绝对不会坐视不理的。这么一大笔钱花出去，骑凤仙肯定也会大伤元气，对我们来说未必不是好事。我咬咬牙，故意做出一副痛心的表情说：

“我放弃了……”

龙龟爷爷举起了手里的小锤喊道：“八千三百个金元宝第一次——八千三百个金元宝第二次——八千三百个金元宝第三次！”

啪的一声，龙龟爷爷用小锤在桌子上敲了一下：“成交！大鳖是骑凤仙的了，骑凤仙马上把钱交给椒图吧！”

骑凤仙立刻屁颠屁颠地跑过去，把一大沓子支票交给了椒图。

小猪屁蓬小声问我：“晓东叔叔，大鳖的身体里到底有什么宝贝啊？”

我低声告诉他：“我也是从书上看来的，这种大鳖身体里可能有一种叫作鳖宝的小精灵。谁要是得到它，就可以看到别人看不到的奇珍异宝！无论宝贝藏得多隐蔽，鳖宝都能帮主人找到宝贝！”

“啊？！这样的宝贝怎么能落到骑凤仙的手里呢？！”小猪屁蓬惨叫道。我顾不上多解释，眼睛紧盯着骑凤仙。我也想知道，这只大鳖的身体里到底有没有传说中的鳖宝。

只见骑凤仙跑到大鳖那里，手腕一翻，突然就变出来一把刀子。他让几只螭吻帮他把大鳖翻了个肚皮朝天，然后他在大鳖的肚子上比画了半天。那情景让人心惊肉跳。香香吓得惊叫一声，捂住了眼睛，金坨坨也躲在我后面不敢看。晶晶和小猪屁蓬胆子特别大，为了看得更清楚点，他们竟然凑了过去。只听嗖的一声响，大鳖的肚子里跳出来一个比弹球还小的小人儿！果然是传说里的鳖宝！

小人儿惊慌失措满地乱跑，可是金水桥附近全是空场，小人儿根本没地方躲藏。龙龟爷爷和椒图异口同声地喊了起来：“这是什么东西？”

看来龙龟爷爷和椒图没有听说过鳖宝，那么他们肯定也不知道鳖宝的神奇作用了。小人儿东奔西跑，骑凤仙在后面拼命地追。鳖宝忽然跑向了晶晶，晶晶一个前扑，差点就要抓住鳖宝了。不过，还是骑凤仙动作更快，他一把抓住鳖宝，然后用小刀飞快地在自己胳膊上开了一个小口，把鳖宝塞进了伤口里。

骑凤仙仰天大笑：“哈哈哈！鳖宝是本王的了！这下本王天下无敌了！”说完，骑凤仙原地坐了下去，眉头紧皱。看来鳖宝钻进身体里的感觉也不怎么好受。

骑凤仙这一系列的操作让人眼花缭乱，所有人都目瞪口呆。鳖宝竟然是只寄生虫！

我长出了一口气，轻声对身边的孩子们解释，当然也是为龙龟爷爷和椒图进行讲解：“我看过一本书，叫作《聊斋志异》，写的都是各种神神鬼鬼的故事。书里有一个‘八大王’的故事，其中就讲到了鳖宝。鳖宝这种奇怪的东西就寄生在千年老鳖的身体里，靠吸食精血和魂魄生存。如果有人把鳖宝放进自己的身体里，用自己的血供养鳖宝，就能获得一种奇异的超能力，可

以看到埋藏在地下的珍宝，不管珍宝藏在多隐蔽的地方，都逃不过鳖宝主人的眼睛。”

小猪屏蓬听了急得直叫：“这下麻烦了！晓东叔叔，骑凤仙得到了这个鳖宝，一定会去找宝藏！这个贪心的家伙如果找到了紫禁城神兽空间里隐藏的宝贝，肯定会据为己有的！”

我点点头说：“所以我刚刚才要拼尽所有资产，跟他争一下！”

小猪屏蓬担心地说：“晓东叔叔，如果你得到鳖宝，也会把它放在自己的身体里，用你自己的血供养鳖宝吗？”

我笑了：“我当然不会那么干了！据说鳖宝不仅吸血，还会吸人的魂魄，供养鳖宝的人，活不了几年就会死掉的。这是用生命换钱啊！我们用自己学到的知识挣钱，虽然慢一点，但是不会伤害自己的身体。”

香香长出了一口气：“我说爸爸也不会供养鳖宝的！”

我故意坏笑着说：“我如果得到鳖宝，倒是可以考虑将它供养在小猪屏蓬的身体里，反正他是猪战神加猪财神，肉多血多命也硬，天蓬元帅的血可不是那么容易被小小的鳖宝给吸干的。”

小猪屏蓬吓得大叫：“不要！猪财神自带吸金能力！我才不让鳖宝吸我的血！”

晶晶揪着小猪屏蓬的一只耳朵说：“没看出你有吸金能力，乱花钱倒是挺在行的！”

香香叹了口气说：“唉，可惜鳖宝现在落在骑凤仙的手里了！骑凤仙这家伙已经那么有钱了，还要用这么邪门的方法找宝贝！”

骑凤仙听见了香香的话，忽然怪笑起来：“哈哈哈！你们都以为本王是大富翁，其实本王已经没有多少钱了。最近本王投资了好多产业，但挣的钱并不多，已经负债累累了。自从你们穷鬼小分队到了神兽空间，本王做生意

不但不挣钱，还赔了好多！这次要不是向十大脊兽借了一大笔钱，本王我都没钱来竞拍鳖宝！不过，现在鳖宝是我的了，我马上就会成为神兽空间最大的富豪了！哈哈哈！”骑凤仙跳到秃尾巴凤凰背上，嗖的一下就飞走了。

我看着渐渐远去的骑凤仙，心里嘀咕：这家伙看来是走火入魔了。虽然他是神仙，不至于很快就被鳖宝吸干精血，但是现在他说话的样子，已经有些不正常了。

十大脊兽不知道什么时候也来了，行什噘着嘴说道：“哼，我们上当了。如果知道骑凤仙借钱是做这种事，我们是绝对不会借钱给他的！”

龙龟爷爷忽然开口说道：“神龙老大，你们兄弟几个，这几天看住骑凤仙，不要让他做出什么过火的事情来，我看他有点走火入魔了。如果骑凤仙找到一些金银珠宝，就由他拿去；可如果他发现的是珍贵的历史文物，那是属于神兽空间的共同财富，不能让骑凤仙据为己有啊！”

十大脊兽点头答应，告辞离开了。银行家椒图走过来对我说：“穷鬼先生，龙龟爷爷给我讲了你的打算，没想到你挣的钱并不准备带走，我很佩服你！我决定用刚才拍卖所得的钱，和你准备捐出来的钱一起成立一个基金会，如你所愿，帮助那些贫困的神兽，让他们可以生活得更好一些！”

我欣慰地点点头说：“非常感谢！但是现在，我还需要用这些财富做一些研究和实验，等我们离开神兽空间的时候，我一定会把在神兽空间挣到的钱，全都交给你和龙龟爷爷。”

龙龟爷爷在一旁默默点头。小猪屏蓬和金坨坨红着脸低下了头，要不是他俩挥霍掉了一千两百八十个金元宝，说不定鳖宝就不会落到骑凤仙的手里了。小猪屏蓬忽然东张西望地问道：“咦？八哥鸟哪里去了？”

金坨坨说：“嘿！我猜它是去监视骑凤仙了。”

小猪屏蓬一拍脑门：“对啊！咱们也得想办法监视骑凤仙，不能让他把神兽空间里隐藏的宝贝据为己有！”两个小胖子转身就跑了。

别以为我看不出他们俩是想趁机溜走，以逃避写检查。我赶紧叫住他们：“屏蓬别跑！快点回来给大鳖治疗伤口！”

管理负债

晓东叔叔，骑凤仙不是大富翁吗？他怎么会负债呢？

当然是跟你一样，乱花钱造成的啊！你乱花钱是为享受，骑凤仙乱花钱是投资不理性，看到什么产业都想买过来，什么都想要，甚至借钱也要买过来。虽然这样现金流很充足，但所有借的钱，都叫负债，将来是要偿还的。如果大多数产业取得的利润少于投资，还不上借款，就成了恶性负债。这种恶性负债大于良性负债，他就会越来越穷。

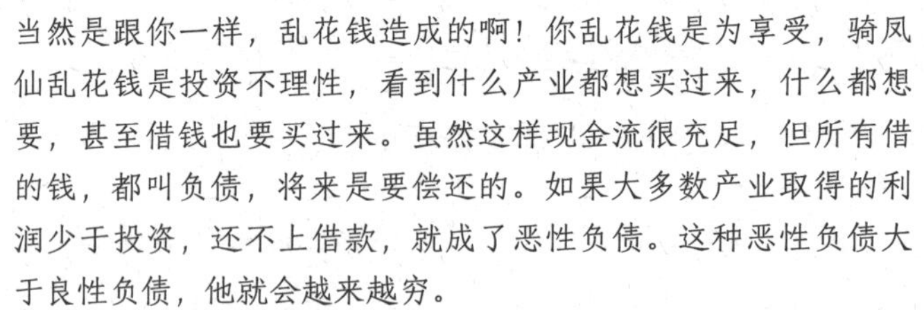

那要怎么区分良性负债和恶性负债呢？

就是看借来的钱用来做什么，有没有取得更多的收益。像是学习投资自己，买会增值的资产，去做比较好的生意，并且负债没有影响到自己的基本生活，这样的都是良性负债。如果借钱买来的东西只会贬值，越来越不值钱，投资的生意赔钱，负债过多影响基本生活，这就是恶性负债了。

看来不好好管理自己的负债，一不留神，大富翁也会变成穷鬼！

第38章 猪财神报了一箭之仇

小猪屏蓬赶紧站住脚，蔫头耷脑地走回来说：“晓东叔叔，我的法术能力你又不是不知道，时灵时不灵，大鳌的伤这么重，万一把它治死了怎么办?”

我说：“你用神光咒召唤天界神光，就算不能完全治好，也不会对大鳌造成损伤。我们总不能看着它受伤不管啊！”

人鱼爷爷也趴在金水桥的栏杆上朝小猪屏蓬喊：“天蓬元帅，你就赶紧试试吧！这里是紫禁城神兽空间，充满了仙灵之气，用法术肯定比在别的地方效果更好！再耽误时间，大鳌就死定了！”

晶晶、香香和金坨坨也都看着小猪屏蓬。香香着急地说：“屏蓬，你一

定行的，赶紧救大鳖！”

“呃，好吧……那我就用神光咒试试！”小猪屏蓬走到大鳖旁边，一手按在它的肚子上就开始念咒语：“天之光，地之光，日月星之光，神光照十方！”

只听头顶上嗡的一声响，像一扇巨大的门打开了，一道刺眼的亮光穿过云层从天而降，直接照在了小猪屏蓬和大鳖的身上。我惊讶地看见，大鳖肚子上的伤口飞快地愈合了！小猪屏蓬都不敢相信自己的眼睛了！他赶紧用另一只手揉揉眼睛，再睁眼一看，大鳖的伤口真的愈合了！神光消失，大鳖一翻身就挣脱了大网子，飞快地爬向了金水河。

可是河边有栏杆，大鳖翻不过去。几只蚣蝮和小石狮子跑过去一起动手，帮助大鳖翻过了栏杆，大鳖扑通一声就跳进水里不见了。人鱼爷爷开心地对我们招手：“天蓬元帅，谢谢你了！”

“呵呵，这样也行？”小猪屏蓬看着自己的两只小胖手傻笑。晶晶、香香，还有金坨坨一起朝屏蓬冲过去，每人在他的脸上亲了两下：“屏蓬，我们爱死你了！你是超级大英雄！”

我也鼓励小猪屏蓬说：“这个神兽空间里，咒语和仙术果然很给力！小猪屏蓬，你召唤天界神光，不但治好了大鳖，说不定还能帮助它在将来修炼成仙呢！这次遇到天蓬元帅，这只大鳖也算是因祸得福了！”

我们正聊得开心，忽然听到一阵扑扇翅膀的声音，是八哥鸟回来了：“不好了！不好了！骑凤仙上房揭瓦了！”

“什么？”我们都大吃一惊，“骑凤仙上哪个房？揭什么瓦？”

八哥鸟大声喊道：“在养心殿！骑凤仙发现宝贝了！”

“啊？这鳖宝也太灵了吧？骑凤仙刚把鳖宝放进自己的胳膊里，就发现隐藏的宝贝了?！”我们二话不说，赶紧一起朝着养心殿飞奔。金水桥离养心殿很近，我们跑到养心殿的时候，看到骑凤仙正站在养心殿的顶子上拿着一个红色的锦盒哈哈大笑，房脊正中的位置，一块瓦片被揭开扔在了一边。

十大脊兽正在养心殿周围训斥骑凤仙。神龙老大喊道：“骑凤仙，龙龟爷爷让我们看住你不许乱来，这个宝藏不是普通的金银财宝，你不能乱动！”

骑凤仙梗着脖子喊道：“养心殿是我租下来的，我凭什么不能动？”

神兽们是非常遵守约定的，龙龟爷爷虽然让十大脊兽盯着骑凤仙，但是这个养心殿确实是骑凤仙租下来的，十大脊兽也不知道该怎么处理了。

我知道骑凤仙拆开的大殿房脊正中的瓦片不一般。这个位置叫“龙口”，古代人会在这里放一些宝贝，有镇宅驱邪保平安的作用。年代久远了，锦盒里的东西肯定是文物。

八哥鸟气得在半空喊道：“猪战神，快点放个霹雳，把骑凤仙从房上劈下来！”

骑凤仙对着八哥鸟大喊："吵什么吵?!我在自己租的宫殿里找宝贝，碍你们什么事了?!不要看别人发财就眼红！"

骑凤仙回头的时候，我们都看到他的眼睛已经变成了红色，闪烁着贪婪的光。

晶晶慢悠悠地说："完了，骑凤仙真的走火入魔了！那个鳖宝，肯定不是什么好东西！"

我叹口气说道："没错，鳖宝吸血吸魂魄，就算骑凤仙是个神仙，也难免受到影响。过去他虽然贪财，但还是个正常人，现在说话和神情都好像变了个人一样！小猪屏蓬，我们得想办法救他，把那个鳖宝从他身体里给逼出来，要是晚了，说不定会出大乱子！"

小猪屏蓬点点头说："晓东叔叔，那我就召唤闪电，先把这家伙劈下来再说！"

我赶紧拦住："不要！这家伙手里有文物，你不要给劈坏了！"

骑凤仙小心翼翼地把手里那个四四方方的小锦盒打开，锦盒外面的锦缎，因为年代久远已经脏了，但是里面的宝贝应该保存完好。果然，骑凤仙一惊一乍地欢呼起来："哈哈！本王发财了，这里面有二十四枚金币！"

我细想了一下，皱着眉头说："这锦盒里不只有二十四枚天下太平金币，还有别的。这样的文物对于研究历史和古代风俗都很有价值，如果卖来卖去实在是糟蹋东西啊……”

小猪屏蓬却长出了一口气：“还好！不过是几块金币，又不是金元宝，咱们别管他了吧！猪战神都有点饿了，金坨坨，咱们去找好吃的吧！”

晶晶和香香每人揪住他一只耳朵，咬牙切齿地说：“不好！你以为文物值不值钱是论斤称吗？金币虽小，但有几百年的历史，每一枚都值几百几千个金元宝！”

“啊?!”小猪屏蓬大吃一惊，“年头长就值钱啊？那我从《山海经》世界来，距今已经几千年了，我岂不是更值钱？你们不要把我耳朵揪坏了，我一个耳朵就值几千个金元宝！”

小猪屏蓬虽然在耍贫嘴，但是他两个脑袋一直没有闲着。他小声对我说：“晓东叔叔，我要用一套组合技制服骑凤仙，抢救故宫文物！我还要报骑凤仙算计我和金坨坨的仇！”

那边骑凤仙已经抱着锦盒骑上了他的秃尾巴凤凰，准备飞走了。我也顾

【二十四枚天下太平金币】

2018年9月，人们在养心殿屋顶房脊正中的脊筒里面发现一个红色锦盒，内有二十四枚“天下太平”币，还有五个由金、银、铜、铁、锡材质打造的元宝。锦盒里的二十四枚金币代表一年的二十四个节气，有祈求风调雨顺、五谷丰登的寓意。

不了太多了，赶紧对小猪屏蓬喊道："小猪屏蓬，不管用什么办法，赶紧拦住他！"小猪屏蓬立刻举起了两只小胖手，嘴里念出一段咒语："按行五岳，八海知闻，魔王束首，侍卫我轩，定！"骑凤仙瞬间就被咒语定住了，秃尾巴凤凰也保持着张开翅膀要飞的姿势不动了。骑凤仙一动不动，只有两只红眼睛在滴溜溜乱转。

金坨坨、晶晶、香香和八哥鸟一起欢呼："定身术?！小猪屏蓬好厉害啊！"

小猪屏蓬得意地说："这就厉害了？厉害的还在后面呢！"说着，他又念了一段新咒语："太上星台，应变无停，驱邪伏魔，保命护身，智慧明净，心安神宁，三魂永固，魄无丧倾！"只见骑凤仙脸上的表情更加痛苦了，像做噩梦的人想醒过来，可是又醒不过来。

我知道小猪屏蓬念的是静心咒，这对走火入魔的骑凤仙来说简直再合适不过了。我忍不住叫起好来："好！太棒了！静心咒可以让骑凤仙的脑袋清醒一点！"

骑凤仙虽然不能动，但是听得见，也有感觉。他不能说话，脸上的表情是又着急又生气，五官都扭曲变形了。忽然一阵风，把骑凤仙和秃尾巴凤凰从房顶上吹下来了。好在我们身边有好多蚣蝮，大家跳起来把他们接住。小猪屏蓬大声喊道："你们把骑凤仙按住，我要给自己开天眼，看看那个鳖宝藏在哪里，好把它揪出来！"

"好嘞！"小神兽们一拥而上，把骑凤仙按倒在地，以防定身术失效，骑凤仙这家伙趁机逃跑。小猪屏蓬现在绝对是超水平发挥，平时记不住的咒语，现在都想起来了："元皇正气，来合我身，雷门十二，开指生光，天眼开！"

小猪屏蓬的小胖手在自己额头一点，立刻就看到了很多平时看不到的东西，估计骑凤仙在他的眼睛里，就是个半透明的冰雕人！小猪屏蓬兴奋地喊着："我能看见骑凤仙的五脏六腑，那个鳖宝，现在正藏在骑凤仙的腿肚子里呢！啊，那家伙在他身体里还能到处乱跑！"

小猪屏蓬伸出一只手，在半空中对着鳖宝张开，一股看不见的吸力从他的手心里发射出来，鳖宝藏不住了，嗖的一下就被从骑凤仙的腿肚子里吸了出来。小猪屏蓬紧紧地把鳖宝抓在手心里，然后朝地上一拍，啪的一声，鳖宝被他给拍成了一摊泥。

“好棒！成功了！”金坨坨一下子跳了起来。香香也拍着手喊：“小猪屏蓬太厉害了！一口气用这么多咒语，看来你有希望变成天蓬元帅了！”

我开心地问他：“屏蓬，在家你什么咒语都记不住，现在怎么一下会用这么多咒语啊？”

小猪屏蓬得意地举起两只小胖手，做出胜利的手势说：“神兽空间让猪战神超水平发挥！我已经觉醒了！”

小猪屏蓬忽然摇晃两下，一头栽倒了……

我大吃一惊，糟了，肯定是小猪屏蓬用的咒语太多，体力严重透支，累昏过去了。我赶紧冲过去把他抱了起来。在神兽空间怎么找医生啊？这可急死人了……

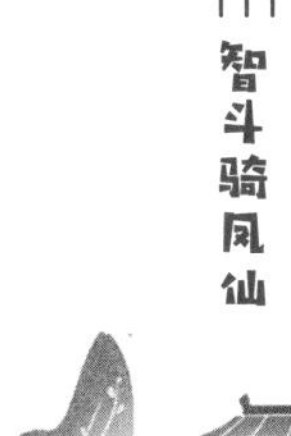

资产的类别

这二十四枚金币居然这么值钱，文物都这么值钱吗？我也想去挖宝卖钱了。

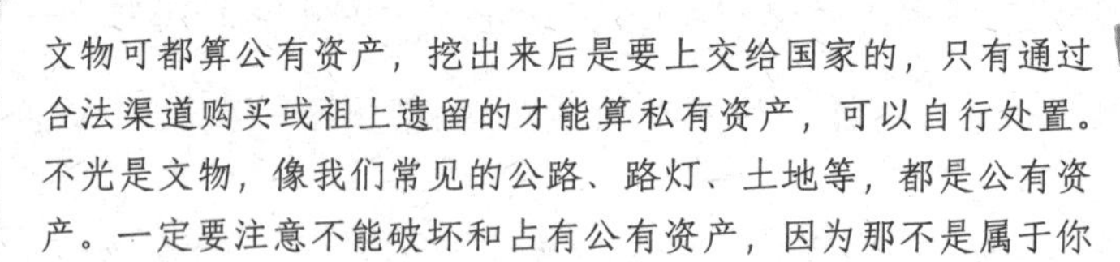

文物可都算公有资产，挖出来后是要上交给国家的，只有通过合法渠道购买或祖上遗留的才能算私有资产，可以自行处置。不光是文物，像我们常见的公路、路灯、土地等，都是公有资产。一定要注意不能破坏和占有公有资产，因为那不是属于你一个人的。

啊，猪财神又少了一条发财道路！

当然，私有资产我们也要学会辨认。一般私有资产就是你的物品、钱、投资权益等有价值的东西。还有无形资产，比如著作权，平时也要注意保护，不能轻易被人拿去利用。同时我们自己也不能侵占他人的私有资产。

明白了！骑凤仙占有文物就是侵占公有资产，希望他以后别再像以前那样贪心了！

第39章 龙龟爷爷 龟壳里的秘密

我把小猪屏蓬抱回了武英殿，然后让八哥鸟请来了龙龟爷爷和椒图。小猪屏蓬好像在做噩梦，两个小猪头都在说着什么，还拳打脚踢的，不知道梦里他在和谁打架。

龙龟爷爷和椒图看着小猪屏蓬直摇头："猪财神这是累坏了！"

旁边的香香和晶晶直哭："屏蓬！屏蓬！你快醒醒啊！"

我对龙龟爷爷和椒图说："为了控制骑凤仙，把鳖宝抓住，小猪屏蓬一连用了三个咒语。他还是一个小孩，身体里的法力很少，现在透支严重，不知道这会不会对他的身体造成伤害，我真的很担心。"

龙龟爷爷摇摇头说："猪财神天赋异禀，神兽空间里灵气充沛，虽然他

体力有点透支，但是我觉得问题不大，睡一会就会醒过来的。”

我们正担心地看着小猪屏蓬，忽然见他坐了起来，手里还多了一把九齿钉耙，吓得我们全都赶紧往后退。神器的力量可不是闹着玩的，小猪屏蓬这是梦游了吗?

我赶紧大声叫他：“屏蓬快醒醒！不要乱打！”

小猪屏蓬猛然睁开眼睛，东瞧瞧西看看，忽然问道：“这是哪里啊? 我不是在打仗吗? 刚才那个鳖宝变得比我还大，我正跟它战斗呢！我记得我已经把鳖宝给拍死了，它怎么又活过来了?! 我一着急，身体里一凉，九齿钉耙就突然出现了，我一耙子把鳖宝给打成了一堆碎渣……咦? 我的九齿钉耙自己出现了！”

小猪屏蓬满脸兴奋地看着手里的九齿钉耙。看到他终于醒了过来，金坨坨、晶晶、香香和八哥鸟都欢呼起来，龙龟爷爷和椒图也眉开眼笑。我长长地松了一口气。

龙龟爷爷说：“你们看，我说对了吧? 小猪屏蓬就是累坏了，睡一觉就好了！他是天蓬元帅，不会那么容易出事的。这次以后，估计他的法术能恢复不少。”

小猪屏蓬抱着九齿钉耙发呆，忽然对我说：“晓东叔叔，我觉得九齿钉耙里有一股能量在源源不断地涌进我的身体里，凉丝丝的，很舒服！”

小猪屏蓬说着话，两手一拍，九齿钉耙竟然消失了。我大吃一惊：“你的钉耙怎么出现的，怎么又没有了？”

小猪屏蓬得意地说：“这是我在神兽空间开发出的新技能！原来九齿钉耙就藏在我的身体里，我想拿出来就能拿出来，想收回去就能收回去。而且，晓东叔叔，我发现我还保留着透视眼的超能力！我能看见椒图螺壳里藏着无数的金元宝和银元宝，还有好多好多支票！天啊，按说开天眼的法术早就超出时间了。等等，龙龟爷爷，您的龟壳里怎么有好多大珍珠啊?!”

小猪屏蓬的话把龙龟爷爷吓了一大跳，他赶紧咳嗽两声，用眼神示意小猪屏蓬不要再说下去：“呃，猪财神肯定是看花眼了，我可不像椒图，壳里藏那么多宝贝！”

我听了他们的话，先是愣了一下，然后立刻恍然大悟。小猪屏蓬恐怕无意中说出了龙龟爷爷最大的秘密！我赶紧对小猪屏蓬偷偷摆手，不让他继续说了。

为了转移注意力，我赶紧拉走椒图和龙龟爷爷，把给椒图银行的分红又计算了一次，让椒图和龙龟爷爷把唧筒兵部队的股份分红取走了。

龙龟爷爷和椒图起身告辞。临走的时候，龙龟爷爷还回头对我说了一句：“我的壳，属于神兽空间，我这个大富翁，其实并没有多少财富。”

我微笑着对龙龟爷爷点点头，表示明白他的意思。等龙龟爷爷和椒图离开了，几个孩子和八哥鸟都凑了过来，他们七嘴八舌地问：“屏蓬，你看见龙龟爷爷的壳里藏着珍珠，晓东叔叔为什么不让说？”

小猪屏蓬也不回答，反而问我：“晓东叔叔，龙龟爷爷最后说的那句话是什么意思？他的龟壳为什么属于神兽空间？”

我笑呵呵地问：“小猪屏蓬，你看到的龙龟爷爷的龟壳里，是不是有二十四颗珍珠啊？每一颗珍珠都有鸡蛋那么大，还会发光？”

小猪屏蓬点点头，又摇摇头：“晓东叔叔，你又不是不知道，猪财神根本不识数。不过，我看到龙龟爷爷藏在龟壳里的大珍珠是左右对称的，发不发光可看不出来。”

我点点头说：“那就差不多是了。要想知道龙龟爷爷龟壳的秘密，我先给你们讲个故事。”

一听说有故事，孩子们全都围了过来，聚精会神地盯着我。

“古代小说《初刻拍案惊奇》中讲了一个穷困潦倒的人意外发财的故事。一个叫文若虚的人被朋友拉上一艘商船，远渡大洋去散心。在一座孤岛上，他见到了一个像床一样大的乌龟壳，就搬到船上，当作自己的货物。大家都嘲笑他，他也不在意。结果到了目的地，一位波斯商人花了五万两银子买下了这个龟壳。这个龟壳原来是个宝贝，龟壳里有二十四颗夜明珠，每一颗夜明珠都值五万两银子，二十四颗夜明珠就是一百二十万两白银的价值。所以，波斯商人出的价钱虽然高得吓人，但是他的获利更大！”

八哥鸟忍不住插嘴道：“啊！那个大龟壳是不是跟龙龟爷爷的壳一样啊？”

我点点头说：“你们已经猜到了吧！书里说，这个龟壳并不是乌龟的壳，而是鼍龙的壳。鼍龙年轻的时候，模样就是个龙头大乌龟，修炼万年以后，对应二十四节气，在两肋生出二十四颗夜明珠，然后鼍龙就脱壳而出，化身成真龙，飞升上天。文若虚捡到的就是这样一个万年鼍龙壳！”

说到这里，孩子们全都明白了，原来龙龟爷爷就是一只鼍龙！而且，他刚过完了九千九百九十九岁的生日，已经修炼快一万年了，所以壳里才有二十四颗大夜明珠！龙龟爷爷随时都有可能一飞冲天成为一条真龙，那个时候，龟壳对他来说就没什么用了。所以，临走的时候，龙龟爷爷才说了那句奇怪的话——自己的壳是属于神兽空间的。意思就是说，夜明珠这笔巨大的财富，龙龟爷爷准备把它们送给神兽空间。

晶晶慢条斯理地说道："现在龙龟爷爷的谜底已经弄清楚了，但是屁蓬，我很奇怪，你怎么还能看穿龙龟爷爷的龟壳呢？按理说，你的咒语时间早就该过了呀！鳖宝也已经被你打死了啊！"

小猪屁蓬使劲点头："对呀！我也正在纳闷这件事呢！我自己都想不明白为什么我能看穿龙龟爷爷的壳……"我拿起小猪屁蓬拍死鳖宝的那只手看了看，惊讶地发现小猪屁蓬的手心竟然有一个像花朵的印记！

小猪屁蓬也看到了，忍不住叫了一声。他抽回手在自己衣服上使劲擦了擦，结果没有擦掉。香香递给小猪屁蓬一杯水，屁蓬用水冲了一下手，还是没有冲掉。这个花朵印记，就像长在他手上的一样。看来，这个印记是小猪屁蓬拍死鳖宝的时候留下来的。

我看着小猪屁蓬的手说："我怀疑是这个印记让你保留了透视眼的超能力。鳖宝如果进入人的身体，就会一边吸血，一边给人超能力；可是小猪屁蓬把它拍死了，它的身体变成了屏蓬身上的印记，不能吸血了，但是超能力留下来了。屏蓬，你这可是歪打正着，走大运了！”

金坨坨大叫：“啊！早知道我就冲上去把鳖宝拍死了！屏蓬本来就是天蓬元帅，每句咒语都算是一种超能力！屏蓬，你能不能把这个鳖宝印记送给我啊？”

晶晶揪着金坨坨的耳朵说：“人家屏蓬拼命救了骑凤仙，打死了鳖宝才换来的超能力，你惦记什么啊！”

一说到骑凤仙，小猪屏蓬忽然想起来：“对了，晓东叔叔，骑凤仙怎么样了？他抢走的锦盒和里面的二十四枚金币哪里去了？”

我不好意思地挠挠脑袋：“你一晕倒，我们就赶紧抱着你跑回来了。我们离开养心殿的时候，骑凤仙还被你的定身咒定在那里呢！不过，估计咒语的有效时间过去以后，他就自由了。十大脊兽也肯定会把他手里的太平金币送回养心殿的龙口里。”

我话音刚落，就听见外面一阵脚步声，正是骑凤仙跑进来了：“猪财神，听说你醒了，本王赶紧跑来看看你！”

骑凤仙脸色苍白，样子虚弱，不过，眼睛里吓人的红光不见了，那种疯狂的表情也不见了，这让我松了一口气。小猪屏蓬看到骑凤仙立刻喊起来：“骑凤仙，你来看我干吗？我拍死鳖宝可是为了救你，让我赔的话我可找不

到第二个鳌宝！”

骑凤仙苦笑道：“猪财神，本王感谢你还来不及呢！本来本王以为自己是神仙，不会像普通人那样被鳌宝伤害，没想到鳌宝进入本王身体以后，本王的想法就完全不受自己控制了。本王当时满脑子只想着怎样才能找到值钱的宝贝，已经走火入魔了！虽然本王是个贪财的人，但是以前一直做正经生意；可自从被鳌宝控制以后，本王就根本不想做生意了，只想立刻发大财！本王甚至想把椒图打晕了，把他螺壳里的元宝统统拿走！”

八哥鸟大叫起来：“天啊！这家伙竟然想抢银行！”

骑凤仙擦擦脑袋上的汗说：“要不是猪战神一连串的咒语制服了鳌宝，本王说不定已经彻底变成妖怪了！”

我现在真的有点同情骑凤仙了。本来他是个做正经生意的大富豪，现在被我们穷鬼小分队一路创新挤垮了生意不说，为了抢鳌宝又欠了十大脊兽一大笔钱，不但丢了富豪的身份，还负了债。和我们比起来，现在的骑凤仙才是名副其实的穷鬼呀。

我安慰他说：“骑凤仙，我看过的一本书里有一句话特别有道理：破产是暂时的，而贫穷是永久的。你本来就是绝处逢生的齐闵王，以你的聪明才智，一定会东山再起，再度成为大富豪的！”

这句话说到了骑凤仙的心里。其实古人让骑凤仙站在十大脊兽前面，站在房檐最危险的地方，取的就是“绝处逢生”的意思。骑凤仙得意地笑了：“知我者，穷鬼先生也！其实这些天，本王跟你们学到了很多东西，本王一定会再一次成为神兽空间的大富豪！”

我点点头，从兜里掏出几张支票，双手送到骑凤仙面前，说道：“这里有两千个金元宝，一部分你可以作为借款利息，还给十大脊兽；另一部分，当作再次创业的本金吧！我们早晚会离开神兽空间，这里的钱，我们不会带走的，都会交给椒图银行成立基金会。现在你需要帮助，我就先送给你一笔钱。”

骑凤仙感动得都快哭了：“谢谢穷鬼先生，本王东山再起之后，一定会把这笔钱还给穷鬼先生！”

我摇摇头说：“不用还给我，我们很快就会离开神兽空间回家去的。如果你一定要还，就还给椒图吧！我的愿望就是设立一个神兽基金会，帮助那些需要帮助的小神兽。”

骑凤仙大吃一惊：“什么叫神兽基金会啊？”

我解释说：“神兽基金会可以看作是一种公有资产，所有权属于神兽空间的所有神兽。但是，这笔资产要用来帮助那些最需要帮助的神兽，让他们可以渡过难关。我们之前的商业活动，获得的都是私有资产，除了让别人羡慕，并没有太大的意义。所以，我希望可以实现这个心愿。”

骑凤仙恭恭敬敬地接过我手里的支票，说道："穷鬼先生让本王懂得了挣钱的意义。本王有时候也在想，每天拼命挣钱到底是为了什么呢？今天听了你的话，真是醍醐灌顶！咱们一言为定，本王一定把这笔钱，如数归还给穷鬼先生设立的基金会！而且，本王还要把努力挣来的钱，也贡献给神兽基金会。今天本王才明白，大富豪的光环没什么了不起，大家发自内心地尊重，是花钱都买不来的！"

我对骑凤仙竖起了大拇指，可是小猪屏蓬还是不依不饶："骑凤仙，你把装金币的锦盒放回去了吗？"

骑凤仙苦笑一声："报告猪财神，二十四枚天下太平金币和锦盒已经送回养心殿的龙口了，本王已经清醒了，绝对不会再有歪念头了！再说了，本王不把锦盒放回去，龙龟爷爷、椒图和十大脊兽也不会饶了本王啊！"

孩子们听了，这才放了心。

表决权和分红权

晓东叔叔，你刚才给龙龟爷爷和椒图的钱，就是分红吧？

是的。毕竟咱们建立唧筒兵部队是依靠他们的资金支持的，所以他们持有股权，拥有分红权，只不过表决权交给了我而已。

什么是表决权和分红权？

股权包含这两者。分红权就是分利润的权利，表决权就是做决定的权利。一个公司的大部分表决权通常要集中在一个人身上，龙龟爷爷和椒图就是觉得我更有管理能力，才将表决权转给我的。因为每个人的想法不同，所以如果过多的人参与决策，就会导致效率低下或频繁转型，不利于公司发展。

原来如此。那我们小分队虽然各自都有股权，但表决权也一直在你手上啊。

呃……确实是这样，那还不是因为你们太不靠谱了。

图书在版编目（C I P）数据

智斗骑凤仙 / 郭晓东著 ; 屏蓬工作室绘. — 成都 : 天地出版社, 2023.7
（小猪屏蓬故宫财商笔记）
ISBN 978-7-5455-7475-3

Ⅰ. ①智… Ⅱ. ①郭… ②屏… Ⅲ. ①财务管理—儿童读物Ⅳ. ①TS976.15-49

中国国家版本馆CIP数据核字(2023)第027993号

XIAOZHU PINGPENG GUGONG CAISHANG BIJI ZHIDOU QIFENGXIAN

小猪屏蓬故宫财商笔记 · 智斗骑凤仙

出 品 人 陈小雨 杨 政
监　　制 陈 德 凌朝阳
作　　者 郭晓东
绘　　者 屏蓬工作室
责任编辑 王继娟
责任校对 张月静
美术编辑 李今妍 曾小璐
排　　版 金锋工作室
责任印制 刘 元

出版发行 天地出版社
（成都市锦江区三色路238号 邮政编码:610023）
（北京市方庄芳群园3区3号 邮政编码:100078）
网　　址 http://www.tiandiph.com
电子邮箱 tianditg@163.com
经　　销 新华文轩出版传媒股份有限公司

印　　刷 河北尚唐印刷包装有限公司
版　　次 2023年7月第1版
印　　次 2023年7月第1次印刷
开　　本 889mm × 1194mm 1/24
印　　张 21（全4册）
字　　数 308千字（全4册）
定　　价 140.00元（全4册）
书　　号 ISBN 978-7-5455-7475-3

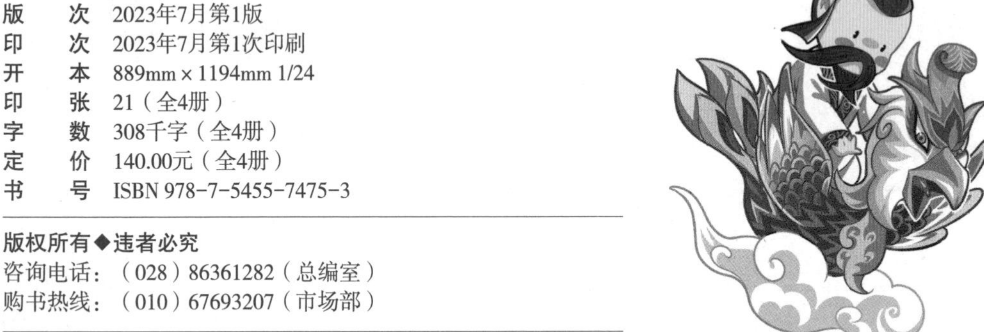

咨询电话：（028）86361282（总编室）
购书热线：（010）67693207（市场部）

如有印装错误，请与本社联系调换

小猪屏蓬

故宫财商笔记

郭晓东 著 屏蓬工作室 绘

重建水晶宫

天地出版社 | TIANDI PRESS

螭吻
麒麟
捂裆狮
甪端
铜鹤
负跪吉象
蚣蝮
跑龙

故宫神兽
椒图
龙龟
龙
凤
狮
天马
海马
狎鱼
狻猊
獬豸
斗牛
行什

龙龟爷爷

一种可聚财、辟邪的神兽，故宫神兽空间里的三大富豪之一。

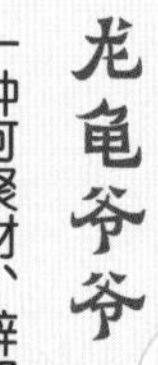

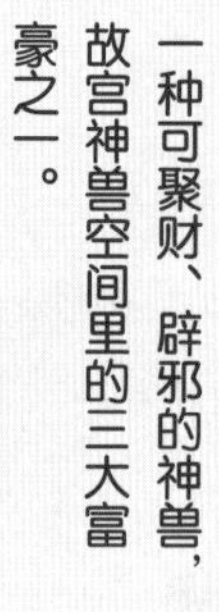

骑凤仙

故宫神兽空间里的三大富豪之一，为人精明，急功近利。

椒图

故宫神兽中的『门兽』，又是故宫神兽空间里的银行家、三大富豪之一，其螺壳是可以储藏财宝的『魔法空间』。

捂裆狮

断虹桥上石狮子之一，传说是道光皇帝皇长子死后转世，总是一只手捂着自己的下身。

蚣蝮

龙九子之一，生性喜水，负责故宫三大殿的排水工作。

角色介绍

晓东叔叔

保持着一颗童心的儿童文学作家，追求与众不同的创作思路。

屏蓬

八岁的猪头小男孩，一个来自《山海经》世界的神兽，天蓬元帅的前身。

金坨坨

小名金针菇，八岁小男孩，晓东叔叔同事的儿子，小猪屏蓬的欢喜冤家。

八哥鸟

晓东叔叔家里养的一只会说话的宠物鸟，是个搞笑的话痨。

香香

九岁小女孩，晓东叔叔的女儿，聪明伶俐，长相漂亮，爱画画。

晶晶

九岁小女孩，晓东叔叔同事的女儿，性格沉稳，不急不躁，说话很慢。

目录

第40章 从不着火的钦安殿

因为意外出现在紫禁城神兽空间的鳖宝，小猪屏蓬不仅成了骑凤仙的救命恩人，还歪打正着地获得了一个长期有效的透视眼，实在是赚大了！看来猪财神的运气就是好。虽然他因为连续使用咒语被累晕过去一次，但是这只可以修炼成天蓬元帅的猪，生命力真是超级强悍。他身体不仅很快就恢复了，而且比之前更加精力充沛。

没有了骑凤仙这个超级能抄袭的商业竞争者，我们感觉一下就闲了下来。也不知道经过这次鳖宝事件后，骑凤仙能不能大彻大悟，找到正确的发财之路。

我把桌游的销售任务全都交给了那些勤奋的蚣蝮和小石狮子们。他们既是唧筒兵部队的成员，又是穷鬼小分队的股东，所以不用我监督，小神兽们也会尽职尽责地做书、卖书，做卡牌、卖卡牌，做桌游、卖桌游……他们实在是太能干了，导致我们穷鬼小分队的核心成员全都没事干了。

我们设计的故宫神兽大富翁桌游实在太好玩了，神兽玩偶也特别受欢迎，所以我们的收入超级稳定。小猪屁蓬亲眼看到了钱是怎样生钱的，越来越相信我给他们讲的那些财商知识了。

我现在终于有时间研究一下故宫里的古书了。在我生活的世界里，普通人要见到这些珍品藏书可不是一件容易的事。我们现在赚的钱已经够买时空之门的门票了，也许我们很快就会离开神兽空间，不趁机好好看看武英殿、文华殿的藏书，实在是白来了！

香香和晶晶两个女孩也藏在小屋里画画看书，只有小猪屁蓬和金坨坨、八哥鸟啥事都没有，每天闲得无聊。

小猪屁蓬对金坨坨说："金坨坨，猪财神带你去考察故宫吧，咱俩把没去过的地方都研究一遍。"

金坨坨郁闷地说："屁蓬，你真没记性，咱们不是已经把整个故宫逛好几遍了吗？连老虎洞都钻了无数回了……"

八哥鸟说："金坨坨，你傻了，猪财神现在有透视眼了，他这是准备去侦查一下故宫里还有哪些隐藏的宝贝！"

金坨坨倒吸一口凉气："不会吧？屏蓬，你不会像骑凤仙那样变成寻宝狂魔吧？让我看看你的眼睛有没有放红光！"

小猪屏蓬一把推开金坨坨伸过来的小胖手，说："别乱说，我已经把鳖宝拍死了，它不能吸我的血和魂魄，我才没有变成寻宝狂魔。我只是好奇，想看看故宫里还有什么我们没发现的秘密！"

金坨坨长出了一口气说："吓死我了，你没事就好，那咱们走吧！"

于是，小猪屏蓬和金坨坨这一对活宝带着八哥鸟，又一次悄悄地出发了，他们从南向北一路游荡。屏蓬的两个猪脑袋不停地东瞧西看，可一直没有发现什么特别的地方，等走到了中轴线北端的御花园，屏蓬忽然发觉**钦安殿**的方向有一股浓郁的仙灵之气！

小猪屏蓬立刻拉着金坨坨往钦安殿跑。八哥鸟这个话痨一边飞一边喊："猪财神发现宝贝了！赶紧冲啊！"

小猪屏蓬的猪鼻子都快气歪了："八哥鸟，你这个话痨，不要暴露我们

【钦安殿】

钦安殿，位于北京故宫南北中轴线上，在御花园的中央院落内，始建于明代。钦安殿内供奉玄天上帝，又叫真武大帝，是主管北方的水神。钦安殿是故宫南北中轴线上唯一的宗教建筑，地位超然。北京故宫历史上遭遇过多次火灾，但钦安殿从来没有发生过火灾。

的行动！”

到了钦安殿门前，小猪屏蓬更加确定仙灵之气就是从这里散发出来的。他小心翼翼地推开门，发现仙灵之气来自那座金色的神像。

金坨坨气喘吁吁地说：“屏蓬，你发现什么宝贝了？上次晓东叔叔说过，钦安殿里住的是真武大帝，他是水神，所以这座大殿从来没有着过火。”

小猪屏蓬点点头说道：“对呀，这是真武大帝的钦安殿。虽然神兽们驻守的神殿多少都有点仙灵之气，但是我觉得钦安殿里这种仙灵之气特别强大，怪不得能镇住火灾……”

小猪屏蓬话音刚落，真武大帝神像突然爆发出一片金光，他们面前出现了一位高大威猛的神仙！八哥鸟吓得大叫一声：“诈尸了！”

神仙的模样看起来和真武大帝的塑像一模一样，屏蓬确定这就是真武大帝。他害怕八哥鸟得罪了神仙，被变成一地鸟毛，慌忙训斥八哥鸟：“你这只笨鸟，不许胡说八道！死人跳起来才叫诈尸，从神像里出来那叫神仙显

灵！……猪战神和猪财神，拜见真武大帝！”

小猪屏蓬还拉了拉旁边看傻眼的金坨坨。金坨坨这才反应过来，赶紧给真武大帝鞠了一个躬：“您好！真武大帝！”

真武大帝笑了：“原来天蓬元帅小时候就是个活宝，请问你到底是猪战神还是猪财神？”

小猪屏蓬淡定地回答：“一个脑袋是猪战神，另一个脑袋是猪财神！”

真武大帝假装大吃一惊：“啊？那到底哪个是猪战神，哪个是猪财神呢？”

小猪屏蓬对真武大帝嘿嘿一笑：“看心情喽！”

真武大帝哈哈大笑：“天蓬元帅，你可太有意思了！其实我前几天就看到你在紫禁城里跑来跑去的，不知在忙活什么，直到今天你才发现我这座小庙……不过，我发现你这次来，身上突然多了不少仙灵之气啊！”

小猪屏蓬得意地点头：“是啊是啊！我最近跟骑凤仙打架，突然开窍了，想起来一些以前学过的咒语和法术，所以我估计我离修炼成仙又近了一步！”

八哥鸟在大殿的房梁上喊：“你已经成仙了，你是吹牛大仙！”

金坨坨这会终于接受了眼前确实出现了一个神仙的事实，高兴地说：“今天我总算看见真正的神仙了！好棒！之前看骑凤仙就不像神仙。”

真武大帝点点头：“你俩跟我有缘，我才决定出来跟你们聊聊天。”

小猪屏蓬眼珠一转，忽然从怀里掏出来一个小本本和一支笔，双手递给真武大帝，说：“真武大帝，既然咱们有缘分，您就给我的新书签个名推荐一下呗？”

真武大帝吓了一跳：“签名推荐一下是什么意思？”

“就是您在我的书上写一句话，说这本书写得真不错，然后签上您的名字，这样大家就更愿意看我写的书了！我的愿望是成为一个猪作家！”

真武大帝挠挠脑袋：“第一次听说天蓬元帅小时候还有当作家的理想……既然天蓬元帅想写书，我先看看你写的是什么书吧！”

真武大帝接过咒语书翻了翻，点点头说：“这些咒语虽然不太准确，但是都来自道教八大神咒，天蓬元帅很用功，值得鼓励，我就给你写一句话吧！”

真武大帝大手一挥，咒语书上立刻出现了一行龙飞凤舞的字：“猪战神和猪财神的咒语书很好，值得学习！真武大帝。”

“好棒！”小猪屏蓬开心得跳了起来，抱住真武大帝的脖子就亲了两口，真武大帝两边脸上粘上了好多猪鼻涕……

真武大帝也不生气，用手擦了擦脸，笑着说：“天蓬元帅小时候还真是天真烂漫啊！”

小猪屏蓬把真武大帝签名的咒语书揣进怀里说道：“谢谢真武大帝，我明天再来看望您！拜拜！”

小猪屏蓬拉起金坨坨转身就跑，八哥鸟在后面赶紧跟上来，一口气回了武英殿。

知识和技能让你拥有更多机会

晓东叔叔，我发现多读书真的很重要！

呃，你怎么开窍了呢？平时说多少遍让你多看书，你都不看，只喜欢打游戏……

那是因为你说得还不够深刻！这次的鳖宝事件让猪战神想了很多，你要不是看过《聊斋志异》，就不可能知道鳖宝的作用；你要不是看过《初刻拍案惊奇》，也不会知道龙龟爷爷龟壳里的秘密……

同理，我如果没有看过很多书，咱们进入神兽空间恐怕也想不到这么多赚钱的方法。所以，拓宽知识领域，就可以获得更多赚钱的能力，而赚钱的能力，无论到什么地方，都是一种重要的生存能力。

我懂了，也正是因为我有透视眼，才能看到真武大帝。且看我猪财神好好利用这个机会，嘿嘿！

第41章 猪财神当作家

金坨坨跑得上气不接下气，对小猪屏蓬说：“屏蓬，你是想带我减肥吗？我都没弄明白怎么回事，就在故宫里跑了一个来回！”

小猪屏蓬激动地说：“我要成畅销书作家了，能不快点吗？你别叽叽歪歪的，赶紧叫小石狮子们开工印新书！我要把这本咒语书做成畅销书！”

金坨坨奇怪地问：“你要印书干吗不去文华殿？晓东叔叔他们都在那边呢！”

八哥鸟抢着替小猪屏蓬回答：“这你都不懂，他想爆个冷门，突然华丽变身，成为畅销书作家！不过，我得提醒你屏蓬，这本咒语书可不是你写的呀，是晓东叔叔写的！”

小猪屏蓬不服气地说："要不是猪战神和猪财神选择跑到晓东叔叔家，他哪里来的灵感写出这么多咒语？哼哼，所以我也是作者之一，而且这次我在书里添加了很多新的咒语，还有使用法术的心得体会！所以，这是猪财神自己的咒语书了！"

金坨坨着急地说："还是不行啊！晓东叔叔卖过咒语书，结果神兽们都不买，因为他们都自带法力，用不着咒语！"

小猪屏蓬耐心地说："这件事猪财神当然知道，不过现在不一样了，我的咒语书上有真武大帝的亲笔签名，我就不信神兽们不想收藏！"

这时，八哥鸟已经飞快地把小石狮子们叫来了。捂裆狮动作最快，他一看到屏蓬手里的书就大惊小怪地喊起来："啊！这是真武大帝的亲笔签名！猪财神面子不小啊！"

小猪屏蓬好奇地问道："啊？……此话怎讲？"

捂裆狮说："真武大帝可是我们故宫神兽空间里最神秘、最有权威的神仙，轻易不露面的。我们这些小石狮子从来没有见过真武大帝的真容啊！你这签名书散发着真武大帝特有的仙灵之气，和钦安殿里的仙气一模一样，所以这签名绝对是真迹！猪战神，你太牛了！这本书要是印出来，紫禁城里的神兽肯定会人手一本，谁不想沾点真武大帝的仙气啊！"

金坨坨小声说道："真没想到真武大帝的仙灵之气这么重要啊……可是

咱们要把这本书印很多本，不可能每本书上都有仙灵之气吧？”

捂裆狮笑了：“你太不了解仙灵之气了，咱们把书印完，只要把那些书跟这本书放在一起，仙灵之气就会自动把签名复制到所有咒语书上了！”

“这么神奇，那还等什么，赶紧开始干吧！”小猪屏蓬一时热血沸腾。

他一声令下，小石狮子们立刻行动，飞快地修改排版，上机印刷。半天时间，一大堆咒语书就印出来了。小神兽们一通疯狂操作，像变魔术一样，让每本书上都出现了真武大帝的签名！

蚣蝮们抱着这些书飞快地跑到各处去卖，八哥鸟也去了。这些家伙都很有销售经验，他们一边跑一边吆喝：“猪财神新书上市！真武大帝亲自推荐，说这是一本好书！”

不一会，他们就跑回来了，八哥鸟兴奋得说话都结巴了：“全……全……全……全卖光了！赶紧加印啊！”

哈哈，幸福来得太突然，猪财神都有点发蒙。八哥鸟拍着翅膀喊道：“屏蓬，你的猪作家梦实现了！”

金坨坨赶紧提醒说：“屏蓬，你还写过什么书啊，趁热打铁，赶紧再接着出版，继续找真武大帝签名啊！”

小猪屏蓬一拍脑袋，说道：“金坨坨提醒得对啊！”

别说，小猪屏蓬还真的写过一本书。因为我给屏蓬写的《小猪屏蓬爆笑日记》非常畅销，所以屏蓬也偷偷写了一本日记，叫作《小猪屏蓬捉鬼日记》，里面写的全部是小猪屏蓬和金坨坨、香香、晶晶他们一起到处行侠仗义、封印各种鬼怪的故事。

为了让小朋友们了解鬼怪的模样，小猪屏蓬还请香香给每篇日记画了一个妖魔鬼怪的插图。哈！要不是金坨坨提醒，屏蓬还真把这件事给忘了！

小猪屏蓬立刻翻出自己写的《小猪屏蓬捉鬼日记》，叫上金坨坨，带上八哥鸟，一路飞奔又来到了真武大帝的钦安殿。

真武大帝马上现身了。不过，他看起来有点不高兴："天蓬元帅啊！我好心给你的书签名，你竟然拿出去卖钱，还到处吆喝真武大帝推荐……想不到天蓬元帅小时候这么贪财！"

小猪屏蓬嘿嘿笑着说："不想当作家的猪财神不是好天蓬元帅！真武大帝，其实我还写了一本魔幻故事书呢，您再给我签个名推荐一下吧！"

真武大帝哼了一声："好，我就给你签，这次我看你还怎么卖！"

说着，真武大帝大笔一挥，在屏蓬的《小猪屏蓬捉鬼日记》上写了一行小字，把书扔给屏蓬就原地消失了。小猪屏蓬低头一看傻了眼，只见真武大帝在他的《小猪屏蓬捉鬼日记》封面上写道："这是一本奇怪的烂书，胡说八道，鬼都不信！真武大帝。"

旁边的金坨坨笑出了声："啊哈哈哈！屏蓬，你完了，你的作家梦刚刚

开始就要终结了，这书被真武大帝评价成烂书，你还怎么卖啊？”

小猪屏蓬的两张脸都快哭了，眼泪在眼圈里直打转。可是，他忽然想起了我平时教育他要百折不挠，把坏事变好事。小猪屏蓬在心里默念了几遍静心咒，忽然灵机一动：“有了！这书照样能卖！金坨坨，快跟我回去！”

小猪屏蓬拉起金坨坨，又是一路狂奔跑回了武英殿。蚣蝮和小石狮子们都眼巴巴地等着屏蓬，看到他回来立刻欢呼起来。可是看到签名，小神兽们

全都傻眼了。捂裆狮郁闷地说："猪财神，真武大帝说这是烂书，咱们还怎么卖啊?!"

小猪屏蓬伸出手指头在捂裆狮脑袋上敲了一下："你真笨，我告诉你们，准备大批印书，这本《小猪屏蓬捉鬼日记》照样能卖好！"

所有人都看着小猪屏蓬，然后问道："为什么啊?!"

小猪屏蓬信心十足地回答："真武大帝说了什么并不重要，重要的是，这是真武大帝签过名的书。你们卖这本书时就这样吆喝：'猪财神新书上市！真武大帝说这是一本烂书！'"

小神兽们有些蒙："猪财神，你确定要这么卖吗?"

小猪屏蓬使劲点头："对啊！实事求是、货真价实，这是猪财神一贯的风格。欺骗顾客的事情，咱们穷鬼小分队绝对不干！"

八哥鸟恍然大悟："我明白了！猪财神说得有道理啊！如果我忽然听到真武大帝说一本书是烂书，我一定会很好奇，想看看这本书到底怎么烂，烂到什么程度！这叫好奇心害死猫啊！"

"啊！"所有的小神兽恍然大悟！他们呐喊着，立刻开动机器开始印书。

名人效应

屏蓬，你行啊！竟然背着我当猪作家了！

嘿嘿，我还处在摸索阶段，距离作家差得还很远！

过分的谦虚等于骄傲！我都知道了，你的咒语书在真武大帝签过名后就变成畅销书了。名人效应你用得很到位啊！

猪财神并不懂什么叫名人效应……

名人效应，其实就是一种品牌效应。比如很多人都喜欢或者信任的明星为一个产品做广告，大家就会对这个产品产生足够的信任感，产生购买意愿。不过，厂商请名人做广告也要特别小心，万一这个名人有突发的负面新闻，让大家很难继续信任他，厂商的产品也会跟着受牵连。

我不怕，因为我请的名人是最靠谱的神仙之一——真武大帝！

第42章 猪财神将功补过

因为《小猪屏蓬捉鬼日记》是本新书，以前没有排版，所以小石狮子们辛苦工作了整整一晚，都累出了熊猫眼，才印出一千本书。第二天早上，在地上横躺竖卧的蚣蝮们，每人抱着七八本书就冲出去了，故宫神兽空间里到处都是他们的叫卖声："猪战神又出新书了！真武大帝痛批这是一本烂书！快看快看！数量有限，卖完就不印了！"

小猪屏蓬不安地在武英殿里走来走去，担心他的《小猪屏蓬捉鬼日记》不能像咒语书一样畅销。可是，他没转悠多大一会，八哥鸟就飞回来兴奋地大喊："恭喜猪财神，一千本书全卖光了！果然不出所料，神兽们全都好奇《小猪屏蓬捉鬼日记》里面到底写了什么，让真武大帝那么生气！真是好奇心害死猫啊！”

金坨坨说：“那神兽们买了会不会后悔？有没有上当的感觉？”

八哥鸟说：“不会不会！这本《小猪屏蓬捉鬼日记》的故事还是爆笑又搞怪的，神兽们看了全都笑得肚子疼！为了争抢第一批《小猪屏蓬捉鬼日记》，有的书都被撕坏了！快点加印！”

那些累出黑眼圈的小石狮子们，像打了兴奋剂一样跳了起来，立刻忙着加印。这次蚣蝮们也一起上手帮忙装订，半天时间，一千本书又做好了。蚣蝮们再一次抱着书冲了出去，这次他们在更短的时间内就跑了回来，书又卖光了……

小石狮子和蚣蝮们全都忙得抬不起头来，而猪财神数钱数得手都抽筋了。金坨坨着急地说：“屏蓬，别数了，你又不识数！”

小猪屏蓬生气地说：“谁规定的不识数就不能数钱了？我体验一下赚钱的快乐，不行吗？”

金坨坨说：“你晚一点再体验，现在快想想，你还有什么新书没有？趁热打铁，赶紧再接着出版新书啊！”

对啊！小猪屏蓬一拍脑袋说：“我怎么没想到呢？我已经变成知名作家了，现在要是再出一本新书，肯定还能卖好……可是，我真的没有写过其他的书了。等等，谁说我们没有新书？虽然我没有，但是晓东叔叔刚写了一本新书，名字叫《小猪屏蓬故宫财商笔记》，我偷偷看了，写的就是咱们进入故宫神兽空间以后的故事！我先拿过来找真武大帝要个签名！”

金坨坨急忙说：“不行不行！你怎么能偷晓东叔叔的作品呢？”

小猪屏蓬对金坨坨说：“我给晓东叔叔提供了好多素材和灵感，说是我和他一起写的，也不算过分，晓东叔叔肯定不会反对的！大不了我在作者的位置也加上晓东叔叔的名字。咱们在封面上这么写——作者：小猪屏蓬、穷鬼先生。谁让晓东叔叔不是名作家呢，这回就让他沾我的光吧！”

金坨坨挠挠脑袋：“好吧，只好先这样了。那你知道晓东叔叔写的那本书放在哪里吗？”小猪屏蓬嗖的一声从怀里掏出一本手稿：“我正好把他前面的稿子拿出来看，还没放回去呢！晓东叔叔写的所有的书我都是第一个读者！走，咱们找真武大帝去！”

两个小家伙又一次冲进钦安殿时，真武大帝已经显灵了。他站在大殿中央气鼓鼓地说：“好你个天蓬元帅，原来你小时候就是个可恶的熊孩子！”

小猪屏蓬纠正真武大帝说：“不对不对，我是猪孩子，不是熊孩子！真武大帝，我又写了一本新书，您再给我签个名，写个评语呗。”

真武大帝生气地喊道：“我拒绝评论！我对你和你的书很无语！我什么都不说！我看你还怎么到处喊，说真武大帝给你签名了！”

真武大帝说完就消失了，小猪屏蓬和金坨坨愣在了钦安殿。

金坨坨郁闷地说："完了，这次没戏了……"

八哥鸟忽然给他们提醒："猪财神，真武大帝没有表态，也是一种表态啊！连真武大帝都没法评论这本书，你说神兽们好不好奇呢?"

小猪屏蓬兴奋得跳了起来："八哥鸟，你简直是个天才！猪战神知道怎么办了！"

小猪屏蓬又拉着金坨坨跑回了武英殿，立刻布置了印刷和销售方案。几个小时以后，故宫神兽空间的各个角落里都响起了蚣蝮们的叫卖声："猪财神新书上市了！这本书连真武大帝都不知道该如何评论！史上最神秘的奇书！数量有限，先到先得！"

哈！真武大帝听到了这次的叫卖声，不知道会不会被气得吐血啊?他说是本好书，可以畅销；他说是本烂书，依然畅销；他什么都不说，猪财神还是有办法借他的名气大卖。哈哈！

果然不出所料，《小猪屏蓬故宫财商笔记》成了猪战神的第三本畅销书！八哥鸟做市场调查的结果是：经过前两次真武大帝签名推荐，大家都确信小猪屏蓬和真武大帝的关系不一般！这次没有真武大帝签名推荐，说不定真是因为书里有一些不好评价的观点，所以更得看个究竟了！

小猪屏蓬和金坨坨继续数钱，累得呼哧呼哧喘气，我带着香香和晶晶突然出现在他们身后。八哥鸟大呼小叫地喊起来："完了，猪财神，你干的事暴露了！晓东叔叔找你算账来了！"小猪屏蓬和金坨坨吓了一跳，手里的钱都掉在了地上。

我和香香、晶晶一起给小猪屏蓬鼓掌。我开心地说："屏蓬，你利用真武大帝的名人效应把三本书都做成了畅销书，真是教科书式的经典案例啊！恭喜你成为真正的营销高手！"

金坨坨说："晓东叔叔，屏蓬拿走了你的新书，你不生气吗？"

我笑了："拿走我的作品确实不对。如果你拿的是别人的作品，那就不但侵权了，而且还要赔偿对方的经济损失。不过，我的作品从来都是属于穷鬼小分队这个集体的，故事确实是我们一起创作的，能印成图书销售，也是大家一起努力的结果。"

小猪屏蓬赶紧喊道："晓东叔叔，我卖书的钱全部交到了穷鬼小分队账上，是公有资产啊！我和金坨坨一分钱都没装进自己兜里，我们都等着你来给大家分红呢！而且，《小猪屏蓬故宫财商笔记》这本书上署的是咱们两个的名字！这次卖书的钱，不给我和金坨坨发奖金都没问题，算是弥补我们以前乱花钱给穷鬼小分队带来的损失！”

金坨坨也赶紧喊起来：“对对，不要奖金，将功赎罪了！”

八哥鸟也跟着起哄：“乱花钱也有我一份，这次卖书我也帮忙了，所以我也将功赎罪了！”

我的心里很感动，孩子们真是太可爱了。我欣慰地说：“你们能这样想，我真的很开心！养成高财商确实很重要，但是比赚钱更重要的，是保持一颗纯洁正直的心！如果财迷心窍，人就会变成金钱的奴隶，走向另外一个极端。屏蓬，我其实一直在暗中看着你们的行动，你每一步都做得很棒！所以，这次你们创造的财富，我们要像往常一样，按照比例给大家分奖金！”

八哥鸟、金坨坨，还有唧筒兵部队的小神兽们一起欢呼了起来。

小猪屏蓬开心地对金坨坨说：“你看怎么样，我说对了吧，晓东叔叔肯定会支持我的！”

金坨坨对屏蓬竖起了大拇指，但说出来的话没有多少敬佩：“你也就是拿走晓东叔叔的作品，如果换了别人，人家不抓你才怪！”

小猪屏蓬得意地说：“不管怎么说，我现在是真正的猪作家了！”臭美了一会，屏蓬忽然转头问道：“晓东叔叔，你们待在文华殿里好多天不出来，是不是又在做什么秘密的项目？赶紧老实交代！”

不等我回答，香香就从背后拿出一张巨大的图纸让小猪屏蓬和金坨坨看："我们准备做一个特别特别大的工程！屏蓬，你这个猪作家，既然想上交稿费，我们就把资金都投入到这个有意义的大项目里，这件事如果做成了，神兽空间的神兽们更会对我们刮目相看的！"

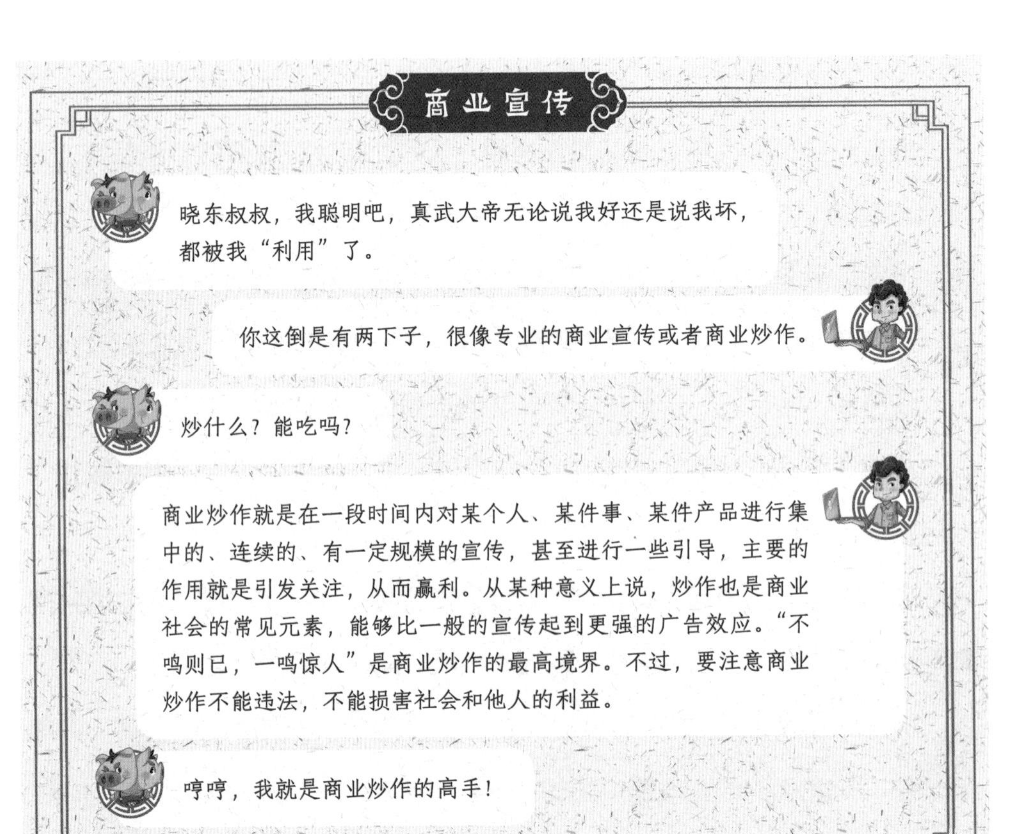

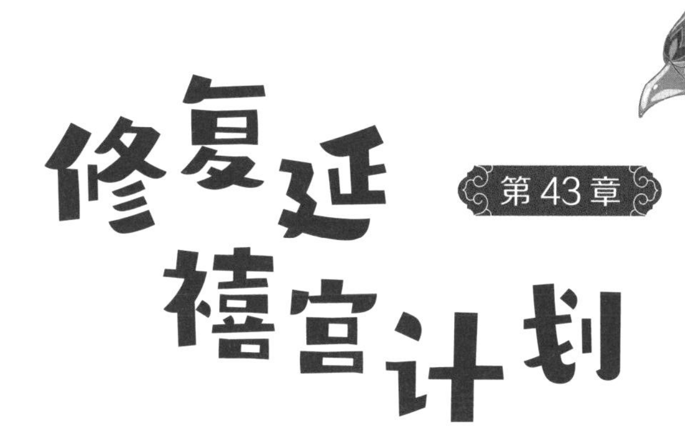

香香把那张巨大的图纸铺在桌子上，所有脑袋挤在一起看那张图。只见图纸上画的是一个有点像欧式建筑的宫殿，不过这座宫殿没有盖完，是个烂尾楼。

小猪屁蓬拍拍脑袋说："这个地方我好像去过，名字好像叫……延禧宫！"

【延禧宫】

延禧宫是内廷东六宫之一，建于明永乐十八年，初名长寿宫，清代改为延禧宫。延禧宫多次着火，一度烧得只剩宫门。宣统元年（1909）在延禧宫原址修建了一座三层西洋式建筑——水殿。隆裕太后题匾额曰"灵沼轩"，俗称"水晶宫"。水晶宫后出于种种原因被迫停建，至清代灭亡，最终还是没有建成。

“对！”香香点点头说，“这座建筑就叫延禧宫，可以说是紫禁城历史上着火最多的宫殿，大的火灾就有四次。后来到了宣统元年，执掌后宫的隆裕太后决定重新改建延禧宫。她请了一位设计师，想在延禧宫的院子中间建造一座西洋式的宫殿，整个宫殿建在一个大水池上，用水包围这座宫殿，看它还怎么着火。”

金坨坨搓搓自己的胖脸蛋说：“啊！这个想法不错！”

晶晶眼神里都是憧憬：“这座宫殿还有一个有趣的名字，叫灵沼轩。如果能建好，不仅造型别致，而且是一座名副其实的水晶宫。宫殿下面的水池里可以养鱼，地板是玻璃的，可以看见宫殿下面水里的鱼游来游去。想想都觉得很美！”

小猪屏蓬搓着手说：“这要是把《海错图》里的鱼都放进水晶宫里面，效果可比金水河强多了！这可是名副其实的海洋馆！我好奇的是，这么好的计划，为什么一直没有完成呢？”

我两手一摊，说道：“因为清朝没落了，皇帝家也没钱了。又过了几年，清王朝就灭亡了，这座神奇的灵沼轩就成了烂尾楼，一直到现在。”

八哥鸟拍着翅膀喊道：“明白了！你们是要把这座灵沼轩烂尾楼给建造完成，对不对？”

我兴奋地点头，可是所有人，以及周围看热闹的小神兽们都疑惑地看着我。我知道他们心里想的是什么——要建成这样一座宫殿，花掉的金元宝肯定是个天文数字。即使我们最近赚了不少钱，恐怕也远远不够这个工程需要的投资。

我耐心地说：“我们误打误撞进入了这个神兽空间，虽然这里看起来和真实世界的紫禁城一模一样，但是属于一个完全不同的平行世界。现实世界里我们不能随便改造故宫遗迹，这里可以改建。故宫是神兽们的家，咱们现在又聚集了很多神兽空间的财富，为什么不多做一些有意义又有意思的事呢？我们现在修好灵沼轩，将来我们离开以后，所有神兽到了这里都会想起我们穷鬼小分队！”

小猪屏蓬郁闷地说：“猪财神当然也想干成这件好事，可是哪里找那么

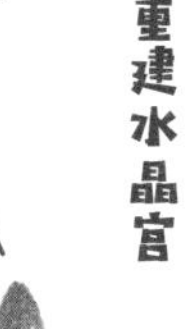

多钱啊……”

我点点头说：“光靠咱们的钱肯定是不够的，所以我已经把这个计划告诉了椒图和龙龟爷爷，他们特别支持。椒图同意从银行发放贷款。将来这座宫殿建好以后，可以向神兽们卖门票，银行的贷款就可以收回来了。但是，龙龟爷爷还是希望我们能发动神兽们一起为这座宫殿贡献力量，用最低的成本建好灵沼轩。让神兽空间的神兽们齐心合力，一直是龙龟爷爷最大的心愿。”

小猪屁蓬喊道：“有道理呀！不是说太和殿就有一万多条龙吗？一条龙搬一块砖，就可以把材料凑齐了！那些龙整天吃喝玩乐什么活都不干，我很奇怪他们的钱都从哪里来啊？”

我说：“我原来也很好奇，后来跟龙龟爷爷一打听才知道，这些龙的贡献也不小。龙族上天入地无所不能，还可以破开神兽空间飞到其他的世界去，他们经常会把其他世界的各种宝贝带入这个神兽空间，让神兽空间越来越富裕。所以，他们就更不愿意干活挣钱了！”

大家听了连连点头。小猪屁蓬继续问道：“那不是还有‘千龙吐水’的蚣蝮吗？现在加入唧筒兵部队的蚣蝮不过一百多只，其他的蚣蝮还在闲着。故宫里的神兽这么多，还有那么多狮子、麒麟、仙鹤，他们不能一起做点贡献吗？”

我笑着回答：“龙族是骄傲的种族，其他的神兽也都很牛气。让他们干活，估计谁也不愿意，除非有什么特别的诱惑。”

小猪屏蓬着急地说：“晓东叔叔，你肯定已经想好办法了，就赶紧说方案吧，别让猪战神着急……”

我点点头说：“确实有办法了，不过这个办法不是我想出来的。要让紫禁城里最厉害的神兽都来帮忙，我们还用老办法，必须悬赏——为灵沼轩贡献材料最多的神兽，还有为施工贡献最多的神兽，可以得到一件极其稀有的奖品。”

小猪屏蓬叫道：“我明白了，和填平十八棵槐的大水坑一样的道理！但是，这么大工程用冰激凌肯定不行了吧？什么奖品才能让那些骄傲的神兽都感兴趣呢？”

我还是不想让这些孩子马上知道答案，让他们多动脑筋进行思考的机会，我可不想浪费。我说了一句貌似没头没脑的话算是给他们提示：“龙龟爷爷表示尽全力支持我们的计划！”

几个小孩大眼瞪小眼地琢磨了半天，最后异口同声地喊了出来：“夜明珠?!”

我开心地拍手大笑：“猜对了！”

小猪屏蓬问：“不是说鼍龙要一万年才能飞升成龙，留下龟壳吗？难道龙龟爷爷现在就要把自己的夜明珠挖出来？难道龙龟爷爷要用刀子把肚子剖开，就像骑凤仙剖开大鳖的肚子那样？大鳖的肚子没有壳，龙龟爷爷的肚子那可是硬邦邦的，怎么打开呢？”

不等我说话，八哥鸟就喊了起来：“猪财神，你这个不识数的家伙，龙龟爷爷刚过完九千九百九十九岁生日！明年他就满一万岁，可以脱壳变成真龙了！”

小猪屏蓬这才恍然大悟。我对他们说：“既然龙龟爷爷说了，自己的壳要贡献给神兽空间，那现在就可以把夜明珠当作奖品先公布出去，对灵沼轩贡献最大的神兽，明年就可以得到一颗夜明珠！”

小猪屏蓬还是有点不放心：“你们确定那些骄傲的龙会喜欢鼍龙的龙珠吗？”

这回说话慢的晶晶都忍不住了：“屏蓬，你没听说过二龙戏珠吗？龙都喜欢玩珠子，尤其是鼍龙壳里的夜明珠，那可比东海的夜明珠大多了。据说鼍龙的夜明珠在夜晚能发出一尺多长的光亮呢！世界上能有多少只鼍龙啊，等一万年也不见得有一个蜕壳的，哪条龙愿意错过这样的好机会啊？”

这次小猪屏蓬彻底明白了。我的心里也特别激动，有龙龟爷爷和椒图银行的大力支持，重建灵沼轩的宏伟计划就可以实施了。和这个工程比起来，我们做过的小生意，只能算是小打小闹。

奖品激励

晓东叔叔，看来给奖励这种方法，还要看准对方的喜好啊。

那是肯定的！如果奖品不能吸引人，那就起不到激励的作用了。这种手段非常重要，使用得好大家的积极性就高，有助于提高团队工作效率。奖励又分为物质奖励和精神奖励，当然也有两种结合的。

我知道了，给奖金就是物质奖励，给奖状和奖杯就是精神奖励！

说得对！你是不是最喜欢物质奖励？

那当然了……不对！猪财神两种都要！

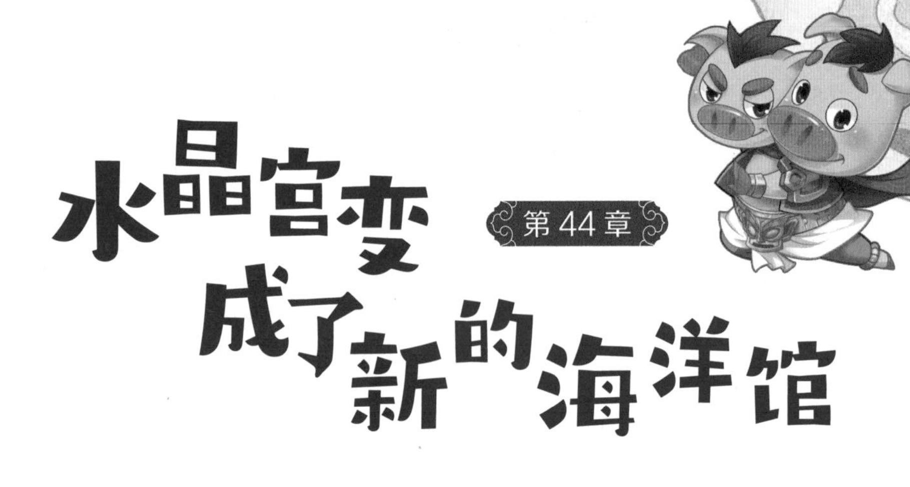

第44章 水晶宫变成了新的海洋馆

我们这支穷鬼小分队最擅长两件事，一是发明创造，二是传播消息。既然已经有了计划，我们立刻就放出消息：“穷鬼小分队要在延禧宫重建灵沼轩，我们要把传说中的水晶宫变成现实，为工程项目做贡献的神兽都有机会赢得神秘大奖！”

穷鬼小分队的号召力，我们还是很有信心的。因为我们发布过一系列热门新产品，小猪屏蓬又刚刚发售了“两次半”真武大帝签名版新书。紫禁城神兽空间的神兽们早就传开了：穷鬼小分队和三大富豪中的两位是好朋友，还把第三位大富豪骑凤仙给逼得破产了。现在听说我们要重建水晶宫，他们都认为肯定又是出人意料的大手笔！

神兽们全都很好奇，这大奖到底是什么呢？当他们听说是龙龟爷爷的二十四颗夜明珠的时候，反响却并不强烈。原因主要是神兽们年纪大的也不过活了一两千年，只有甪端、麒麟、椒图这些年纪够大、知识渊博的老资格神兽，才知道鼍龙的龙珠有多么稀罕和珍贵。

不过，神兽们交流信息的能力还是很强的。那些喜欢珠宝的年轻龙族们，很快就知道了龙龟爷爷的夜明珠就是传说中的“万年龙珠”！再联想到龙龟爷爷不久以前刚过了九千九百九十九岁的生日，神兽空间的神兽们彻底沸腾了！

无论是太和殿柱子上的蟠龙，还是雨花阁的跑龙、九龙壁的七彩神龙，几乎所有的龙族都来到了灵沼轩工地，了解我们建造宫殿需要什么样的材料。就连那条在太和殿顶子上看守龙椅，随时准备扔轩辕镜砸人的巨龙，也把轩辕镜挂在藻井里自己跑来了！

我们跟大家解释建筑材料的规格，其实无非就是汉白玉石砖、琉璃瓦、做鱼缸玻璃窗和玻璃地板的大块加厚玻璃……

那些五颜六色、大大小小的龙认真听着，最后齐声呼啸，腾空而起，各自用神力破开了神兽空间，不知道去什么地方找材料去了……

椒图擦了擦额头上的汗：“这些怪脾气的龙，平时都看不见影子，今天突然全都出来了，真是有点吓人。虽然知道巨龙们喜欢万年龙珠，可是怎么

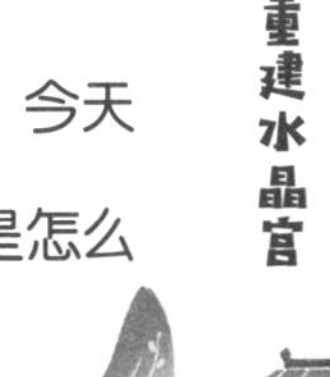

也没想到他们会这么兴奋！真担心最后龙珠不够分，他们打起来，那该怎么办啊……”

龙龟爷爷笑了：“不会的。龙虽然也有善恶，但是这些守护紫禁城的巨龙都是正统龙族，他们一定会守规矩、讲信誉的。谁拿来了多少材料，大家都心知肚明，不会因为奖品发生争执的。”

小猪屏蓬好奇地问：“龙龟爷爷，他们都去哪里找材料了？”

龙龟爷爷说：“他们最有可能去的地方就是《山海经》世界，《山海经》中不是写得很清楚吗？很多山都产玉石和矿石。穿越时空把材料带回来，对巨龙们来说不是难事！”

八哥鸟说：“这些蚣蝮为什么不去呀？”

椒图笑了：“你以为所有神兽都拥有破开时空的能力吗？只有真正的龙才能做到啊，就连龙龟爷爷现在也做不到，只有明年到了一万岁变成真龙，他才能靠自己的力量破开神兽空间，穿越古今！”

龙龟爷爷也点头说：“不要以为所有的龙都要经过蜕壳，刚才飞走的那些龙大部分都比我年纪小，但是我这样的鼍龙，注定要修炼万年才能成为真正的龙，我们不像那些血统纯正的神龙，生下来就很强大！”

小猪屏蓬赶紧喊道：“我知道！比如东海龙王的儿子们，还有唐僧取经骑的白龙马，他们都是龙当中的皇族，生下来就很强大。但是蚣蝮和螭吻都不是真龙，所以不能靠自己的力量穿越，对不对?”旁边的蚣蝮们听着，有点垂头丧气，椒图和龙龟爷爷一起点头。

龙龟爷爷叹了口气说：“我的爸爸是条真龙，我的妈妈是只神龟，所以我生下来就是一只龙龟，只有苦苦修炼一万年，才能蜕去龟壳，飞升成龙。一万年来，我经历了各种苦难，最后关头，我一定要找一个安全的地方，否则在蜕壳的时候被妖怪偷袭就麻烦了。《初刻拍案惊奇》讲的故事里，文若虚捡到的那个大龟壳，就是在一个无人的荒岛发现的。紫禁城的神兽空间里到处都是神兽，没有人会害我。所以这里是个安全的地方，我来了以后，就不想走了。反正几百年对我来说，过得很快。”

龙龟爷爷的话，让我们都听得入迷了。小猪屏蓬郁闷地说：“唉！龙龟爷爷，您都快变成真龙了，我还不知道我什么时候才能变成天蓬元帅呢！我修炼很勤奋的，可是前些天连续念了几段咒语就昏过去了……”

龙龟爷爷和椒图都笑了。椒图说：“本来我还以为你吹牛，不过，自从真武大帝愿意在你面前现身，我就相信你将来真的会变成天蓬元帅了！天蓬元帅统领十万天河水军，与水有缘；真武大帝是主管北方之神，北方属水，所以真武大帝是个水神，你们二人自然会觉得亲近。”

小猪屏蓬这才恍然大悟：“哦！原来真武大帝喜欢我是有原因的，我也特别喜欢真武大帝身上的那种仙灵之气！唉，可惜我现在把真武大帝给得罪了……”所有人听了都哈哈大笑起来。

我们说话的工夫，天空中忽然乌云密布，电闪雷鸣。我们抬头看，只见天空中忽然出现了一道裂缝，无数条巨龙从裂缝里飞了下来！八哥鸟一惊一乍地大喊：“哎呀！时空之门开了！咱们要回家了！”

他这么一喊，我们全都吓了一跳。虽然我们也想回家，但是在神兽空间里，我们还有一个心愿没有了结，就是建好水晶宫！在这之前回去，真是有点遗憾。

龙龟爷爷摇摇头，淡定地说：“这不是时空之门，只是无数条巨龙同时破开神兽空间运送材料，才会闹出这么大动静。椒图，辛苦你做好统计和接收工作。看样子，这些巨龙一次运来的东西，就会远远超过我们的需要！”

我们听了都特别开心。巨龙们带着耀眼的光芒从天而降，临近地面的时候，我们都惊呆了——这些巨龙都带着各种颜色的矿石，有的背在背上，有的用爪子抓着，还有的用嘴叼着……太和殿里那只叼着轩辕镜的巨龙，放下的石头最大，简直就是一座小山；而且这块石头洁白如玉，是一块难得的好材料！

巨龙们飞快地落地，放下石头转身就走。看守龙椅的巨龙在半空中留下一句话：“哈哈！我就等着你们公布统计结果了！大奖肯定是我的！”

椒图从容不迫地记录着每条巨龙放下的材料，一点也不慌乱。不识数的小猪屏蓬，佩服得五体投地。

现在材料肯定绰绰有余了，就看唧筒兵部队的小石狮子和蚣蝮们的本事了！我回头一看吓了一跳，我们的蚣蝮突然多了好几倍。原来那些偷懒不愿意干活儿的蚣蝮也全都来了，他们自发组成一个个小组，想利用团队作业来跟强大的神兽们抗衡。不过，他们没有接受过唧筒兵部队的军事训练，所以工作效率有点低，手忙脚乱还做不出东西。

再看我们唧筒兵部队的小神兽们，一个个精神抖擞，配合默契，巨大的石料很快就被切割成一块块整齐光滑的石砖。我惊讶地发现，在小石狮子群里，有一个小个头、黑不溜秋的家伙跑来跑去，仔细一看，竟然是小铜狮子。他一边忙碌着，还一边给自己呐喊助威："加油！我这次绝不掉队！狮子都是最棒的！"

这种火热的劳动气氛感动了龙龟爷爷，他激动地说："我一直希望看到神兽们能够齐心合力，现在终于等到这一天了，真要感谢穷鬼先生和他的伙伴们啊！"

我也开始忙活起来了。小猪屏蓬的任务很艰巨，我要让他用咒语召唤神火，按照故宫建筑的标准烧制瓦片和瓷砖。很多个头不大的火龙也来帮忙了。我在无数忙碌的身影里还看到了十大脊兽、麒麟、负跪吉象和好几只仙鹤，他们虽然不像龙族那样渴望得到夜明珠，但是也愿意为水晶宫贡献一份力量。

巨龙们带回来的材料真是应有尽有，神兽们干起活来也是热情高涨。几天工夫，水晶宫就建成了！负责掌管轩辕镜的巨龙又来了，他看看水晶宫下空着的大水池问道："这池子能用了吗？"

我点点头说："没问题了！防水做好了，绝对不会漏水！就是现在找不到这么多干净的水源。御花园那边的大庖井，水质虽然很好，但是离得有点远，而且也不知道能不能装满这么大一个水池啊！"

轩辕镜巨龙点点头说："清水我早就准备好了，你们都闪开些！"

轩辕镜巨龙大嘴一张，哗啦一声巨响，水就像瀑布一样从龙嘴里喷涌而出，瞬间就把灵沼轩下面的池子给装满了！真是太神奇了，也不见龙的肚子有多大，竟然装了这么多水！

轩辕镜巨龙得意地说："这是我专门从大雪山找来的冰雪融化后的雪水！这下我的贡献肯定名列前茅了！哈哈哈！"说完，他摇头摆尾地飞回了太和殿。

晶晶举着她租来的那本《海错图》跑过来："屏蓬，快用咒语把《海错图》中的怪物都放进去吧！然后我们把人鱼爷爷也从金水河接过来！"

"好嘞！"小猪屏蓬赶紧接过《海错图》念起了咒语："千星闪耀灵光现，万圣亲临鬼神惊，昆仑永泰通仙境，降落凡尘百万兵！"

小猪屏蓬一边念咒语，一边抖动手里的《海错图》，只见一片金光闪过，无数大鱼小鱼噼里啪啦地从书里掉进了巨大的水池里，鱼儿们立刻畅游起来！

大家兴奋地跑进灵沼轩，站在完全透明的玻璃地板上，看着地下水池里各种水生动物游来游去，再加上四面墙壁上的大鱼缸，感觉就像在大海里潜水一样，简直太爽了！

看着我们大家的劳动成果，龙龟爷爷点头称赞："这宫殿简直比想象中的还要美丽十倍，不，美丽一百倍！看得我都想进去游泳了……"

椒图手里的算盘打得噼啪响，他激动地说："这座宫殿，如果是买材料、发工资的话，成本简直就是一个天文数字！没有上百万个金元宝，根本别想建成。现在用奖励的方式，不但省钱，而且速度快得超乎想象啊！"

我开心地说："除了那些贡献大，能得到龙珠的巨龙，小神兽们也付出了很多辛苦的劳动。我建议把穷鬼小分队赚来的钱奖励给那些勤劳的蚣蝮和小石狮子们！当然，还有那些来帮忙的神兽，也应该得到一些奖励。"

龙龟爷爷和椒图都点头同意。龙龟爷爷说："这里面详细的计算，交给椒图来做就可以了。"唧筒兵部队的小蚣蝮们靠自己的辛苦劳动，终于摆脱了紫禁城最穷神兽的尴尬处境。我相信，现在他们也掌握了管理财富的方法。

正当我们欢庆灵沼轩落成的时候，天空中又传来了一阵霹雳声。我们抬头一看，只见天空中再次出现了一个巨大的时空裂缝。咦？神龙们已经全都回来了，这会是谁呢？

龙龟爷爷和椒图都皱起了眉头。龙龟爷爷说：“不好，这次来的家伙妖气很重，他们绝对不是神兽……”

第45章

《山海经》中三大凶兽穿越了

龙龟爷爷的话音刚落，只见天上的裂缝里嗖嗖嗖闪过三道绿光，三个怪模怪样的家伙飞进了紫禁城神兽空间，他们飞快地向着太和门广场飞去。小猪屏蓬和金坨坨拔腿就跑，屏蓬一边跑还一边喊：“跟着猪战神冲呀，外星人入侵了，消灭他们！”八哥鸟跟在两个小孩后面飞，那些蚣蝮和小石狮子们也马上跟着冲锋。我急得拼命追上去，一把抓住了金坨坨的胳膊，另一只手揪住了小猪屏蓬的耳朵：“别乱跑！万一是妖怪，你们就死定了！”

神兽空间最不缺的就是战士，我刚抓住了他俩，就看到无数道金光从四面八方向着太和门广场的方向汇集——是神兽们行动了！

小猪屏蓬着急地喊：“晓东叔叔，要打仗了，你就让猪战神过去看看热闹吧！”我还没来得及说话，身边的椒图和龙龟爷爷一瞬间就在我们眼前消失了！我们全都吓了一跳，这两位平时慢条斯理、温文尔雅，我们差点都忘了他们二位是传说中龙所生的九子之一！

我对小猪屏蓬说：“看见了没？没有人家神兽的实力，就别往跟前凑，如果真打架，估计十个你都不是龙龟爷爷的对手。咱们赶紧回文华殿，从协和门那里偷偷看看，绝对不许过去掺和，听见没有？”

“好吧！……”小猪屏蓬和金坨坨都很失望，不过能远远地看热闹，总比不让看要强。

大家从紫禁城东路一起向南狂奔，经过箭亭，跑向协和门。小石狮子和蚣蝮们比我们跑得还快，转眼就超过我们跑到了太和门广场。

到了协和门，我拉住小猪屏蓬和金坨坨，不许他们再靠近了。我们挤在门口往里面看，只见小铜狮子的爸爸妈妈和十大脊兽已经把新来的三个家伙团团围住了，半空中还有数不清的巨龙从云层里探头往下看。小铜狮子的爸爸妈妈浑身卷毛都竖起来了，块头显得更大了，他们恶狠狠地盯着那三只怪兽，好像随时准备扑上去撕碎他们。

那三只怪兽站在金水桥上进退不得。我仔细一看，这三个家伙的长相实在是太奇怪了，正中间的是一头满身都是尖刺的老虎，背上有一双翅膀，两只绿油油的眼睛放着诡异的凶光。我大吃一惊，这不就是《山海经》里有名

的吃人凶兽穷奇吗？

再看旁边的两个，模样就更奇怪了，穷奇右边的那个长得像充满了气的大红气球，六条短粗的大象腿，背上还有两对翅膀。重点是，他的脸上没有五官，光秃秃的，鼻子、眼睛和嘴巴全都看不见。这家伙我也认识，他是《山海经》里讲的帝江。

穷奇左边的怪兽长得最诡异，他的身体像只大山羊，脑袋上却长着一张人脸。不过，这张人脸上没有眼睛，他的眼睛长在前腿后面的肋骨上了，两只眼珠贼溜溜地乱转，说不出的吓人。他就是《山海经》里著名的大凶兽狍鸮。我忍不住吸了一口凉气，《山海经》里的三大凶兽全都到齐了！

【穷奇】

《山海经·海内北经》中记载："穷奇状如虎，有翼，食人从首始，所食被发。在蜪（táo）犬北，一曰从足。"《山海经·西山经》有云："又西二百六十里，曰邽山。其上有兽焉，其状如牛，蝟毛，名曰穷奇，音如獆狗，是食人。"虽然描述不同，但是穷奇都被描述为一种吃人的凶兽。

【帝江】

《山海经·西次三经》记载："有神焉，其状如黄囊，赤如丹火，六足四翼，浑敦无面目，是识歌舞，实惟帝江也。"意思是说有一个神，形状像个黄布口袋，红得像一团红火，六只脚、四只翅膀，没有耳目口鼻，懂得歌舞，名字叫作"帝江"。按照《山海经》的说法，帝江是神，并不是凶兽。可是在神话传说的不断演变中，帝江变成了凶兽。

小铜狮子爸爸大吼道：“哪里来的妖怪？这里是神兽的领地，不想死就赶紧滚出去！”

十大脊兽和小铜狮子妈妈也一起发出怒吼，整个神兽空间都摇晃了一下。小猪屏蓬一兴奋，竟然把自己的九齿钉耙召唤出来了。他嚷嚷着：“别拦着我，让我去打怪！”

我揪住他的耳朵不松手，八哥鸟站在墙头上说风凉话：“二师兄，你还是省点力气吧！我看整个广场上没有一个像你个头这么小的，你的九齿钉耙，顶多给小铜狮子爸爸剔剔牙……”

小猪屏蓬一下就泄了气，确实现在站在太和门广场上的家伙个个都是狠角色，小猪屏蓬的形象和人家比起来，怎么看都是个萌宠。

忽然，怪兽中间的穷奇说话了。让我吃惊的是，他的声音和语气一点不像大妖怪，反而挺客气：“哦哦哦！大家别误会！我们不是来闹事的！我

【狍鸮（páo xiāo）】

《山海经·北山经》记载：“有兽焉，其状羊身人面，其目在腋下，虎齿人爪，其音如婴儿，名曰狍鸮，是食人。”可见狍鸮也是个可怕的大凶兽。《山海经》注解者郭璞认为，狍鸮就是饕餮（tāo tiè）。关于饕餮的传说很多，据说黄帝砍下蚩尤的脑袋，那脑袋落到地上就变成了饕餮。饕餮非常贪吃，可以吞吃万物，最后把自己的身体都给吃掉了，只剩下了脑袋。

们来自《山海经》世界，因为看到有巨龙从我们那边运走了很多矿石，很好奇，就跟来看看这里是什么地方，没想到是一大片好漂亮的宫殿啊！嘿嘿……我们只想做生意赚点钱，不是来惹事的。”

穷奇身边的两个家伙也没有乱动，一副老实巴交的样子。这倒是让神兽们不好下手了。

脊兽中的神龙老大说道：“神兽空间有规矩，只要不是来捣乱，正当做生意可以来去自由。不过，你们要是敢胡作非为，我们十大脊兽一定让你们有来无回！”

小铜狮子爸爸也瓮声瓮气地说：“紫禁城的神兽空间，神圣不可侵犯，如果你们坏了规矩，我会毫不客气地撕碎你们！”

獬豸用头上的犄角对着三大凶兽比画了几下，用低沉的嗓音说道：“我不喜欢他们身上的妖气，他们和神兽不是一路的！”

穷奇点头哈腰地说道：“不敢不敢，我们真的是来做生意的。看！我带了好多金子！”说完，穷奇大爪子一挥，面前突然就出现了好几大块金光闪闪的矿石，虽然没有加工成金元宝，但是这些矿石的含金量很高，每一块都能提炼出百十个金元宝。

这时候，龙龟爷爷说话了：“哦，既然是来做生意的，那就是我们的客人。神兽们最讲究公平交易，希望你们不要破坏我们的规矩！”

穷奇使劲点头："一定一定！感谢，感谢……"

又一道金光划过，好几天没露面的骑凤仙突然出现了。这家伙摇头晃脑地对穷奇他们三个怪兽说道："我们神兽空间，每座宫殿、每个区域都有神兽驻守，你们没事不许乱窜！如果让本王发现你们乱跑，一定就地正法！"

穷奇老实地答应着："不敢不敢。只是，能不能给我们一个小小的地方落脚，我们停留几天，买到合适的货物就走。"

椒图想了想说："你们三个就住西南角的**南薰殿**吧，那是一个独立的院落。我会发布消息，如果有人愿意跟你们做生意，就会到南薰殿去找你们。住在南薰殿是要交租金的，每天一个金元宝！"

穷奇使劲点头："这样很好，谢谢了！但我们没有金元宝，可以用矿石交房租吗？交多少您说了算！"

两边都谈好了，我们这些看热闹的却犯起嘀咕。香香挠挠脑袋说："哎呀，《山海经》里最可怕的三大凶兽要和咱们做邻居了！这南薰殿离咱们的武英殿也太近了，差不多就是门对门啊！不行，今天晚上咱们都住到文华殿

【南薰（xūn）殿】

南薰殿始建于明代，在武英殿西南，是一处独立的院落。清代在南薰殿存放中国古代历代帝王贤臣的画像，自太昊、伏羲以下，共有帝王贤臣画像一百二十一份，所绘大小人像共五百八十三幅。

去吧！”

晶晶的胆子特别大，她慢悠悠地说：“我要住在武英殿，《山海经》里的大凶兽可不是那么容易见到的，我想多看看他们！”

小猪屏蓬故意问道：“晶晶姐姐，你不怕穷奇和狍鸮吃人吗？他们俩可是《山海经》里最厉害的家伙……”

晶晶淡定地说：“咱们有唧筒兵部队，蚣蝮加上小石狮子有一百多个神兽了，还有你猪战神屏蓬，我倒要看看《山海经》里的凶兽怎么吃人！”

嘿！晶晶这话真给力，小猪屏蓬这个好战分子立刻就把胸脯挺了起来：“说得对！我是天蓬元帅猪战神，我倒要看看穷奇和狍鸮怎么吃人，天蓬元帅一耙子揳（xiē）他九个大窟窿！”

八哥鸟也拍着翅膀说：“我也要跟晶晶姐姐住在武英殿，有热闹不看是傻瓜！”

听了这话，金坨坨和香香也表示今天晚上要住在武英殿。我郁闷地说：“好吧，既然你们都这么勇敢，咱们穷鬼小分队就还住在武英殿吧！我写了那么多有关《山海经》的故事，这回也近距离观察一下最有名的三个大凶兽！”

和《山海经》里三个最有名的大凶兽住对门，我们嘴上说不害怕，其实还是挺紧张的。那些蚣蝮和小石狮子们晚上都没有回自己的领地，而是围在武英殿外面横躺竖卧睡了一地。午门的几只螭吻也跑到武英殿房顶上来给我们站岗放哨，小猪屁蓬扛着小耙子在院门口来回溜达，嘴里还不停地念叨着：“你们都放心睡吧！我两个脑袋今天晚上轮流值班，总有一个清醒的给你们站岗放哨！”

金坨坨扭着小屁股说：“今天我必须睡最里面，我身上肉多，妖怪来了肯定最想吃我……”

晶晶不知道从哪里掏出一个巨大的单筒望远镜，说道：“你们都睡吧，我要趴在墙头看妖怪夜里都忙活些什么！这个望远镜带夜视仪！”

啊？居然还要守夜？我发现晶晶是这几个小伙伴里除了小猪屁蓬胆子最大的。

小猪屁蓬、金坨坨、晶晶和香香趴在墙头，轮流用带夜视仪的望远镜朝对面的南薰殿偷看。可是，那边就像没人住一样，一点动静都没有。

香香小声说：“不对呀，他们会不会已经偷偷溜出去了？”

小猪屁蓬说：“不可能！我刚才跑到大门口问过椒图了，他和龙龟爷爷早就抽调人手对南薰殿进行严密监视了。行什就在附近藏着呢，一旦发现穷奇他们踏出南薰殿的院子一步，行什就会放出闪电霹雳报警。还有屋顶上的螭吻，其实也是椒图派来保护我们的。”

看来龙龟爷爷和椒图都挺照顾我们穷鬼小分队的。几个小孩又用望远镜观察了一会，实在没什么好玩的，最后全都打着哈欠睡觉去了。

客户关系

想不到《山海经》里的大凶兽都跑到紫禁城神兽空间来了……

他们是来做生意的，不是来做坏事的。现在他们是客户，我们应该跟他们搞好客户关系。

什么叫客户关系？

客户关系是指企业为了达到经营目标，主动与客户建立的一种联系。比如交易关系，或者通信联系，还可以形成某种联盟。客户关系具有多样性、差异性、持续性、竞争性和双赢性的特征。

太复杂啦！不了解的客户，不理他们行不行？

做生意需要面对各种各样的客户，当然了，防范之心不可少，同时也要尊重每一个生意伙伴，保持客户的多样性。

第46章 穷奇的骗局

第二天一大早，孩子们还都睡得正香，我就起来了。我听见外面好像有人说话，乱哄哄的，很烦人。小猪屏蓬躺在床上闭着眼睛大喊：“能不能让人家好好睡个懒觉呀，吵死啦！”

我伸手揪住屏蓬的耳朵说：“就你嗓门大，比谁都吵！”

晶晶从自己小床上坐起来，揉着眼睛慢悠悠地说：“你这只猪，还说两个脑袋轮流给我们站岗放哨，结果一躺下就开始打呼噜，一个脑袋打得响，另一个脑袋打得更响！”

香香也气鼓鼓地说：“没错，屏蓬，你吵得我们都没睡好觉！”

小猪屏蓬也睁开了眼，他自己还挺惊讶，说：“哎呀，我不是在站岗吗，怎么在床上呢？”

八哥鸟从外面飞了进来，一边飞一边喊：“号外！号外！穷奇要收购紫禁城里的猫！有多少要多少！”

什么？我们一下全都清醒了，穷奇这个大凶兽收购这么多故宫御猫要干吗？

小猪屏蓬叫了起来：“难道穷奇爱吃猫？”

我也百思不得其解。关于穷奇的书，我看过一些，虽然很多神话传说不太一样，但是从来没有看到穷奇爱吃猫的记载啊！

我忍不住自言自语地说：“穷奇这葫芦里卖的是什么药？高价买御猫干吗？还有多少要多少……”

金坨坨搓着自己的胖脸蛋说：“这还不简单吗，穷奇家里闹耗子呗，需要大批的猫捉老鼠。不过，故宫里的这些御猫，个个肥头大耳，还没我跑得

【故宫御猫】

据历史记载，明太祖朱元璋立都南京后，就曾挑选了很多猫豢养于宫中，用来预防鼠患。永乐皇帝迁都北京时，这些被“钦点”的御猫仍旧同行，成了紫禁城中第一批御猫。嘉靖帝还特意建立了“猫儿房”，设专门的机构与职位来饲养猫。故宫是木结构古建筑群，极易受到老鼠的破坏。在御猫的守卫下，鼠患很少。

快呢，能抓到老鼠吗？”

八哥鸟说：“穷奇说《山海经》世界里没有猫！如果带回去，一定会卖个好价钱。”

孩子们都瞪大了眼睛：“不会吧？《山海经》里什么怪兽都有，怎么会没有猫？”

我点点头说：“中国古代到底有没有猫我也不知道，不过我是没有在《山海经》里看到过‘猫’字。过去有人认为，中国本地没有猫这种动物，是在两千多年前的汉代通过丝绸之路运进来的。《山海经》里记录的年代已经没法考证，如果按照黄帝时代来估算，至少也有四千多年了，那个时候就算中国有猫，估计模样与现在差别也比较大。现在我们养的猫都是经过人工选育的，很多品种和花色都是国外流入的，穷奇没见过也是有可能的。”

小猪屏蓬喊道：“有道理！有道理！我还看到过书上说，中国本土的猪，在清朝以前都是黑色的，现在的白猪都是从国外引进的。既然中国古代的猪和外国的猪不一样，那中国古代的猫跟国外的猫很可能也不一样！”

香香着急地说：“穷奇要把故宫的御猫全都带走吗？猫的主人愿意卖吗？”

我摊开两手无奈地说：“故宫的猫没有主人，据说明朝起故宫里就有很多猫，它们在皇宫里四处游荡，经过多年的繁衍，早就说不清有没有主人了。”

八哥鸟继续传达听来的消息：“穷奇自己不能出去抓猫，他就请椒图帮忙发布消息，说用两个金元宝一只的价格收购御猫，有多少要多少！这家伙都买好笼子了，在南薰殿的院子里摆了一地……”

八哥鸟说话的时候，香香和晶晶已经架着梯子趴在墙头观察南薰殿了。香香叫道：“爸爸！他们已经买了五十多只猫啦！都是那些不爱干活的蚣蝮给抓来的，两个金元宝价格可不低，这下猫猫们倒霉了！”

我皱着眉头说：“继续观察，我感觉事情没有那么简单……”

半天时间很快就过去了，御猫都很聪明，发现有人抓它们，全都不知道躲哪里去了，所以送猫的小神兽越来越少。

很快，八哥鸟又飞来报告：“穷奇涨价啦！现在变成五个金元宝收一只猫了！”

我们都吓了一跳，看来穷奇确实很有钱。蚣蝮们更加兴奋，更加积极地到处去找御猫。下午半天，又抓住了三十多只猫……在这一天的时间里，穷奇已经买到八十多只猫了。

一夜没有情况。第三天一大早，八哥鸟又带来了新的消息：“现在穷奇出十个金元宝收购一只猫！”

那些蚣蝮更疯狂了，故宫神兽空间的每个犄角旮旯都有蚣蝮在找猫。听

说就连小铜狮子的爸爸都去抓猫了。

金坨坨惊讶地说："穷奇有那么多金元宝吗？"

八哥鸟说："他有好多好多金矿石，从《山海经》世界带来的！"

晶晶说："我也听说了，穷奇的金矿石特别多，还有一些珍稀的水晶石呢！应该都很值钱吧，收购一百多只猫，肯定没问题！"

中午，八哥鸟惊慌失措地飞来了："号外！号外！特大消息！穷奇现在用二十个金元宝收购一只猫！已经有神兽破开神兽空间到外面去抓猫了！"

我捂着脑袋自言自语："直觉告诉我，这里面肯定有圈套！但是到底怎么回事呢？八哥鸟，你再去侦察，有什么奇怪的事情要立刻告诉我！"

"好嘞！穷鬼先生！我马上再去打探，保证不错过任何风吹草动！"八哥鸟答应一声就飞走了。

黄昏的时候，八哥鸟回来报告："下午穷奇收到的猫还是很少。不过，我刚刚听说，有人在外面收了猫到我们紫禁城神兽空间来卖，就在城隍庙那边，但是天一黑我就什么都看不见，不能继续侦察了！"

我立刻站起身说："屁蓬，你跟我一起看看去！"

"好嘞！"屁蓬答应着跟在我身后跑出了武英殿。我们俩一起朝着西北角的城隍庙跑去，跑到那里一看，只见一个胖胖的"老头"在卖猫，那"老头"长得特别吓人——长了四条胳膊，在两个胳肢窝下面，还伸出两只手来；后背鼓鼓囊囊的，好像驼背很严重。

这家伙堵在城隍庙的门口，不让别人进去，有人来买猫，交给他十个金元宝，他就闷声不响地提着一个装着猫的笼子递给买主。

买猫的都是那些懒惰的神兽。我拉住一只神兽问：“你哪里来那么多金元宝买猫啊？”

那只神兽回答说：“借的呗！”

我大吃一惊：“借这么多钱买一只猫，你疯了吗？”

那只神兽不耐烦地小声说：“你才疯了呢！我现在花十个金元宝买这只猫，明天一早二十个金元宝卖给穷奇，净赚十个金元宝呀！”

呃，我和小猪屏蓬愣住了。屏蓬根本就不识数，一提到数字他就犯迷糊。他掰着手指头算了半天，然后一屁股坐在地上，脱了鞋和袜子数脚趾，最后一拍脑袋说：“晓东叔叔，还是你来算这笔账吧！”

就在这一刻，我终于明白穷奇的阴谋是什么了。我拉起小猪屏蓬就往回跑。回到武英殿，看到晶晶和香香还趴在墙头用望远镜在监视南薰殿。我赶紧问她们："香香、晶晶，穷奇他们有什么异常吗？"

晶晶慢条斯理地说："三个大凶兽都在，只是那个六条腿的帝江有点奇怪，他一直趴在那里一动不动，已经好长时间了。穷奇和狍鸮坐在不同的房间里，有时候穷奇会倒腾那些捉来的猫，我发现猫少了很多只！"

小猪屁蓬大吃一惊："那些猫不会是被穷奇给吃了吧？"

我在他脑袋上拍了一下："穷奇才不吃猫呢！我已经猜到穷奇的阴谋是什么了！这是一个骗局，类似著名的庞氏骗局！我猜，那个四条胳膊、两个胳肢窝下面还伸出两只手的卖猫老头是帝江变的！"

屁蓬一听，咬牙切齿地说："哼！怪不得那个卖猫的家伙目光呆滞，没有表情，原来是帝江变的。帝江根本就没有鼻子、眼睛和嘴，假的五官当然不会动！可是晓东叔叔，你刚才说的'胖子骗局'是什么意思？"

我被屁蓬气得差点栽倒在地："什么'胖子骗局'，我说的是'庞氏骗局'！简单说，就是利用新客户的钱，给老客户发利息，制造一种高额回报的假象，吸引新客户源源不断地进入圈套。我猜现在一定是帝江把收来的猫卖给那些做发财梦的傻乎乎的神兽，等明天早上那些神兽们把高价买来的猫送到穷奇那里的时候，他们就会发现穷奇早就带着钱跑没影啦！"

小猪屁蓬一拍脑袋："怪不得我看那些猫有点眼熟！原来就是咱们神兽

空间的御猫啊！”

我点点头说：“立刻行动。屏蓬，你赶紧通知椒图，让十大脊兽立刻捉拿穷奇！我估计他们今天夜里就会逃跑！”

“好嘞！”小猪屏蓬答应一声，就找椒图去了。

我继续布置任务：“金坨坨、香香，你们俩和晶晶继续监视对面的动静，如果发现穷奇要逃走，就喊附近的神兽们拦截！”

小猪屏蓬用椒图教给他的方法对着门兽大呼小叫，没想到眼前金光一闪，椒图真的出现了。屏蓬把事情一五一十地告诉了椒图，虽然椒图也没有听懂什么是“胖子骗局”，但是他听懂了收购御猫的秘密。椒图大吃一惊，立刻发布了通缉令。一时间，神兽空间里灯火通明，无数神兽从四面八方朝着南薰殿冲过来。当然，还有一批神兽直接去捉拿“猫贩子”帝江了。

穷奇发现不对劲，也不管帝江了，从院子里冲出来就准备逃跑。不过，他还没飞多高，就被骑凤仙带着十几条巨龙给挡住了。

穷奇赶紧朝地面降落，可是地上的神兽更多，十大脊兽、太和门的铜狮子一家，把穷奇给围在了正中央，这真是上天无路，入地无门。

天空中传来几声龙吟。我们抬头一看，好家伙，只见雨花阁的四条跑龙飞过来了，他们活捉了帝江，用大铁链子拴着。四条龙分别从四个方向拉着链子，也降落到了太和门广场上。我们的唧筒兵部队的小神兽们，把穷奇和

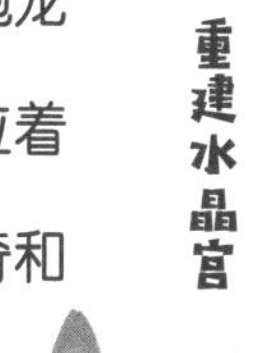

帝江的犯罪证据全给拿了过来，两百多个笼子，一百多只猫。

龙龟爷爷对着穷奇和帝江问道：“你们还有什么话说？”

穷奇满不在乎地说：“没什么可说的，我的计划只差一点就成功了，最后关头被你们识破，只能说明你们这些神兽不像我想象的那么傻，还是有几只聪明的。嘿嘿！现在既然被你们抓住了，随便你们处置吧！”

小猪屁蓬和金坨坨大喊：“打死他！封印他！”

椒图摇摇头笑了：“神兽空间有自己的规矩，穷奇和帝江确实是骗子，人赃俱获，但是他们犯的罪还够不上死罪，我们也没有闲工夫关押几个罪犯。我们的风格是把坏蛋驱逐出去！”

龙龟爷爷点点头：“不错，既然没什么可说的，就拜托神龙把他们送走吧！”

几条巨龙吼叫着，低头咬住穷奇和帝江腾空而起，天空中又出现了一条巨大的裂缝，穷奇和帝江被赶出了神兽空间……

什么是庞氏骗局

好危险啊，差点被穷奇用庞氏骗局给套路了……

我相信有晓东叔叔在，什么“胖子骗局”“瘦子骗局”，一律不会得逞的！

不是“胖子骗局”，是“庞氏骗局”！因为发明这个骗钱方式的是一个叫“庞兹”的人。他用高回报作为诱饵，骗投资人去投一个根本不存在的企业，吸引到资金以后，他就马上付给最初的投资者，制造赚钱效应，结果庞兹半年就吸引了三万多投资者。

就没有人识破他的骗局吗？

是骗局早晚都会被戳穿。庞兹行骗一辈子，死的时候身无分文。事实证明，靠欺骗是没法成为富翁的。穷奇用的办法就是庞氏骗局，不断提高收购价码，让越来越多的人上当。最后把低价收购来的御猫高价卖给新入局者套利。所以，当你遇到利润高得不正常的情况，就一定要警惕了。

猪财神懂了，这就叫“不合常理必为妖”！

第47章 狍鸮开了个游戏厅

看到穷奇和帝江被赶走，小猪屏蓬忽然喊起来：“哎，你们少抓了一个坏蛋，那个狍鸮还没抓呢！”

行什突然现身：“我一直在严密监视他，那个家伙虽然是和穷奇、帝江一起来到神兽空间的，但是他从来没有参与穷奇的卖猫计划。所以，按照神兽空间的规矩，我们不能赶走他。”唉……没想到神兽们的规矩还挺多的。

就在这个时候，南薰殿里传来瓮声瓮气的嗓音：“我可是正经的生意人，跟穷奇、帝江那样的骗子不一样，我是来开办大型游戏厅的。”

啊？我们大吃一惊，游戏厅的投资规模相当大，难道狍鸮真是来做大生意的？

椒图大声回答：“只要是遵守规矩，来神兽空间好好做生意的，我们都支持！不过要是捣乱，一定会受到严厉惩罚。”

椒图和龙龟爷爷一起来到南薰殿的外面，狍鸮把他那张没有眼睛、只有大嘴的脸从墙头探出来说道：“你们不许我出去，我怎么做生意呢？我想要租一间面积比较大的大殿，好做个特别的游戏厅。”

椒图在和龙龟爷爷商量了几句后说：“我们可以把九龙壁对面的大院子租给你做游戏厅，里面有皇极殿和宁寿宫这两座宫殿，院子的面积不小，应该够用了。不过，因为面积很大，租金也要贵一些，每天二十个金元宝。”

狍鸮听了，从院墙里面扔出一个包袱，椒图打开一看，竟然是一大堆金元宝。

狍鸮说道：“一共六百个金元宝，算我第一个月的租金。明天就让我开

【皇极殿】

皇极殿是宁寿宫区的主体建筑，始建于清康熙二十八年（1689），初名宁寿宫。后来乾隆皇帝改建宁寿宫时改名皇极殿，准备自己当太上皇的时候接受朝贺用。康熙和乾隆两个皇帝都在这里举行过“千叟宴”，宴请高龄老人。

【宁寿宫】

宁寿宫位于皇极殿后，本来是宁寿宫后殿，后来乾隆皇帝将前殿改建为皇极殿，原匾额移至后殿，改名叫宁寿宫。

始建设游乐园，行不行？”

龙龟爷爷点点头：“可以。不过你一定要记住，在神兽空间做生意必须守规矩，如果坑蒙拐骗，一定会付出惨痛的代价。”

狍鸮的怪脸上没有任何表情，他点点头，就从墙头消失了……

第二天一大早，狍鸮就退掉了南薰殿的院子，住进了皇极殿。这个长相恐怖又丑陋的家伙一离开，我们所有人就都长出了一口气。跟大凶兽做邻居的感觉真是不美好啊！

狍鸮走到哪里，都有椒图和龙龟爷爷派出的神兽严密监视，行什是主要负责人。其实，上一次我们发现帝江变成卖猫人之前，行什就已经报告了椒图，椒图立刻派出雨花阁楼顶上的四条跑龙严密监视。我和小猪屁蓬刚刚离开城隍庙，跑龙们就把帝江给抓了起来，还没收了所有被抓住的御猫。现在那些御猫已经全都被放回了神兽空间，又开始四处乱跑了。

一个星期很快就过去了，狍鸮的游戏厅开业的消息飞快传开。小神兽们全都跑去看热闹，我还留在文华殿里看书学习，等着新的消息传出来。

小猪屁蓬和三个小伙伴，还有八哥鸟一起来到了皇极殿。一进皇极门，就看到狍鸮站在里面的宁寿门欢迎客人，好多神兽已经在院子里排了一条长长的队。

金坨坨问：“狍鸮这家伙是在卖门票吗？”

小猪屏蓬摇摇头说：“不知道！”

这两个小胖子出门的时候，香香和晶晶把他们身上的支票都给没收了，说担心他俩冲动消费。我忍住笑，没有阻止。谁让他俩有乱花钱的坏习惯呢！虽然他俩巧妙利用真武大帝的名气卖书成功，补上了给穷鬼小分队造成的损失，但是想恢复伙伴们对他们的信任，还需要一个过程。

四个小伙伴排队走到宁寿门，意外地发现狍鸮原来不是在收门票钱，而是在给大家“发钱”——一种亮晶晶的游戏币，而且每人发五个。

小猪屏蓬大吃一惊：“真的有天上掉馅饼的好事吗？”

排在前面的金坨坨，接过狍鸮给的游戏币翻来覆去地仔细看。小猪屏蓬也把两个脑袋都挤过去，只见游戏币的正面是狍鸮的头像，一如既往没有眼睛，一张大嘴里全是獠牙；而游戏币的背面，是一只吓人的怪兽眼睛，和狍鸮那两只长在肋骨上的眼睛一模一样。这游戏币做得很精致，但是不得不说，头像和眼睛都不好看。

小猪屏蓬也领到了五枚免费的游戏币，他对狍鸮说了声谢谢，就往皇极殿游戏厅里面跑。一进入大厅他们就傻眼了！啊，大殿里现在到处都是大型的游戏机，每台游戏机都闪着五颜六色的光，还播放着各种激情欢快的乐曲，神兽们在各机器之间兴奋地跑来跑去，看到自己喜爱的游戏机，就赶紧投入一枚免费的游戏币，大呼小叫着开始玩游戏。

Boom

小猪屏蓬和金坨坨都想玩射击游戏，他俩好不容易找到了一台带枪的游戏机，可是有好多小神兽排队，每投入一枚游戏币，只能开五枪，屏蓬和金坨坨的五枚游戏币转眼就被用完了。他俩正想去领取新的游戏币，就听见后面哗啦一声响。原来是屏蓬身后的小铜狮子一枪打中了靶心，结果从游戏机下面掉出来一大把游戏币！啊，屏蓬和金坨坨的心里立刻充满了羡慕，原来玩游戏还有奖励！

小铜狮子把那堆游戏币捡起来，继续跑去别的机器上玩去了。不过，有这种好运气的神兽实在是太少了，大部分神兽都是转眼就把五枚游戏币用完了。游戏机有好几十台，怎么也得体验一下啊！于是大家纷纷跑到门口去找狍鸮领取新的游戏币，这次可就不是免费了，一个银元宝换十个游戏币！

屏蓬和金坨坨身上没有钱，正要去找晶晶和香香要钱买游戏币，屏蓬的耳朵就被人揪住了。他回头一看，正是晶晶。晶晶一只手揪着屏蓬的猪耳朵，另一只手提着一个透明的小塑料袋，里面装着大半袋子游戏币，足有二三百个！

屏蓬顾不上喊疼，立刻惊讶地叫了起来："晶晶姐姐！你今天是准备败家吗?！买这么多游戏币，是不是花了好几个金元宝啊?！"

没想到，晶晶慢悠悠地回答说："我一个金元宝也没花！"

屏蓬和金坨坨都大吃一惊，站在香香肩膀上的八哥鸟迫不及待地揭开了谜底："晶晶姐姐和香香姐姐拿到免费游戏币没有马上塞进游戏机，而是把所有游戏机都观察了一遍，她们发现有两台游戏机虽然不好玩，但是有很大的概率掉落游戏币奖励玩家！所以，我们就专心地玩那两台不好玩的机器，就掉出来好多游戏币！"

"原来如此啊！懂了！"小猪屏蓬和金坨坨立刻自己动手，毫不客气地从晶晶的口袋里抓了一大把游戏币，他俩也准备去找那两台爱吐游戏币的机器。可是，这个皇极殿很大，在找那两台机器的路上，他们遇到了很多好玩的游戏机。两个小胖子根本就抗拒不了那些叮当作响的游戏机和小神兽们兴奋或者失望的喊叫声，不知不觉地就把从晶晶那里拿来的游戏币给用完了。

小猪屏蓬和金坨坨只好再去寻找两个小姐姐，这次香香大发善心，给了他俩每人一个金元宝的支票当零花钱。然后，屏蓬飞快地跑到了大门口，兴奋地拿出支票向狍鸮购买游戏币。小猪屏蓬和金坨坨每人换了一百个游戏币，正要转身离开，狍鸮叫住了他们：“猪财神等一下！”小猪屏蓬一下站住了。只见狍鸮侧过身体，用胳膊下面那两只可怕的眼睛盯着他说道：“猪财神，你的财运特别好，所以应该得到一枚幸运币！”说着狍鸮伸手递给他一枚游戏币。小猪屏蓬大吃一惊，低头一看，这枚游戏币虽然图案与其他游戏币都一样，但是散发着一种若有若无的幽光，似乎材质与其他游戏币不一样。

正好晶晶和香香也来买游戏币了，她俩的游戏币也用光了。她们看了半天屏蓬手里的幸运游戏币，什么都看不出来。香香好奇地说：“这不是都一样吗，怎么是幸运币了？”

八哥鸟对屏蓬说：“二师兄，狍鸮那家伙肯定是忽悠你的！”

小猪屏蓬忽然想到，他因为拍死过鳖宝，手上留下了一个印记，所以他能看到别人看不出来的东西。想到这里，他也懒得多解释，惦记赶紧再去玩游戏，就把那枚幸运游戏币单独塞进了另一个口袋里，然后和金坨坨又一次冲进了游戏大厅。

第48章 超级吸金的“干饭王”

小猪屏蓬和金坨坨又一次飞快地花光了各自的一百枚游戏币，找香香要了几个金元宝，跑到门口去购买游戏币。

递给屏蓬游戏币的时候，狍鸮小声地说了一句：“猪财神，别忘了你的幸运币！”

狍鸮这么一说，屏蓬这才想起来，兜里的那枚幸运币还真被他忘了。屏蓬点点头，又一次冲进了人群。可是，一看到那些五光十色浑身乱响的游戏机，小猪屏蓬就又一次把兜里的幸运币给忘了。狍鸮的游戏厅好像有一种魔力——让所有人都想不停地玩下去。而且随着大家对游戏机的游戏越来越熟悉，那些简单的射击、开赛车、开飞机的游戏，吸引力变得越来越小了。而那些有机会吐出奖励币的机器越来越受欢迎。现在，这些机器周围都围着很多玩家，虽然大部分时候，玩家的游戏币都被机器吞掉了，只有在极少数的情况下才有幸运儿得到一次奖励，可就是这很少的获胜机会，让神兽们特别激动。因为一旦中奖了，就意味着他们可以继续玩很久了。说来也奇怪，虽然狍鸮说了，赢了游戏币可以从他那里换到真正的钱，可是几乎没有哪个赢了游戏币的玩家拿游戏币去换钱，他们都是换台游戏机继续玩。

这一天过得飞快，下午太阳快落山的时候，屏蓬和金坨坨终于累得玩不动了，他们这才想起来，连午饭都忘了吃。

狍鸮的游戏厅要关门了，神兽们也都准备离开游戏厅。屏蓬发现，大多数小神兽都不开心，因为他们全都花掉了不少钱，只有个别运气好的小神兽，手舞足蹈地炫耀自己赢了多少游戏币。而这些游戏币，是可以从狍鸮那里兑换真金白银的！于是那些亏了很多钱的小神兽的脸上又露出了羡慕的神情。走出大门的时候，屏蓬和金坨坨看见狍鸮的游戏币兑换处，金元宝都堆成了小山，因为狍鸮收到支票以后，立刻跟椒图换成了金元宝。真不知道这家伙到底是怎么想的。

屏蓬和金坨坨从狍鸮面前经过的时候，听见狍鸮又小声地说："猪财神，别忘了你的幸运币！还有，顺便告诉你一声，明天还会有更多新的游戏机上场！"

小猪屏蓬点点头，拉着金坨坨离开了。小猪屏蓬是最后一个离开大殿的，他的一个脑袋一直看着那个奇怪的狍鸮。他发现所有神兽都走了以后，狍鸮竟然开始大口大口地把那些金元宝给吞到了肚子里！看来，狍鸮的大嘴里有一个和椒图的螺壳一样的魔法空间，这些游戏机，说不定也是狍鸮用大嘴给运来的……

屏蓬拉着金坨坨来到了体仁阁外面——十大脊兽开的大排档。这里食物味道鲜美，价格实惠，是屏蓬和金坨坨的最爱。他俩到大排档的时候，发现晶晶和香香已经点了一桌子的菜坐在那里等着他们呢！啊！真是太体贴了！

小猪屏蓬和金坨坨冲过去，立刻狼吞虎咽地吃了起来。晶晶和香香吃得少，很快就吃饱了，她俩一边等屏蓬和金坨坨，一边聊天。

香香说："看来这个狍鸮，真是来做正经生意的，不过他这个游戏厅简直太可怕了，就像一个吞钱的机器！"

晶晶一如既往慢悠悠地说："我觉得没那么简单，我从这个游戏厅里嗅到了一丝危险的气味！我认为应该让晓东叔叔来考察一下，他的经验比我们多……"

八哥鸟忽然叫了起来："狍鸮也来吃晚饭啦！"

只见狍鸮走到一张大桌子前，那里已经摆好了饭菜，食物堆得像小山一样高，大家刚才还猜是多少人定的一桌子饭菜呢，没想到是狍鸮一个人吃！

他坐在桌子边，大嘴一张，所有的食物就飞进了他嘴里！那张嘴就像一个无底洞，无论什么食物，飞进了他的嘴里，立刻就消失不见啦！

屏蓬和金坨坨都看呆了。金坨坨手里握着一个大包子正准备吃，狍鸮和他对视了一下，金坨坨手里的包子嗖的一下就被狍鸮给吸走了，金坨坨差点咬到自己的手指头！

过了半天，金坨坨才惊叹道："天啊！这才叫大胃王啊！"

晶晶慢悠悠地说："什么大胃王，那叫无底洞！"

香香说："狍鸮就是饕餮，超级能吃！据说狍鸮连神仙和神兽都吞，所以在各种传说里，他都是顶级大凶兽！"

八哥鸟一惊一乍地叫道："大胃王金坨坨和饕餮比起来简直就是个小老鼠……"

金坨坨的手还保持着拿包子的姿势："我同意……"

狍鸮把一桌子的饭菜吃完了，然后喊道："老板，再来一桌饭菜！"负责送菜的天马飞过来说："实在不好意思，今天晚上客人特别多，我们只剩下一些主食——馒头、米饭……"

狍鸮点点头说："什么都行，我不在乎味道，有就尽管上吧！"

飞马点点头，不一会，和狻猊、狎鱼端上来好几盆大馒头和米饭。狍鸮只用了几秒钟就又把一桌子馒头和米饭吃光了。接着，他又喊道："还有吗？我还要吃！"

飞马摇摇头说："这回连馒头和米饭都没了……"

狍鸮转了转那两只吓人的眼睛，看着周围桌子上的剩饭剩菜问道："那些别人不吃的，我可以吃吗？"

飞马下意识地点点头，狍鸮大嘴一张，那些剩饭剩菜瞬间全都飞到他的大嘴里消失不见了！吃完后，他掏出好几个金元宝放在桌子上说："今天就这样吧。明天，拜托给我多准备一些吃的，不管味道，什么吃的都行！哦，对了，直接把食物送到我的游戏厅吧，就是皇极殿。所有的饭菜我买单，每天结一次账。我要让我的客人们免费随便吃！"

说完，狍鸮站起来走出了餐厅。金坨坨一拍大腿："厉害！真正的干饭王！一个餐厅的饭他都给干光啦！"

四个小伙伴带着八哥鸟回到文华殿的时候，我正和龙龟爷爷、椒图一起喝茶聊天，聊的正是狍鸮的游戏厅。

椒图说："这个游戏厅简直就是个吞钱的机器呀！骑凤仙的按摩院、酒吧，还有穷鬼先生做的高尔夫球场和冰激凌工厂，在当时都觉得很赚钱了，可是跟狍鸮的游戏厅比起来，真是小巫见大巫！"

龙龟爷爷也说："十大脊兽一直在密切关注，目前来看，狍鸮的游戏厅并没有发生什么过分的情况，所以我们也不能干预。只是这些小神兽们，估计会把钱都花光了吧……"

我点点头说："我也听那些蚣蝮和小石狮子们说了。不过我们唧筒兵部队的蚣蝮和小石狮子们，大部分都扛住了诱惑，因为这段时间里他们养成了记账和分类管理自己资产的好习惯，他们在娱乐方面花掉的钱是有限度的，每个月都不会超过限额。我看到他们的表现，真的很欣慰！不过就算是这样，他们今天也把这个月的零花钱都花光了。"

椒图叹了口气说道："你的唧筒兵部队的小神兽们人数太少了，神兽空间大部分的小神兽，包括一些实力不强的龙族，也都是月光族和月透族，不知道狍鸮这个吞钱的游戏厅，会带来什么样的后果。穷鬼先生，你知道很多财富方面的秘密，明天最好去看看，帮我们想一个对策吧。"

我点点头答应："好！明天下午我去看看，不在屋里看书了。"

赌徒心理

完了，我感觉我玩游戏上瘾了……

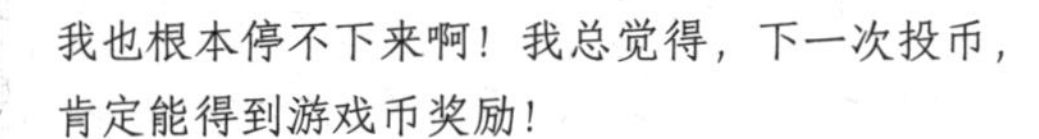

我也根本停不下来啊！我总觉得，下一次投币，肯定能得到游戏币奖励！

呵呵，这就是传说中的赌徒心理！

不会吧？游戏厅又不是赌场，怎么会有赌徒心理呢？

我觉得狍鸮的这个游戏厅，就是个大赌场。你们有没有发现，最后大家都只爱玩那些有奖励的游戏机了？

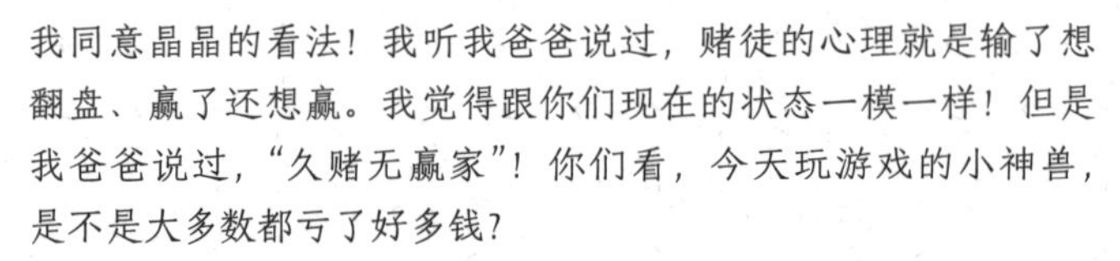

我同意晶晶的看法！我听我爸爸说过，赌徒的心理就是输了想翻盘、赢了还想赢。我觉得跟你们现在的状态一模一样！但是我爸爸说过，“久赌无赢家”！你们看，今天玩游戏的小神兽，是不是大多数都亏了好多钱？

没错！我开始还得到过几次奖励，后来很快就输光啦……

这么说来，这个游戏厅还真挺像赌场的。

第49章 神奇的幸运币

第二天一大早，小猪屏蓬和三个小伙伴就一起奔向了皇极殿。他们到时门口已经有一大堆小神兽在排队了，场面比昨天开业时还要热闹。他们好不容易才进入了皇极殿，换了一大袋子游戏币。

八哥鸟忽然大叫一声：“啊！那边有个新的游戏机，像一个大轮盘！”

小猪屏蓬和金坨坨挤过去一看，这个巨大的轮盘昨天没有见过，莫非就是狍鸮说的新游戏机？晶晶和香香也挤了进来。晶晶看着大轮盘，表情有点紧张，自言自语地说：“不好！这已经不是游戏厅了，这就是赌场啊！轮盘赌是赌场里最有名的赌博方式之一！”

现在狍鸮已经在忙活着向所有的小神兽们介绍新的“游戏机”。四个小

伙伴从人群里挤了出来，晶晶担心地说："狍鸮果然不是好好做生意的，神兽们恐怕根本不知道赌场有多可怕。"

金坨坨点头说："我也不知道。赌场很可怕吗？"

香香说："我也没有去过赌场。不过，据说赌场吸金就像饕餮吃饭，无论多少钱都会被吸进无底洞里！"

晶晶说："这个游戏厅如果变成了赌场，就是一个吞钱的无底洞！无论我们大家有多少钱，都会在玩游戏的时候不知不觉地输进去的！刚才那个'游戏机'，就是赌场里有名的'轮盘赌'！如果我没有猜错的话，这里还应该有老虎机……这些赌博机器有机会让人赢大奖，通常这种中奖的概率特别低，大部分人玩一辈子都不会中奖！但是就为了这个很小的概率，好多人都会玩到把自己所有的钱都赔光。"

香香赶紧补充说："我听爸爸说，不仅会赔光，好多赌徒还会借钱，希望能咸鱼翻身，结果反而欠了好多债，根本还不起！"

几个小孩说了半天，还是舍不得离开这个游戏厅。金坨坨提议说："我们就只玩昨天玩过的游戏机，那个什么轮盘赌和老虎机，我们绝对不碰！怎么样？"

小猪屏蓬伸出一只手说："说好了，我们都坚决不碰赌博机！"另外三个小伙伴全都伸出手一起拍了一下，然后就拿着游戏币分头去玩自己喜欢的游戏机。

很快，小猪屏蓬和金坨坨又把两个金元宝买来的游戏币全都用完了！这个游戏厅里气氛总是那么热烈，闪烁的灯光，激动人心的音乐，让人一刻都不想停下来，就想玩！

屏蓬和金坨坨满头大汗，想去服务台找点水喝。狍鸮的服务工作做得可真好，冷饮、零食随便吃，就是离游戏机有点远。路过一台机器的时候，屏蓬又忍不住停住了脚步。这台游戏机看起来很普通，屏幕上只有一个九宫格排列的九个图案，他和金坨坨忍不住趴上去研究了一会，就看懂了操作方法，投币以后只要拉一下拉杆，图案就会疯狂转动，停下来的时候，如果是一样的图案，就会掉出很多奖励。

屏蓬和金坨坨身上都没有游戏币了，正好看见捂裆狮跑过来。他一只手捂着裤裆，另一只手塞进一个游戏币就开始拉动拉杆，游戏机发出好听的咔嗒咔嗒的声音，捂裆狮捂着裤裆跳来跳去的，像憋着一泡尿。很快图案就停下来了，几个图案都不一样。捂裆狮很失望，但是还不死心，又掏出一个游戏币塞进去……

捂裆狮接二连三地塞了好几个游戏币，小猪屏蓬和金坨坨都感觉到了紧张的气氛，终于有一次第一排三个图案一样了，游戏机下面哗啦一声响，掉出来好几个游戏币！捂裆狮欢呼一声，把游戏币捡了起来，他这次分明是赚了。捂裆狮像是受到了鼓舞，自言自语道："来吧！再给我来一次更大的奖励吧！"

可是，好运气没有了，捂裆狮赚来的游戏币，没几分钟就用光了！捂裆狮郁闷地四处张望，看到小猪屏蓬和金坨坨，立刻眼睛一亮："猪财神、金坨坨，快借我点钱，我还要再去玩！"

屏蓬和金坨坨都拍拍口袋表示没钱。屏蓬郁闷地说："为了不超支，我们没有带更多的钱！我劝你也别玩了，别忘了，你可是唧筒兵部队的成员！"

捂裆狮郁闷得都快哭了，他点点头，捂着裤裆转身跑出了游戏厅。

小猪屏蓬和金坨坨忍不住对着捂裆狮的背影竖起了大拇指。金坨坨说："屏蓬，咱们也走吧！"

小猪屏蓬点点头说："咱们先找到晶晶姐姐和香香姐姐，回去一起帮晓东叔叔干活吧。"

小猪屏蓬和金坨坨正准备离开，忽然，屏蓬的手碰到了兜里一个硬邦邦的东西，他这才想起来，那是昨天狍鸮送给他的那枚幸运游戏币。

屏蓬从兜里掏出那枚游戏币，金坨坨的眼睛一下就亮了："啊！屏蓬，你还有一枚游戏币！"

小猪屏蓬说："只有最后一枚喽！我们就把它扔进这个机器里吧！然后咱们就不玩了！"金坨坨使劲点头，小猪屏蓬把那枚幸运游戏币塞进了卡槽里，金坨坨用力拉下拉杆，机器发出了好听的咔嗒咔嗒声。很快，第一排图案停止了旋转，是三颗一模一样的大草莓图案！

太棒啦！屏蓬和金坨坨欢呼起来……紧接着，第二排图案停住了，是三个大苹果！他俩立刻呆住了。最后，第三排图案也停住了，三个大香蕉！

小猪屏蓬大叫一声："啊，我们是不是中大奖了?！"

果然，只听哗啦一声响，这台游戏机像开闸放水一样，掉出来一大堆游戏币，像一座小山。

小猪屏蓬和金坨坨都惊呆了，他们的动静立刻引起了一大堆神兽的围观。神兽们全都跑过来看热闹，周围一片啧啧称奇的声音，小神兽们都快羡慕死了！

"我们怎么没有这样的好运气啊?"

"看来老板说的是真的！果然有机会中大奖成为大富翁啊！"

"这就是老虎机最大的奖励啦！要想成为大富翁，得去那边的轮盘赌！"

……

听了神兽们七嘴八舌的议论，小猪屏蓬和金坨坨才明白，原来这个游戏机，就是晶晶说的赌博机器——老虎机！只不过，这个老虎机上的老虎图案，换成了水果图案！

小猪屏蓬不知道，这个时候，我和龙龟爷爷、椒图，还有在家闭门思过

很久的骑凤仙
都悄悄来到了
皇极殿。我一
直偷偷看着屏蓬
和金坨坨的表现，真希
望我平时给他们讲的那些关于
财富的知识，能帮助他们抵抗狍鸮
设下的这个巨大的陷阱。

金坨坨不知道从哪里找来了
一个大塑料袋，正在往里装游戏

币。金坨坨一边捧着游戏币，一边咧着嘴说：“嘿！屏蓬，现在我相信你真的是猪财神了！这下咱们可以玩一整天了！”小猪屏蓬想起了那枚幸运币，自言自语道：“难道真的是狍鸮给我的那枚幸运币带来的好运气吗?”

那枚幸运币在别人的眼里看起来没什么特别的地方，只有小猪屏蓬能看出它的与众不同，他很快就从金坨坨收集的那一大堆游戏币里认出了那枚幸运币。屏蓬一把捏住那枚幸运币，小心地放进了自己的兜里，他准备再去试一下别的机器，看看幸运币能不能再一次给他带来好运气。

这时候，皇极殿的大喇叭里传来了一个难听的声音，是游戏厅的老板狍鸮在宣布中奖信息：“好消息！好消息！第 88 号游戏机开出了今天的第一个大奖！获奖者是著名的猪作家、猪财神——小猪屏蓬！果然是了不起的猪财神，运气就是不一般！伟大的神兽们，也许下一个得大奖的就是你！猪财神保佑你，加油！”

帮腔者——“托”

我这也太幸运了，看来我还有一重隐藏身份，就是福神！

你先别得意，别是被人当成“托”利用了还不自知。

啊？“托”是什么东西？

就是帮腔者的意思。所谓的“托”，就是伪装成消费者，和商家合作，配合商家达到一些目的的人。比如商家的抽奖活动，“托”就假装抽到大奖，看起来用很小的代价获得了巨大的收益，这样就会刺激其他真正的消费者争先恐后地参与抽奖。

但是这些游戏币并不是我假装得到的啊，我也没有跟狍鸮合作。

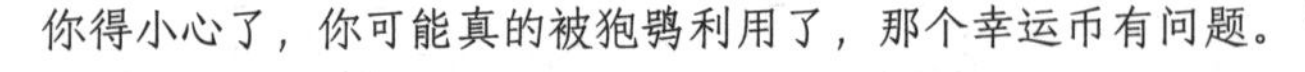

你得小心了，你可能真的被狍鸮利用了，那个幸运币有问题。

第50章 到底是游戏厅还是赌场

游戏厅里的气氛一下变得更加火爆，大家都觉得自己会是下一个幸运儿。只有小猪屏蓬，开始怀疑这个幸运币真的有什么特别之处。他拉着金坨坨来到了另外一台人不多的游戏机跟前，往里塞了几次赢来的游戏币，毫不意外地都输掉了。于是，小猪屏蓬又一次从兜里掏出那枚幸运币，塞进了机器里……几次他都没有中大奖，但奇怪的是，只要把那枚幸运币放进机器里，就总能或多或少地从机器里带一些游戏币出来。所以小猪屏蓬就可以反复投币了！

金坨坨挠挠脑袋说："屏蓬，早知道这个幸运币这么神奇，咱们之前就不用花钱买游戏币啦！"

小猪屏蓬点点头说："这个游戏币肯定有问题，但是现在我搞不懂，狍鸮为什么要给我这样一个幸运币呢？难道真的因为我是猪财神？"

金坨坨挠挠脑袋："闹不清，管他呢，咱们先好好玩一下吧！"

小猪屏蓬忍不住把那枚幸运币又一次塞进了一台老虎机里，只听哗啦一声响，又掉出来一大堆游戏币，果然又中奖了！

这种一下子掉出很多游戏币的声音，具有一种特殊的魔力，无论游戏厅里有多乱，那些玩游戏的神兽们全都能听得一清二楚！他们喊叫的声音瞬间就停止了，大殿里只剩下了热闹的音乐声和轮盘转动的声音！

狍鸮的声音又通过扩音器传遍了整个大殿："啊哈！恭喜我们的猪财神，再次获得大奖！看来猪财神果然名不虚传！伟大的神兽们，加油吧！下一个幸运儿就是你！"

大厅里立刻传来了各种喊叫声，有兴奋的，有沮丧的，有疯狂的……

一个尖锐、生气的嗓音忽然传来："狍鸮，你的机器是不是有问题啊?！为什么我总是输?！还有他们，他们全都在输钱！两天来我们大部分人都没有得到过奖励，连一次小奖都没有得到过！"屏蓬一听就知道是小铜狮子在说话。

狍鸮淡定地说："但是猪财神已经赢了几次大奖了！运气这东西，谁能说得好呢。"

现在小猪屏蓬终于确定了，狍鸮特意给他的这枚幸运币，里面肯定做了手脚。这就是屏蓬能感觉到它与众不同的原因！如果金坨坨使用这枚幸运币，他也能得大奖。这个幸运币，就像一把获得大奖的钥匙，狍鸮的目的就是让所有人都看到，获得大奖并不是不可能的事情！

小猪屏蓬自言自语道："狍鸮这家伙肯定觉得我是一只贪婪的猪，不会把幸运币的秘密说出去！而我得到的这点奖励币，相对于所有人送给狍鸮的钱，简直就是九牛一毛！"

听到小猪屏蓬的话，我觉得特别欣慰，我的小猪屏蓬果然是一只正义的猪！小猪屏蓬的两个脑袋表情不断变化着，看来他终于想明白了，这个狍鸮其实和穷奇、帝江一样，也是一个无耻的骗子。狍鸮的这些机器，根本就没有让神兽们得大奖的机会，就算偶尔有人得到一点奖励币，早晚也会输回去。

小猪屏蓬忽然大声喊道："大家不要玩了，我要公布我得奖的秘密！"他这一声喊，让所有神兽都愣住了。狍鸮用他那两只可怕的眼睛盯着屏蓬，咬牙切齿地说："猪财神，你不在乎你赚到的游戏币吗？别忘了你得到的游戏币，都是可以兑换成真金白银的！你还有什么方法比在这里赚钱更快吗？"

小猪屏蓬懒得理他，斩钉截铁地说："我猪财神虽然喜欢钱，但是我只做正经生意，绝不会坑蒙拐骗！我这就把中奖的秘密告诉大家！"

说着，小猪屏蓬把那枚幸运币递给了小铜狮子："给你，试一下老虎机，你也能得大奖！"

小铜狮子半信半疑地接过幸运币，立刻塞进一台老虎机里，拉下拉杆。机器飞快地转动了几秒钟，停住了，并没有得大奖，但奇怪的是，那枚幸运币不仅自己掉了出来，还带出了几枚普通的游戏币。小铜狮子惊讶地捡起游戏币，回头看小猪屏蓬。屏蓬从里面拿出那枚幸运币递给小铜狮子，对他点点头说："继续投！"

小铜狮子点点头又把幸运币塞了进去，周围的神兽们也觉察出问题了，都凑过来看热闹。在小铜狮子试到第三次的时候，只听哗啦一声响，真的掉下来一大堆游戏币！虽然不是最大的奖，但也是小铜狮子从来没有得到过的奖励！

所有的神兽都惊呆了。小猪屏蓬从一大堆游戏币里一下子就找到了那枚幸运币。这时候骑凤仙从人群里挤了过来，他大声喊道："猪财神，让我也试试行吗？"

小猪屏蓬把幸运币递给了他，骑凤仙把幸运币放进了另一台老虎机里，试了几次之后，哗啦一声响，又掉下来一堆游戏币，比刚才小铜狮子的奖励还多！

小猪屏蓬拿着那枚幸运币喊道："大家都看到了吧，我能得奖，并不是因为我有什么好运气，更不是因为我是猪财神，而是因为，这是狍鸮单独送给我的游戏币，他想让我成为一个‘得奖的幸运儿’！而大家没有这样的幸运币，迟早会把钱都输光的！”

皇极殿里一下子就乱了，神兽们纷纷怒吼：“狍鸮原来是个骗子，把钱还给我们！”

“这根本就不是什么游戏厅，这就是传说中的赌场！”

“把钱还给我们，狍鸮是个大骗子！”

……

狍鸮瞬间就被神兽们包围了，可是狍鸮忽然张开了他的大嘴：“谁也别想拿走我的钱，否则我吃了你们！”

大殿里刮起了龙卷风，一股让人不能抗拒的吸力从狍鸮的嗓子眼里发出，所有神兽都站不稳了，连小铜狮子都飘到了半空中，马上就要被狍鸮吞到肚子里了！

小猪屏蓬和金坨坨都惊呆了，狍鸮的大嘴突然放大了好几倍，别说一个小铜狮子，就连小铜狮子爸爸都能给吞下去！皇极殿里被神兽们挤得满满当当的，变化又发生得太突然，因此，面对狍鸮的大嘴，神兽们一时间都没法发挥自己的战斗力。而且，神兽们的神力似乎都被狍鸮的大嘴给克制住了，竟然没有一只神兽能抵挡狍鸮大嘴的吸力！我终于明白了为什么传说中

狍鸮连神仙和神兽都能吞掉，看来他大嘴的吸力一定拥有某种克制法术的魔力……

危急时刻，我赶紧向小猪屏蓬大声喊道：“屏蓬，快用定身术！”屏蓬猛然清醒了过来，大声念起了咒语：“搜行五岳，八海知闻，魔王束首，侍卫我轩，定！”

狍鸮瞬间就被小猪屏蓬给定住了，皇极殿里的龙卷风也突然消失了，被吸到半空中的小神兽们像下饺子一样噼里啪啦地掉在了地上。

椒图和龙龟爷爷也从人群中冲了出来。龙龟爷爷大喊一声：“十大脊兽，把狍鸮给我抓起来！”

十大脊兽从皇极殿外一拥而进，把被定身术困住的狍鸮用铁链子紧紧地捆了起来。尤其是他那张大嘴，被铁链子缠了好多圈。

我走到小猪屏蓬的身边，开心地说：“屏蓬，你太棒了，在得到不义之财的时候，你没有财迷心窍，而是果断地当众揭穿了狍鸮的阴谋！我真为你感到骄傲！”

小猪屏蓬得意地说：“狍鸮的计划太邪恶了，更可恨的是，他竟然认为我是一只贪心的猪，所以他把幸运币交给了我。他没想到好运气的猪财神还有另外一个身份——正义的猪战神！如果狍鸮的幸运币落在一个贪财的家伙手里，后果不堪设想啊！”

椒图和龙龟爷爷也对屏蓬竖起了大拇指：“猪财神威武！”

晶晶和香香也从人群里挤了过来，她俩每人在小猪屏蓬的脸上亲了一下。屏蓬更觉得自己了不起了，他转身对着神兽们大声喊道：“狍鸮的游戏厅就是个赌场，简直太害人了，我们把这些游戏机全都砸掉，不能让狍鸮害了我们！”

神兽们一拥而上，把狍鸮的游戏机全都给砸烂了！小铜狮子一边在游戏机上乱跳，一边对他爸爸喊：“爸爸！快！狮子炮弹！”我们都一愣，不明白狮子炮弹是什么意思。只见小铜狮子爸爸抓起小铜狮子朝一台游戏机就投了过去，小铜狮子的脑袋可真硬，直接把游戏机砸穿了一个大洞。小铜狮子跳起来哈哈大笑着又跑回来了，小铜狮子妈妈又把他抛了出去。一家人玩起了扔“球”游戏……

企业的社会责任

晓东叔叔，穷奇他们为了赚钱真是丧尽良心。

是呀，又是庞氏骗局，又是利用赌徒心理，为了赚钱他们不择手段，一点都不讲社会责任。

啊？什么是社会责任啊？

企业的社会责任是说，企业在发展时除了考虑自身的经营状况，也要考量其对社会和自然环境所造成的影响。

我们解决了很多小神兽的就业算不算？

当然算啊！解决就业，让神兽们增加收入，神兽们有钱了就会去消费，就能促进整个神兽空间的经济发展，大家就会越来越富有。当然，社会责任的种类有很多，我们做的水晶宫公益项目也算。

我们解决了很多小神兽的就业问题，咱们穷鬼小分队算是一个比较成功的小企业了！

第51章 离开神兽空间

又是一个阳光明媚的早晨，大批的神兽聚集到了太和门广场上，十大脊兽看押着狍鸮站在正中央。狍鸮的大嘴被铁链捆得死死的，身体也被铁链捆成了一个大粽子，前后左右还站着四条跑龙。狍鸮那两只贼溜溜的眼睛透过铁链子的缝隙向外偷看。

狍鸮的身边摆着一座金元宝和银元宝堆成的小山，不知道神兽们用了什么办法，让狍鸮把骗的钱全都吐了出来，这些都是狍鸮的犯罪证据，要归还给被骗的神兽们。当然，这件事也有小猪屏蓬的功劳，因为是他向龙龟爷爷和椒图报告，狍鸮把所有的钱都吞进了大嘴里。

这次狍鸮算是白忙活了，钱没有骗到手，还白白亏掉了一大堆游戏机和赌博机。

几条巨龙腾空而起，在天空中撕开一道裂缝。裂缝里电闪雷鸣，不知道通往哪个世界。四条跑龙拉起狍鸮飞向天空中的时空裂缝，然后奋力一甩，把狍鸮给扔进了裂缝里。狍鸮消失不见了。

我们全都松了一口气，金坨坨、香香和晶晶都向小猪屁蓬伸出一只手，他们开心地击掌庆贺。忽然，皇极殿方向传来一阵乱糟糟的声音，我们转头看去，只见九龙壁的九条五彩巨龙飞了过来，他们落地以后扔下一个人，我们一看吓了一跳，正是骑凤仙。

肚皮上有一块假瓷砖的小白龙气鼓鼓地说："哼！骑凤仙在偷偷收集皇极殿的破机器零件，想恢复赌博机器！"

骑凤仙大声喊冤："冤枉啊！本王不是想要开赌场，本王只不过是想回收机器零件，做成普通的游戏机！"

神兽们愣了一会，忽然哈哈大笑起来。龙龟爷爷摇着脑袋说："骑凤仙啊，你这个财迷心窍的家伙！赌场肯定是不许开的，游戏机也不是好东西，我看也算了吧。咱们神兽空间里有这么多古书、珍宝、文物和字画，多学点有用的东西多好。不要总是想着吃喝玩乐！你的娱乐事业，是不是该往文化方向发展一下呢？"

骑凤仙垂头丧气地说："做图书字画赚钱太慢了，还是游戏厅赚钱快……”

椒图恨铁不成钢地说：“赚钱赚钱，你赚那么多钱干吗？”

骑凤仙突然眼冒金光：“赚钱就可以再投资啊！然后就有新的机会赚更多的钱啦！”

椒图叹了口气：“这样不停地赚下去，最后又能怎么样呢？赚钱没问题，但是没有目标，只为了赚钱而赚钱，不是我们神兽应该做的事情啊！我们这个神兽空间，为什么要与世隔绝，为什么不许邪恶的凶兽来捣乱，不就是为了能有一块净土吗？”

骑凤仙愣住了。龙龟爷爷指着我们几个说：“你看看穷鬼先生，他们来我们神兽空间的时候身无分文，但是他们住在这里的这段时间，给我们带来了神兽卡牌、神兽桌游，大作家猪财神还写了好几本书！还有，现在已经被你抢走的高尔夫球场，也是他们的创意。最重要的是，他们用有限的资源，带领神兽们修复了美丽的灵沼轩，让紫禁城神兽空间从此多了一个像水晶宫一样的海洋馆！难道，从他们做的这些事情里，你还是只看到了钱吗？告诉你吧，穷鬼小分队已经把他们赚到的所有的钱全都捐给神兽空间了！他们只留下了购买时空之门门票的钱！”

骑凤仙听了呆住了。他叹了口气说道：“惭愧！我真是财迷心窍了，整天想着赚钱，想当最大的富翁，竟然已经忘了赚钱到底是为了什么。如果不

是为了有意义的目标，就算成了神兽空间的第一大富翁，最多也就是一个土财主！”

龙龟爷爷慢慢向我走近几步，沉声说道：“穷鬼先生，我想告诉你一件事情，其实你们进入神兽空间，并不是偶然。我们的神兽空间经过一段时间的发展，忽然变得死气沉沉。这里虽然没有坏人，但是大家也没有什么追求，无所事事，得过且过。这样下去，我对紫禁城神兽空间的未来很担心。我在故宫值班的时候，无意中听到了你跟孩子们的对话，我希望你能像培养孩子们那样，教会神兽们一些有价值的理念。所以，我和椒图特意把你们从人类的世界放进了神兽空间。在这里，我要对你们说一声抱歉，没有经过你们的允许，就让你们经受了不少意外的压力，一直为了买门票而辛苦工作。我还想对你们说一声谢谢！因为你们给神兽空间带来了太多宝贵的东西，比我期望的还要多得多！现在神兽空间多了很多社会活动和娱乐设施，最重要的是，你们建立的唧筒兵部队采用股份制企业模式，还有你亲手做的石头汤，让神兽们懂得了合作！”

龙龟爷爷的话让孩子们大吃一惊，原来我们进入神兽空间，是龙龟爷爷一手安排的啊！我不觉得意外，因为从椒图和龙龟爷爷之前的很多话里，我已经猜到了这个秘密。

我走过去握住龙龟爷爷的手说：“龙龟爷爷，您不需要说抱歉，而且，我还要代表孩子们向您表示感谢！在人类世界里，我们都是最普通的人，是您给了我们这个难得的机会，让我们把在人类世界很难用到的知识都用在了神兽空间，验证了好多理论，也悟出了很多道理！这种精神财富，是花多少钱也买不到的。”

龙龟爷爷和椒图都哈哈大笑：“穷鬼先生，你不记恨我们就好！”

我开心地笑着：“怎么会呢！”

这个时候，西华门的方向忽然传来了一阵电闪雷鸣，一片耀眼的金光闪耀，一个巨大的时空之门出现了，大门里一个金色的旋涡在缓缓地转动着。这正是我们穿越到这个神兽空间的时候经过的那座大门！

小猪屏蓬立刻跳了起来：“时空之门打开了！我能感觉到大门那边熟悉的气息！咱们要回家了！”

可是，在那一刻，我忽然有点舍不得，想到以后很难再见到龙龟爷爷、椒图、捂裆狮、小铜狮子，还有我们的唧筒兵部队的小神兽们和十大脊兽……我心里有点难过，甚至就连总是跟我们作对的骑凤仙，我都特别舍不得。但是，我们必须回家了，孩子们不能永远留在神兽空间。我赶紧招呼孩子们：“宝贝们，赶紧检查一下自己身上的东西，凡是神兽空间的，谁也不许带走！”

香香说：“爸爸，我和晶晶借阅的《千里江山图》《海错图》《兽谱》都

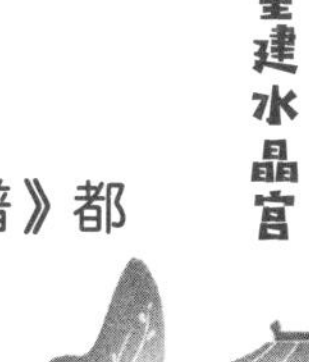

小猪屁屁
爆笑日记

已经还回去了。”金坨坨和小猪屏蓬也检查了自己的身上，什么神兽空间的东西都没有。

我忽然听到了一阵压抑的哭声，回头一看，原来是骑凤仙。他一把鼻涕一把泪地说：“穷鬼先生、猪财神，本王舍不得你们离开！我会想你们的！”

我的心里也一阵难过，正想说点什么，没想到小猪屏蓬已经走到骑凤仙面前，把我的老年手机递给了他：“骑凤仙，你这么喜欢游戏机，我把晓东叔叔的手机送给你当纪念吧，虽然他的老年手机里没有什么好玩的游戏，但是《贪吃蛇》和《俄罗斯方块》也可以在睡觉前解解闷啦！”

屏蓬这个家伙，竟然把我的手机当礼物送人，真是让人哭笑不得。骑凤仙也破涕为笑：“那我就不跟你客气了，谢谢穷鬼先生！谢谢猪财神！”

龙龟爷爷笑嘻嘻地拿出一本书对小猪屏蓬说：“大作家猪财神，临走给我签个名呗！”

什么？龙龟爷爷要小猪屏蓬的签名?！我们仔细一看，龙龟爷爷递给屏蓬的，正是那本《小猪屏蓬爆笑日记》，上面有香香画的漫画，封面上还有小猪屏蓬的画像。龙龟爷爷说：“我现在每天都得看一会你们的爆笑日记，

你们一家实在是太搞笑了！”

小猪屏蓬不好意思地说：“龙龟爷爷，这本书不是我写的……”

龙龟爷爷笑了：“我知道不是猪财神写的。不过，你可是这本书里的主角啊！当然，还有金坨坨、香香、晶晶和八哥鸟……你们都来给我签个名吧，这样龙龟爷爷这本书可就更值钱喽！”

四个小伙伴都开心地接过了书，认认真真地签上了自己的名字。八哥鸟不会写字，也用自己的爪子沾了点墨水，在书上按了个爪子印。龙龟爷爷最后把日记递给我，我接过来，认真地写上了我的名字。

椒图催促我们说：“快点走吧！我已经用你们的钱买好了门票，时空之门可不会一直等你们！”

我们冲上去拥抱了龙龟爷爷和椒图。小猪屏蓬抱住龙龟爷爷的时候小声说：“龙龟爷爷，明年你蜕壳以后，就能破开时空穿越了，到时候记得去看我们！我的法术实在不靠谱，不知道还能不能穿越回来！”

龙龟爷爷点点头：“一言为定！我一定会去看你们的！找到穷鬼先生的家，对一条真龙来说，小菜一碟！”

我和几个小伙伴手拉着手一起走向了时空之门。捂裆狮和小铜狮子追着跑了过来，小铜狮子大声喊着：“穷鬼先生！猪财神！让我跟你们一起走吧！”小铜狮子的爸爸和妈妈用尾巴一卷，就把小铜狮子他们给拉回去了！

一股巨大的力量把我们拉进了时空之门，我眼前一黑，忽然晕了过去……

尾声

过了好久，我突然清醒过来，发现自己在故宫的那间办公室里，几个孩子都在收拾东西。

晶晶正揪着小猪屁蓬的耳朵说："屁蓬，今天咱们要回家了，大家都在收拾东西，就你还在睡懒觉！你要留在故宫和御猫住一起吗？"

小猪屁蓬大吃一惊："刚从神兽空间回来就要回家了吗？"

金坨坨说："什么神兽空间……咱们都在故宫考察一个星期了，晓东叔叔新书的资料已经准备好了，书名也想好了，就叫《小猪屁蓬故宫财商笔记》！"

小猪屁蓬更吃惊了："这本书不是都写完了吗？咱们在神兽空间都卖了

好几万本啦……”

八哥鸟蹲在桌子上说：“这只猪睡傻啦！估计还在做梦没醒过来呢！”

香香说：“没关系，屏蓬经常睡迷糊，等他醒了就好啦！”

我也觉得一阵恍惚，在神兽空间里经历的那些事就像做梦一样。从孩子们的对话来看，金坨坨、香香和晶晶已经忘了神兽空间的事情了。

小猪屏蓬下意识地伸出手，发现手上那个拍死鳖宝后留下来的印记还在。他抬起头想跟我说什么，香香的手机突然响了，香香看着手机屏幕大吃一惊：“怎么是爸爸的手机打来的？”

香香立刻接通了手机，忽然愣了一下，然后把她的手机递给屏蓬说：“屏蓬，那人说让你接电话……”

小猪屏蓬一下跳起来喊道：“是骑凤仙来电话了！”

小猪屏蓬按下了免提键，话筒里果然传出了骑凤仙的声音：“嘿！猪财神！本王看到穷鬼先生手机通讯录里有香香的名字，就按了一下，没想到这个游戏机竟然还能通话！你们的法术简直太神奇啦！哦，对了，椒图告诉我这个游戏机得充电，可是猪财神你忘了给我充电器……而且，要打电话的话，每个月还要交什么电话费，否则就不能用了，所以我想提醒你，要记住让穷鬼先生每月给我交电话费！这样咱们联系就方便啦！快没电了，不说了，拜拜！”

电话挂断了，所有人都看着屁蓬。小猪屁蓬对我说："晓东叔叔，把手机充电器给我吧！"关于手机的事情，我也记不清了。小猪屁蓬从桌子上拿起我的手机充电器，转身就跑出去了。我有点不放心，也跟着屁蓬跑了出去。只见屁蓬一口气跑到了午门，把充电器挂在椒图的门上，对着大门喊："喂……椒图！麻烦你把充电器交给骑凤仙！"

然后小猪屁蓬转身就跑了回来，等再回头看大门的时候，发现那个充电器已经不见了。小猪屁蓬跑到西华门的时候，忽然想起要跟龙龟爷爷打个招呼，他使劲对着太和殿的方向喊："龙龟爷爷，记得明年来看我！您的夜明珠，别忘了给我留两颗！猪财神一颗，猪战神一颗……"

图书在版编目（CIP）数据

重建水晶宫 / 郭晓东著；屏蓬工作室绘. — 成都：天地出版社, 2023.7
（小猪屏蓬故宫财商笔记）
ISBN 978-7-5455-7475-3

Ⅰ. ①重… Ⅱ. ①郭… ②屏… Ⅲ. ①财务管理—儿童读物Ⅳ. ①TS976.15-49

中国国家版本馆CIP数据核字(2023)第027991号

XIAOZHU PINGPENG GUGONG CAISHANG BIJI CHONG JIAN SHUIJING GONG

小猪屏蓬故宫财商笔记·重建水晶宫

出品人 陈小雨　杨　政
监　制 陈　德　凌朝阳
作　者 郭晓东
绘　者 屏蓬工作室
责任编辑 王继娟
责任校对 张月静
美术编辑 李今妍　曾小璐
排　版 金锋工作室
责任印制 刘　元

出版发行 天地出版社
（成都市锦江区三色路238号　邮政编码：610023）
（北京市方庄芳群园3区3号　邮政编码：100078）
网　址 http://www.tiandiph.com
电子邮箱 tianditg@163.com
经　销 新华文轩出版传媒股份有限公司

印　刷 河北尚唐印刷包装有限公司
版　次 2023年7月第1版
印　次 2023年7月第1次印刷
开　本 889mm×1194mm 1/24
印　张 21（全4册）
字　数 308千字（全4册）
定　价 140.00元（全4册）
书　号 ISBN 978-7-5455-7475-3

咨询电话：（028）86361282（总编室）
购书热线：（010）67693207（市场部）

如有印装错误，请与本社联系调换